国家出版基金项目
NATIONAL PUBLICATION FOUNDATION

现代农业高新技术成果丛书

作物养分高效的生理基础与遗传改良

Physiological Basis and Genetic Improvement of Nutrient Use Efficiency in Crops

米国华　陈范骏　张福锁　编著

中国农业大学出版社
·北京·

内容提要

提高肥料利用率的重要途径之一是通过遗传改良提高作物的养分效率，选育高产与养分高效协同的作物新品种。本书以作物生产中最重要的3个元素——氮、磷、钾为重点，论述了作物高效吸收利用养分的生理基础，作物适应养分胁迫的形态、生理与分子机制，作物养分效率的基因型差异及其生理机制，作物养分高效性状的遗传机制与数量性状位点，作物养分高效的遗传改良与转基因育种等。全书总结了该领域国内外最新研究进展，可供从事植物营养学、环境植物学、作物栽培学及作物育种学相关研究人员参考。

图书在版编目(CIP)数据

作物养分高效的生理基础与遗传改良/米国华，陈范骏，张福锁编著.—北京：中国农业大学出版社，2012.6

ISBN 978-7-5655-0492-1

Ⅰ.①作… Ⅱ.①米… ②陈… ③张… Ⅲ.①作物-栽培-土壤有效养分-研究 Ⅳ.①S506.1

中国版本图书馆CIP数据核字(2012)第029233号

书　名　作物养分高效的生理基础与遗传改良
作　者　米国华　陈范骏　张福锁　编著

策划编辑	孙　勇	**责任编辑**	孙　勇
封面设计	郑　川	**责任校对**	王晓凤　陈　莹
出版发行	中国农业大学出版社		
社　　址	北京市海淀区圆明园西路2号	**邮政编码**	100193
电　　话	发行部 010-62818525，8625	读者服务部	010-62732336
	编辑部 010-62732617，2618	出　版　部	010-62733440
网　　址	http://www.cau.edu.cn/caup	**e-mail**	cbsszs@cau.edu.en
经　　销	新华书店		
印　　刷	涿州市星河印刷有限公司		
版　　次	2012年6月第1版　2012年6月第1次印刷		
规　　格	787×1 092　16开　13印张　318千字		
定　　价	88.00元		

出版说明

瞄准世界农业科技前沿，围绕我国农业发展需求，努力突破关键核心技术，提升我国农业科研实力，加快现代农业发展，是胡锦涛总书记在 2009 年五四青年节视察中国农业大学时向广大农业科技工作者提出的要求。党和国家一贯高度重视农业领域科技创新和基础理论研究，特别是 863 计划和 973 计划实施以来，农业科技投入大幅增长。国家科技支撑计划、863 计划和 973 计划等主体科技计划向农业领域倾斜，极大地促进了农业科技创新发展和现代农业科技进步。

中国农业大学出版社以 973 计划、863 计划和科技支撑计划中农业领域重大研究项目成果为主体，以服务我国农业产业提升的重大需求为目标，在"国家重大出版工程"项目基础上，筛选确定了农业生物技术、良种培育、丰产栽培、疫病防治、防灾减灾、农业资源利用和农业信息化等领域 50 个重大科技创新成果，作为"现代农业高新技术成果丛书"项目申报了 2009 年度国家出版基金项目，经国家出版基金管理委员会审批立项。

国家出版基金是我国继自然科学基金、哲学社会科学基金之后设立的第三大基金项目。国家出版基金由国家设立、国家主导，资助体现国家意志、传承中华文明、促进文化繁荣、提高文化软实力的国家级重大项目；受助项目应能够发挥示范引导作用，为国家、为当代、为子孙后代创造先进文化；受助项目应能够成为站在时代前沿、弘扬民族文化、体现国家水准、传之久远的国家级精品力作。

为确保"现代农业高新技术成果丛书"编写出版质量，在教育部、农业部和中国农业大学的指导和支持下，成立了以石元春院士为主任的编审指导委员会；出版社成立了以社长为组长的项目协调组并专门设立了项目运行管理办公室。

"现代农业高新技术成果丛书"始于"十一五"，跨入"十二五"，是中国农业大学出版社"十二五"开局的献礼之作，它的立项和出版标志着我社学术出版进入了一个新的高度，各项工作迈上了新的台阶。出版社将以此为新的起点，为我国现代农业的发展，为出版文化事业的繁荣做出新的更大贡献。

中国农业大学出版社

2010 年 12 月

序　言

预计到 2030 年世界人口将增长约 40%，超过 80 亿，但全球范围内用于粮食生产的可耕地面积仅能增加 7%。受能源、资源等因素限制，化肥价格急剧攀升，在提高作物产量的同时提高养分资源利用效率是当前国际上农业可持续发展的研究热点，是人类面临的最大的科学挑战之一。

培育高产与养分高效协同的作物新品种，是解决上述问题的重要途径之一。科学家很早就注意到养分效率受遗传控制，但对这一性状的研究从 20 世纪 70 年代才逐步开始。我国从 20 世纪 90 年代开始加强了这一领域的研究。进入 21 世纪，随着植物营养分子生物学的发展及转基因技术的不断完善，养分高效生理基础及遗传改良研究得到极大的促进。短短十几年间，养分效率基因型差异、作物适应养分胁迫的生理与分子机制、养分信号传递途径、养分高效数量性状位点(QTL)定位、养分高效基因分离与转基因育种等方面积累了大量的新知识。国家自然科学基金委将这一研究领域连续列入"九五"、"十五"、"十一五"重大项目，科技部攀登计划、国家重点基础研究规划(973 计划)连续立项资助该领域的研究，养分高效转基因育种也被列入国家中长期研究规划，显示了我国对这一研究领域的高度重视。迄今为止，我国养分高效生理与遗传研究领域已经在国际上占有重要地位，因此，很有必要及时将相关研究进展加以总结，以利更好地开展工作。这也是写作本书的初衷。

虽然作物正常生长的必需元素多达十几种，但从作物栽培及育种的需求出发，培育氮、磷、钾养分高效品种具有最实际的价值。因此，本书以氮、磷、钾元素为重点，论述了作物高效吸收利用养分的生理基础，作物适应养分胁迫的形态、生理与分子机制，作物养分效率的基因型差异及其生理机制，作物养分高效性状的遗传机制与数量性状位点，作物养分高效的遗传改良与转基因育种等。这些内容横跨了植物营养学、植物分子生物学、作物栽培学、作物分子遗传育种以及土壤学等领域。本书力求将这些不同研究领域上的知识融会贯通，在作物学的大背景下来审视生理与分子生物学过程的意义。本书也力求反映国内外同行在该领域的贡献，但由于作者的学识及写作时间所限，只能是抛砖引玉，不足之处，请予以谅解，并期待广大同行的批评指正。

本书第 1 章、第 2 章、第 3 章分别由袁力行教授、廖红教授和施卫明教授审阅，对于他们提出的宝贵建议，作者深表感谢。

作者多年从事作物养分高效生理基础与遗传改良领域的研究，其间得到了国家自然科学基金委重大项目与面上项目、科技部 973 计划等项目的资助，在此一并致以感谢。

米国华

2011 年 8 月

目　录

第1章

作物氮效率的生理基础与遗传改良

1.1 土壤氮、氮肥与作物的氮效率

耕地土壤表层中的全氮含量一般介于0.03%～0.4%（Tisdale *et al.*，1985）。土壤氮可分为无机氮与有机氮，其中有机氮比例占95%以上。有机氮包括蛋白质、游离氨基酸、氨基糖和其他未确定的化合物。无机氮化合物包括铵态氮（NH_4^+）、亚硝态氮（NO_2^-）、硝态氮（NO_3^-）、氧化亚氮（N_2O）、氧化氮（NO）和单质氮（N_2）。铵态氮、亚硝态氮和硝态氮占土壤全氮的2%～5%，是构成土壤氮素供应的主要形态，主要来自于土壤有机质的好气分解（矿化）或肥料。在好气和pH大于5.5的土壤条件下，土壤氮素以硝态氮为主。以尿素、磷二铵等形态施入土壤的氮肥，会在短时间内转化为硝态氮。在5～35 ℃范围内，温度每升高10 ℃，硝化作用增加2倍。除了被土壤微生物吸收利用外，硝酸盐可以在土壤中转化为多种形态，如被反硝化为氧化氮、氧化亚氮等。铵态氮带正电荷，易被晶格膨胀型黏粒固定。固定在晶格中的铵可以被钙、镁、钠、氢阳离子置换出来（但不能被钾离子置换，因为钾离子使晶格收缩），因此在土壤中迁移速率很慢，不易淋失损失。硝态氮带负电荷，不能被土壤胶体和黏土矿物所吸附，因此容易随水移动。这虽然易被植物吸收，但也容易造成向土壤深层的淋失，尤其是在降雨和灌溉过多的情况下。研究表明，施氮量与硝态氮淋洗存在线性相关。与小麦等越冬作物相比，生长于夏季多雨季节的玉米，硝态氮淋洗的可能性更高。

通常认为，作物当季的平均氮肥利用率仅为30%～40%（朱兆良和张福锁，2010；Raun and Johnson，1999）。未被作物吸收的氮素可能被土壤固定（转化为有机氮）、淋失到土壤深层、以铵或氮氧化物质形态挥发到大气中等（图1.1，表1.1）。在我国，水稻、小麦和玉米的氮肥农学效率[（施肥产量－空白产量）/施肥量]分别为10.4、8.10和9.8 kg/kg，氮肥利用率仅分别为28.3%、28.2%和26.1%（张福锁等，2008）。优化氮肥投入技术、减少氮肥在土壤中的损失，可以有效地提高氮肥利用率。这些技术包括氮肥总量控制、分期调控、水肥一体化技术、测土配方施肥以及新型肥料使用等。除此之外，选育具有较高氮效率的作物新品种——氮高效作物品种，是另一条提高氮肥利用率的途径。

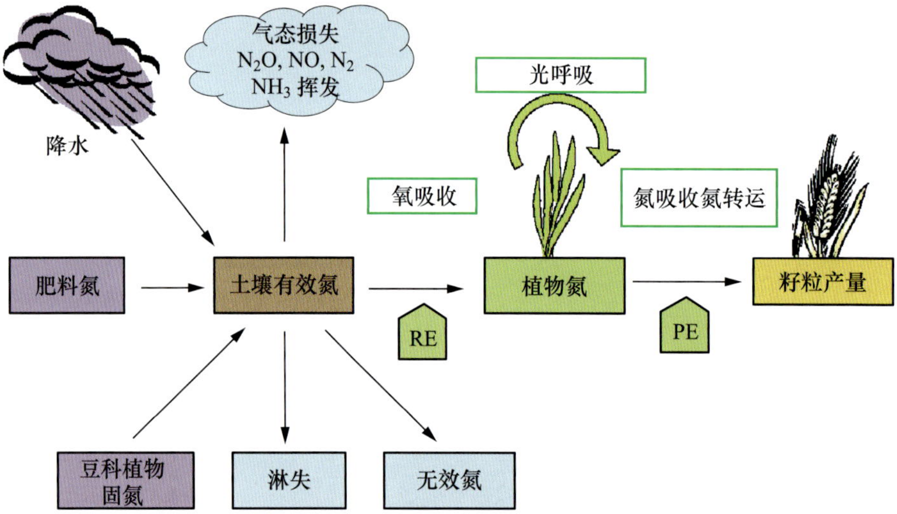

图 1.1　土壤-植株体系中氮素的去向(Good *et al*., 2004)

注:PE 为氮素生理利用效率;RE 为氮吸收效率。

表 1.1　华北平原小麦-玉米轮作体系中氮肥的去向(巨晓棠等,2010)

氮肥去向	冬小麦			夏玉米		
	样本数	范围/%	平均值/%	样本数	范围/%	平均值/%
作物吸收	33	6.8～44.9	21.8	23	2.3～38.3	10.2
土壤残留	10	13.4～50.2	15.3	4	32.0～65.4	28.6
氨挥发	6	3.6～16.0	17.0	7	4.8～37.0	20.7
淋洗	7	7.0～36.7	19.8	11	3.7～77.7	31.3
硝化-反硝化	5	0.0～1.6	0.5	14	0.0～6.7	0.3

在各种各样的文献中,氮效率(nitrogen use efficiency)(或者说氮效率指标)的定义很多,这取决于研究者关心的目标(经济效益、氮肥回收、土壤氮利用)及研究的层次(生理机制、作物生理学、农学)的不同。如此多的定义往往使从事氮效率遗传改良的科学家无所适从。实际上,效率本身是指将"投入"高效地转化为"产出",或者在相同的"产出"中最小化"投入"。从作物生产的角度出发,农民所关心的目标只有一个,就是"少施氮肥,多产粮食"。因此,氮高效品种是在低氮投入条件下较高产的品种(Anbessa *et al*.,2010)。参考 Moll 等(1992)的提法,将氮效率定义为单位施氮量下的作物产量,也就是氮肥偏生产力(partial fertilizer productivity,PFP),对于指导氮效率遗传改良,具有最大的可操作性。如果能测定土壤自身氮素供应潜力,最好将氮效率定义为单位土壤供氮量(土壤基础氮+肥料氮)下的作物产量(Anbessa *et al*.,2009)。但由于土壤氮素的供应潜力很难定量化,实际上不可行。而且对于氮效率遗传改良工作而言,所有供试材料是在同一种土壤条件下进行相对评价,因此,没有必要把土壤基础供氮能力考虑在内。实质上,在不同土壤条件下得到的不同材料的评价结果,往往很难进行比较。这是因为,氮效率的最终衡量标准是降低氮肥投入条件下的作物产量,而产量不只决定于土壤中的氮素水平,而且与其他土壤物理化学特性(以及气候条件)密切相关。

绿色革命及近代育种的一个重要成果，是通过株高的降低提高了植株的抗倒伏性，从而更能发挥氮肥的增产作用。从这个意义上说，育种的结果实际上提高了高氮投入条件下的氮效率。同时，育种极大地提高了作物的综合抗逆性，这也在一定程度上间接地提高了低氮投入条件下作物的适应能力，这就是为什么有些作者认为育种提高了"氮效率"的原因。然而，氮效率遗传改良的真正目标是在这些基础上，进一步提高单位氮肥投入下的作物产量，这包括以下3方面的含义（图1.2）：

（1）在现有氮肥投入水平不变的前提下，相对于所有供试品种的平均产量，产量增加至少10%以上；实质上提高产量潜力。

（2）保持现有产量水平前提下，将氮肥投入减少至少10%以上；实质上提高节肥潜力。

（3）在极度低氮条件下，提高作物的绝对产量，也就是"耐低氮(low-N tolerance)"。

以上划分只是为了研究的需要，对于一个特定品种而言，很有可能同时具备以上两种或者全部特征，这当然是一个育种家最理想的育种目标。

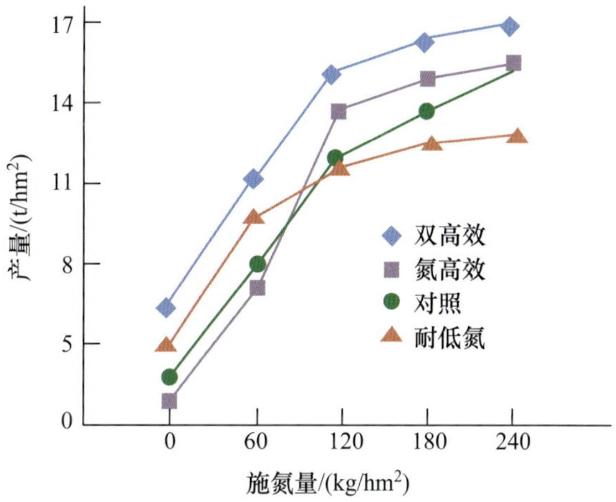

图1.2　根据氮肥效应曲线划分氮高效品种与耐低氮品种

在特定氮素供应量条件下，氮效率可分解为两个部分：一是氮素吸收效率(nitrogen uptake efficiency, NUpE)；二是植株体内的氮素利用效率(nitrogen utilization efficiency, NUtE)，也称为氮生理利用效率(physiological efficiency, PE)。在相同的生长条件下，氮素吸收效率可以用植株总吸氮量来表示。在营养生长期，氮素利用效率可以用单位吸氮量产生的干物质重量来表示，也就是植株氮浓度的倒数。在成熟期，氮素利用效率用单位吸氮产生的籽粒产量来表示。

需要注意的是，氮素利用效率(NUtE)这个概念描述的是一个阶段植株生长的结果，并不能准确地阐明植株体内氮素利用的机理。在生理及生物化学水平上，同一物种的不同基因型或不同养分处理间，养分的行为是基本相同的，因此，氮素利用效率也不应有显著的差异。但是在植株水平上，由于氮素在器官间的分配规律不同，则氮素利用效率可能会不同。比如在相同的吸氮量条件下，如果一个基因型将氮素优先分配于根系生长，可能增加吸氮量，进而促进地上部的生长，而在另一个基因型中，氮素向根系的分配比例较低，则其根系生长较差，在相同的时间内吸氮量和植物生物量都较低。但如果用单位地上部吸氮量生产的地上部植株干物质重量来计算氮素利用效率，则这两个基因型的氮素利用效率的数值不会有多大差异。再比如，如果两个基因型在成熟期具有相同的吸氮量和籽粒产量，则二者计算出的氮素利用效率数值相同，但二者营养器官的氮素转运效率可能有很大差异，一个基因型可能把更多氮素再分配到了籽粒中，另一个可能把更多的氮素留在了茎叶中。所以，要慎重使用氮素利用效率这个概念。

很显然，将低氮下的作物产量作为氮效率的指标，其中的生理机制包括了两个方面：一方面是组成型的，也就是通过生长势（生长量）的增加达到耐低氮能力和产量的增加，这在传统育种过程中不断得到改善(Ortiz-Monasterio *et al.*，1997；Tollenaar and Lee，2002；Muurinen *et al.*，2006)；另一方面是特异性的，也就是通过对低氮的特异性生理与形态学反应，进一步增加低氮胁迫下的产量。在生理学层面上，人们比较关注后者，因此很多作者用低氮供应下的相对产量(或者相对化的生理指标)作为衡量氮效率的指标。无论何种研究目的，都应该与正常供氮条件下的产量配合使用，才更有价值。否则，有可能会选择到那些生长缓慢、地上部对氮养分需求少的基因型。

1.2 氮素吸收、代谢与转运的生理与分子生物学基础

氮素高效利用可分为两个阶段。在营养生长期，氮素高效主要表现为生物量的增加，这决定于植物对氮的吸收、贮藏及同化氨基酸的效率。此时，正在生长的叶片、茎和根是氮素的主要库。对大多数作物而言，虽然铵态氮和少量硝态氮在根中同化，但叶片是无机氮的主要同化器官。根系吸收的硝态氮主要在叶片中同化氨基酸，合成植物生命活动需要的蛋白质和酶，进而控制光合作用、物质生产及生物量的增长。在生殖生长期，氮素高效利用主要表现为产量的增加和籽粒蛋白质含量的增加。这不仅涉及氮素的吸收与同化，更重要的还表现在营养器官中氮素的再转移与再利用(图 1.3)。此时，除了根系吸收外，茎叶成为氮素的供给源器官，但叶片还同时担负着光合作用的任务，如何协调根中氮素吸收、叶中氮素的转运与稳定光合物质生产，并在稳定籽粒蛋白质含量的前提下提高产量，是实现高产与氮高效协同的关键因素。本章主要论述氮素吸收、同化与转运的生理控制机制。

1.2.1 氮素吸收与调节机制

在好气条件下，土壤中氮素的主要形态是硝酸盐，土壤铵的含量很低，很少超过 50 μmol/L，仅为硝酸盐的 1/1 000～1/10(Marschner，1995)。但在淹水、酸性土壤及冷凉土壤环境中，由于硝化作用被抑制，铵成为重要的氮素养分形态(Marschner，1995)。在稻田淹水条件下，铵是主要氮素形态，但在水稻根表面，很大一部分铵被还原为硝酸盐，以硝态氮的形态吸收(Kirk and Kronzucker，2005)。

1.2.1.1 硝酸盐的吸收、贮存与长距离运输

由于硝酸盐带有负电荷，植物吸收硝酸盐是逆电化学势的过程。业已证明，每吸收 1 个单位硝态氮，同时要吸收 2 个单位的质子。质子来源于根细胞膜上的 H^+-ATP 酶。根细胞膜上存在 3 种类型的硝酸盐转运系统，一是组成型高亲和力硝酸盐转运系统(constitutive high-affinity transport system，cHATS)，二是诱导型硝酸盐转运系统(inducible high-affinity transport system，iHATS)，三是低亲和力硝酸盐转运系统(low-affinity transport system，cHATS)。当土壤硝酸盐浓度小于 1 mmol/L 时，植物对氮素吸收主要依靠高亲和力吸收系统，这两个系统的吸收动力学曲线都具有饱和吸收的特征。而且 iHAT 的活性需要外界硝酸盐的诱导，其吸收动力学的 K_m 值约为 5 μmol/L (图 1.4)。当土壤硝酸盐浓度超过 1 mmol/L 时，植物依靠低亲和力吸收系统吸收氮素，其吸收动力学 K_m 值约为 5 mmol/L (Tsay *et al.*，2011)。此时高亲和力吸收系统通常处于抑制状态，作用较小(Crawford and Glass，1998；

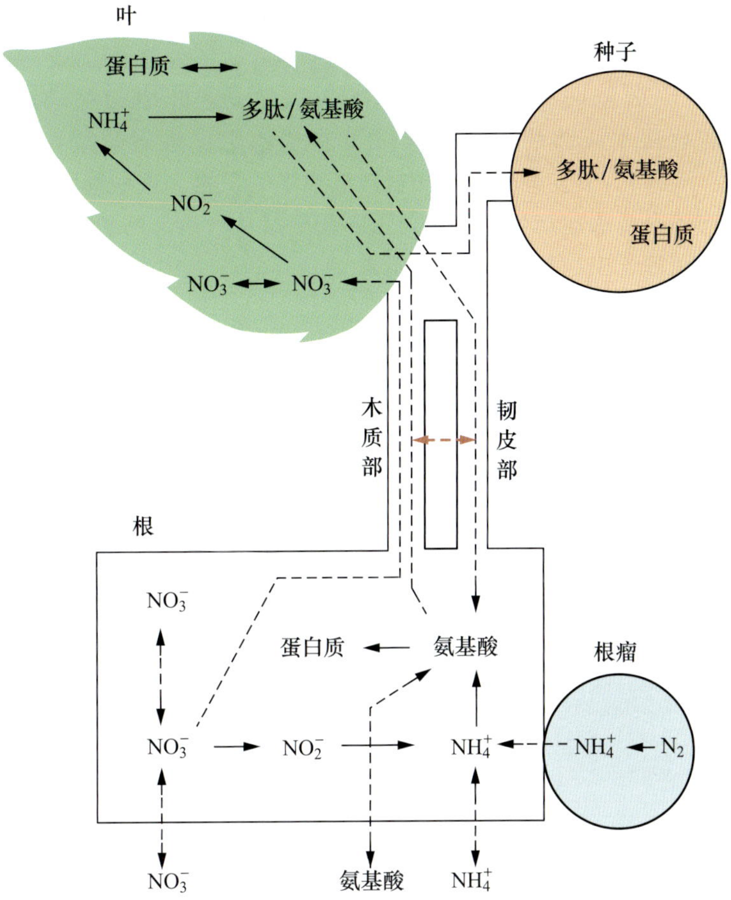

图 1.3 植株中氮素吸收、同化与再利用模式图(Williams and Miller, 2001)

Miller *et al.*, 2007)。

硝酸盐吸收系统依赖细胞膜上的硝酸盐转运蛋白进行。硝酸盐转运蛋白分为高亲和力硝态氮转运蛋白(NRT2)和低亲和力转运蛋白(NRT1)两大家族。每个蛋白家族都有多个基因家族成员。在模式植物拟南芥中,已经发现有7个基因编码NRT2蛋白,而编码NRT1的基因有53个。不同的成员的功能具有时空特异性(图1.5)。其中控制根系氮素吸收的主要转运蛋白是NRT2.1、NRT2.2、NRT1.1和NRT1.2。研究发现,NRT2的功能需要另一个蛋白NAR2的配合,在拟南芥中有两个NAR2基因,分别为*AtNAR2.1*和*AtNAR2.2*,它们也被称为NRT3.1和NRT3.2,但它们自身并不具有运输硝酸盐的功能。在NRT1家族中,NRT1.1是一个例外,它具有双亲和力,可以在高、低硝态氮浓度范围内起作用,被认

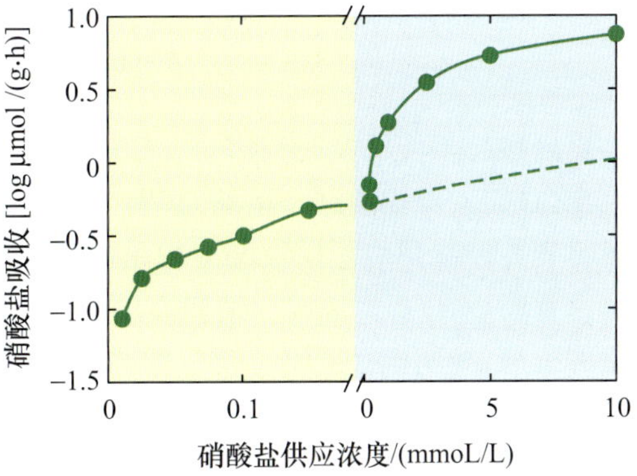

图 1.4 植物中的双相硝酸盐吸收系统 (Tsay *et al.*, 2011)

为根系是对外界硝酸盐信号的感应器(nitrate sensor)。NRT1.4 主要在叶柄中表达,可能参与叶片中硝酸盐的贮存;NRT1.5 可能负责根细胞中硝酸盐的外流,从而介导硝酸盐向木质部装载;NRT1.6 负责硝酸盐向胚中的运输;NRT1.7 负责老叶中硝酸盐向韧皮部的装载;NRT1.8 负责硝酸盐从木质部的卸载;NRT1.9 在伴胞中促进硝酸盐在韧皮部中的运输,NRT2.7 定位在液泡膜上,负责种子中硝酸盐向液泡中的积累。这些基因功能的鉴定,极大地丰富了人们对植物体内硝酸盐运输的认识,比如,硝酸盐从木质部的卸载、在韧皮部运输、支持胚的早期发育以及在种子中积累,以前均不清楚。

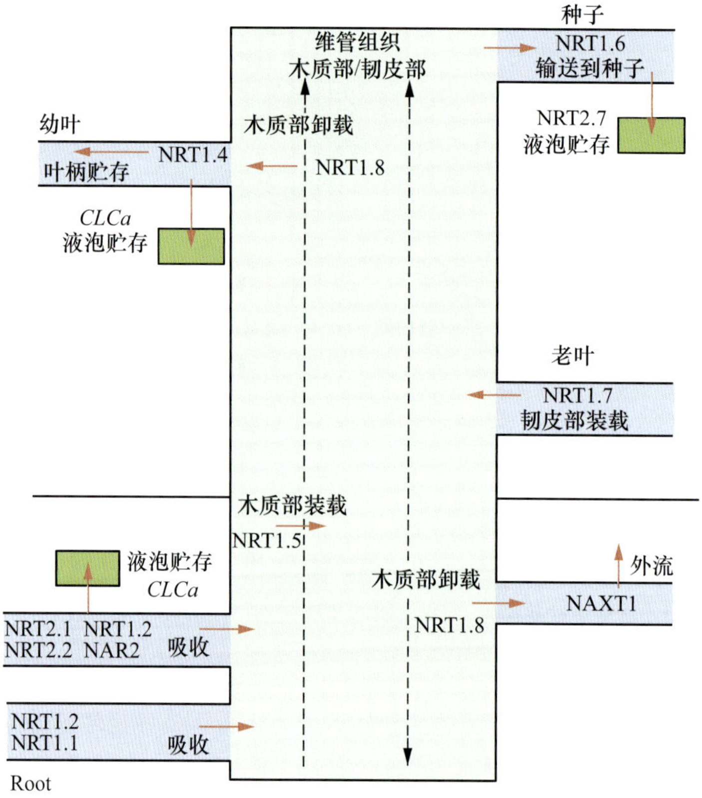

图 1.5 植物中的硝酸盐运输及硝酸盐转运蛋白(NRT)的功能
(Dechorgnat *et al.*, 2011)

当硝酸盐不能被及时利用时,会在液泡中贮存。在叶片细胞的液泡膜上存在一种氯离子通道蛋白(CLC),控制这一运输过程。在拟南芥中有 7 个基因编码 CLC 蛋白,其中 *CLCa* 已被证明具有控制硝酸盐向液泡中积累的功能(图 1.5,图 1.6)。在种子中,控制硝酸盐积累的蛋白由基因 *NRT2.7* 编码。细胞质中的不能利用的硝酸盐也可能向细胞外外流(efflux),而且比例很高,控制硝酸盐的外流过程可能是通过 NAXT1 蛋白介导的。

随着基因组测序的完成,在不同植物中发现了很多的硝酸盐转运蛋白(Plett *et al.*, 2010)(图 1.7 至图 1.9)。在水稻中,NRT1 家族有 80 个成员,NRT2 家族有 4 个成员,NAR 有两个成员(Tsay *et al.*, 2007)。其中,在 mRNA 水平上,*OsNRT2.3* 可拼接为 *OsNRT2.3*a 和 *OsNRT2.3*b。*OsNAR2.1* 与 *OsNRT2.1*/*2.2*、*OsNRT2.3*a 互作调节硝酸盐的吸收(Feng *et*

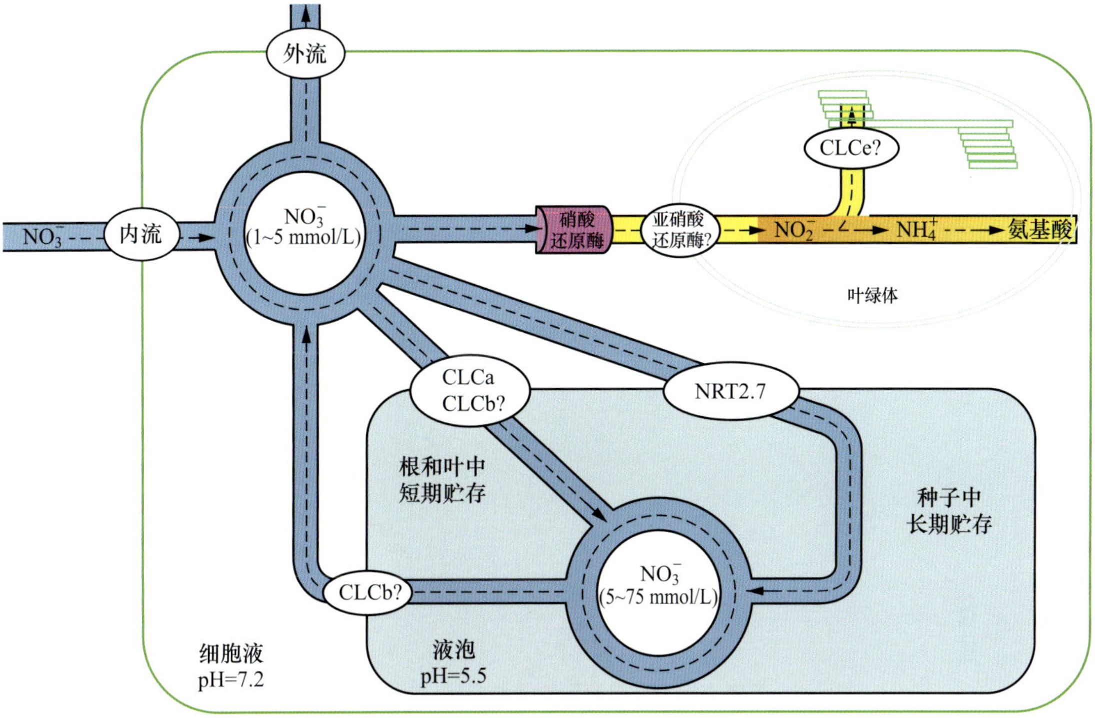

图 1.6 细胞内硝酸盐的运输与贮存(Dechorgnat *et al.*, 2011)

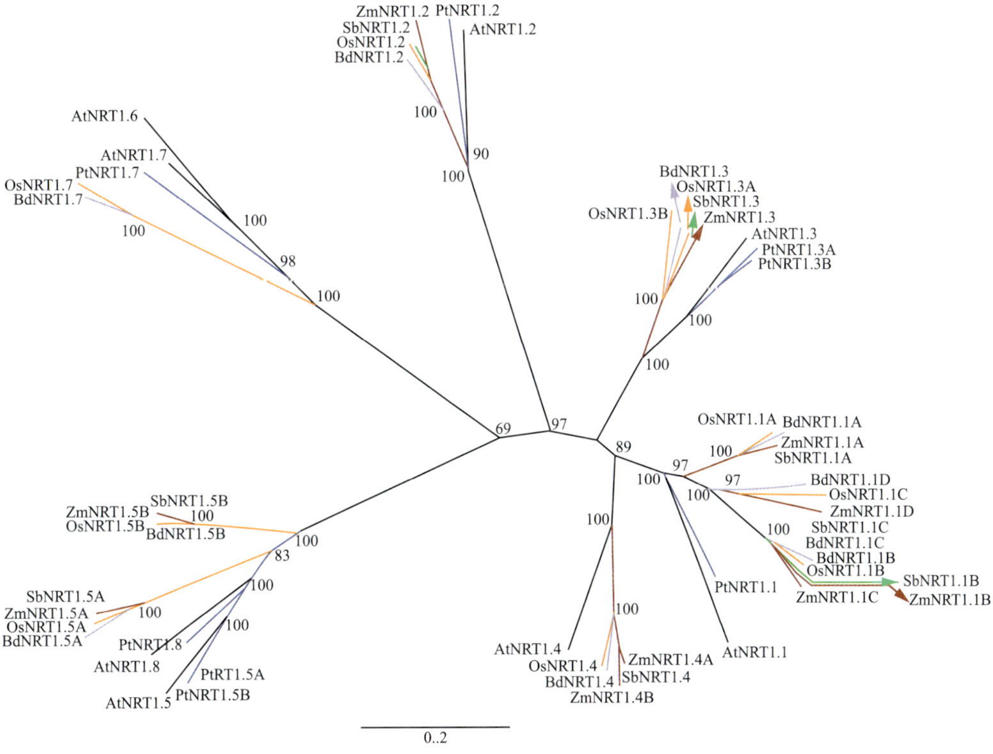

图 1.7 植物中 NRT1 家族的硝酸盐转运蛋白(Plett *et al.*, 2010)

At:拟南芥;Os:水稻;Sb:高粱;Zm:玉米;Pt:白杨;Brachypodium(Bd):二穗短柄草。

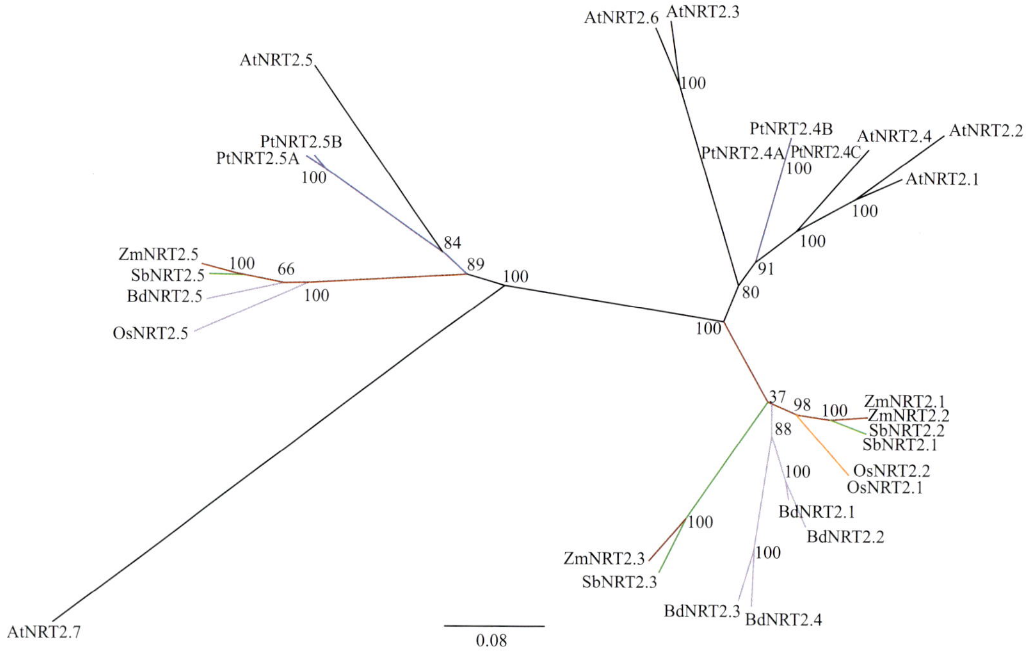

图 1.8　植物 NRT2 家族硝酸盐转运蛋白(Plett *et al.*, 2010)

At:拟南芥;Os:水稻;Sb:高粱;Zm:玉米;Pt:白杨;Brachypodium(Bd):二穗短柄草。

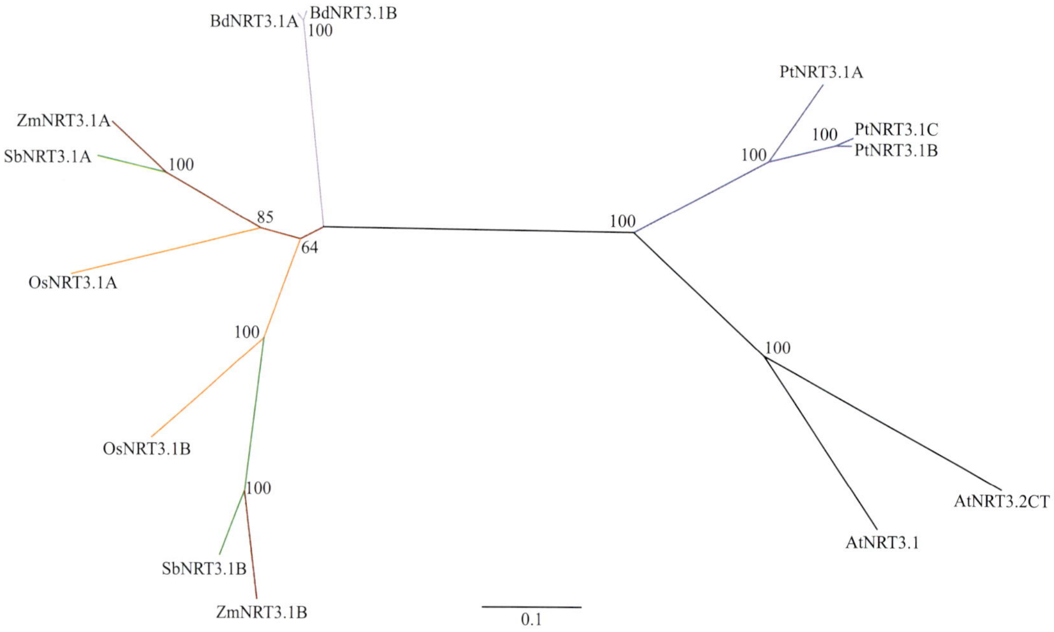

图 1.9　植物 NRT3 家族硝酸盐转运相关蛋白(Plett *et al.*, 2010)

At:拟南芥;Os:水稻;Sb:高粱;Zm:玉米;Pt:白杨;Brachypodium(Bd):二穗短柄草。

al., 2011)。利用 RNAi 沉默 *OsNAR2.1* 可以显著抑制这 3 个基因的表达,同时,高、低亲和力硝酸盐吸收均显著下降(Yan *et al.*, 2011)。*OsNAR2.1*, *OsNRT2.1*, *OsNRT2.2* 和

*OsNRT2.3*a 受硝酸盐诱导、受铵及高温抑制。所有这些基因受光照和蔗糖供应的诱导。*OsNRT2.3*b 对不同形态氮供应不敏感，而 *OsNRT2.4* 受生长素调节(Feng *et al.*，2011)。

1.2.1.2 铵的吸收

在淹水条件下以及低 pH 的森林土壤上，由于铵的硝化作用受到抑制，铵是土壤中的重要氮素供应形态之一。当铵与硝酸盐共同存在时，最适于植物生长，而且植物通常优先吸收铵。但是，在单纯供铵条件下，过量吸收铵会造成毒害，称之为“铵离子综合征”。不同作物对铵的忍耐能力不同，水稻较耐铵。

植物对铵的吸收也需要转运蛋白的参与。在外界铵浓度少于 1 mmol/L 时，铵的吸收主要由高亲和力转运蛋白。这些蛋白的编码基因包括 *AMT1.1*～*AMT1.5* 和 *AMT2.1*。其中，*AMT1.1* 和 *AMT1.3* 主要在根表表达，是负责根系共质体途径吸收铵的主要蛋白(图 1.10)，它受缺氮诱导。*AMT1.2* 主要在根系皮层和内皮层表达，负责吸收根系质外体中的铵。在铵供应强度高于 1 mmol/L 时，铵的吸收可通过钾离子通道或者非选择性的阳离子通道来吸收。

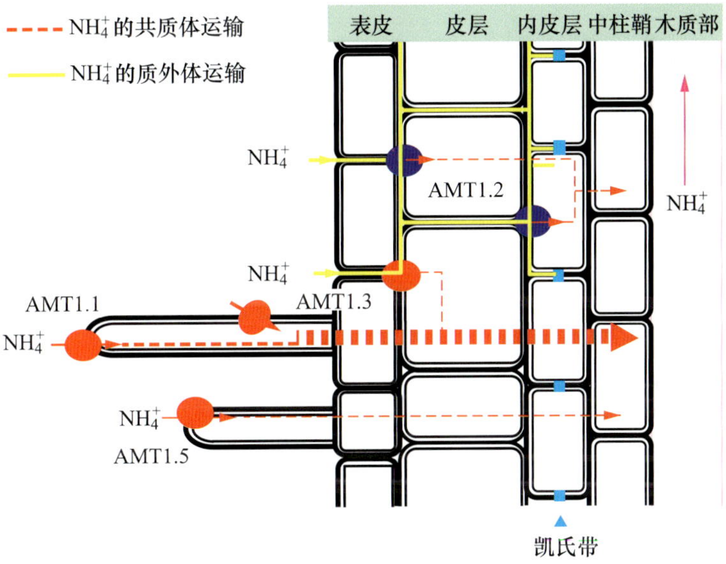

图 1.10 拟南芥根中的铵转运蛋白(Yuan *et al.*，2007)

在三大作物中，水稻是以吸收铵态氮为主的作物。在水稻中共发现有 12 个铵转运蛋白基因(*OsAMT1.1* ～ *OsAMT1.3*；*OsAMT2.1* ～ *OsAMT2.3*；*OsAMT3.1* ～ *OsAMT3.3*；*OsAMT4*；*OsAMT5.1*；*OsAMT4.2*)。在粳稻中，*OsAMT1.1* 在地上部和根部组成型表达，*OsAMT1.2* 在根中特异表达，*OsAMT1.3* 在根尖及侧根中表达。谷氨酰胺诱导 *OsAMT1.1* 和 *OsAMT1.2* 的表达。*OsAMT1.3* 则相反，其表达则受缺氮诱导，受谷氨酰胺抑制(Sonada *et al.*，2003a，b)。在籼稻中，*OsAMT1.1* 和 *OsAMT1.2* 受氮胁迫诱导表达，高氮抑制。*OsAMT1.3* 表达受光照上调(Kumar *et al.*，2003)。

在其他作物中也有许多关于铵转运蛋白的报道，其中包括小麦(TaAMT1.1～TaAMT1.3；TaAMT2.1)(Jahn *et al.*，2004)、番茄(LeAMT1.1～LeAMT1.3；LeAMT2)(Lauter *et al.*，1996；von Wiren *et al.*，2000)、油菜(BnMT1.2)(Pearson *et al*；2002)等。

1.2.1.3 氮素吸收的调控

一般而言，养分(包括硝酸盐与铵)的吸收并不是一个独立的过程，要受到植株内部养分状态信号与和外界环境信号的双重调控。当养分供应强度超过植株最大生长速率所需的养分浓度时，养分吸收主要由库强度所控制，而库强度又依靠生长速率和发育阶段(图 1.11)。比如玉米单株叶面积增长速率快的基因型，其养分吸收速率也快，最终可以维持叶片氮浓度的稳定(图 1.12)(Tian *et al.*, 2006)。

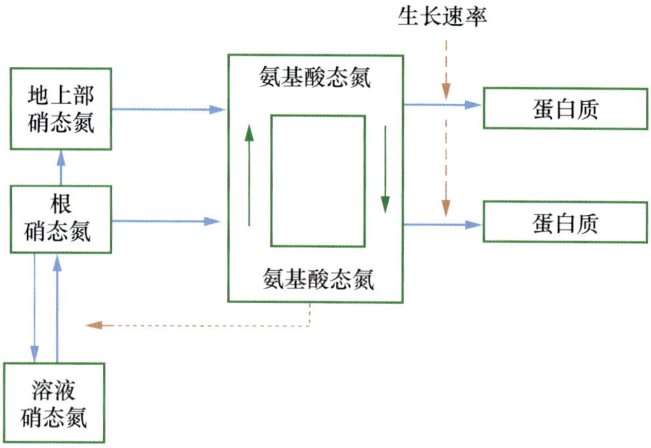

图 1.11 植株生长、植株氮营养状况及硝酸盐吸收的关系(Cooper and Clarkson, 1989)

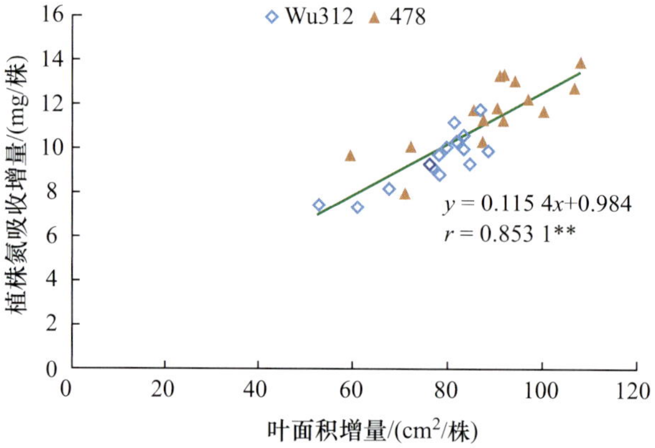

图 1.12 叶面积增长速率与氮吸收速率的关系(Tian *et al.*, 2006)

当外界养分供应强度低于生长的最适养分供应浓度后，地上部生长(库强度)依赖于养分吸收能力。当长期处于养分供应不足环境条件下，植物可以通过某种机制下调节其生长速度，减少生长对养分的需求，使植株的养分浓度达到新的稳态，而这一过程最终会反映到养分吸收速率上。但是，当植株遇到短期的养分供应强度的改变时，通常不会很快改变生长速度，而是首先通过调节根的生长及其生理学反应(如养分转运蛋白的表达及活性等)，去应对环境养分供应强度的变化。对于氮素吸收而言，起调节作用的信号至少来自 3 个方面：①外界硝酸盐和铵供应强度信号。硝酸盐吸收及硝酸盐转运蛋白基因的表达需要外界硝酸盐供应的诱导。

②植株内部氮素状态信号(N status)。这可能通过根的韧皮部汁液中的氨基酸(如谷氨酰胺 Gln)浓度的变化传递到根部,当韧皮部汁液中的氨基酸浓度下降时,可以上调硝酸盐及铵的吸收及某些相应的硝酸盐及铵转运蛋白基因的表达。通常所有的高亲和力硝酸盐及铵转运蛋白均受氮代谢产物(如谷氨酰胺等)的反馈抑制 (Gansel *et al.*, 2001; Lejay *et al.*, 2003; Nazoa *et al.*, 2003; Okamoto *et al.*, 2003, Vidmar *et al.*, 2000)。③光周期信号。光照条件下硝酸盐及铵转运蛋白基因表达增强,这可能通过糖信号途径及植株内部氮素状态信号来介导。

由于这种负反馈调节机制的存在,仅增加硝酸盐或铵盐转运蛋白基因表达,很可能达不到提高氮素吸收效率的作用。比如,将拟南芥铵转运蛋白基因 *AtAMT1.1* 在烟草中超量表达,虽然在水培条件下使烟草的铵吸收潜力增加了 36%,但在土壤培养条件下,在供应低铵时,转基因植株的生物量和氮吸收量并没增加;如果供应高铵,则转基因植株过量吸收铵而受毒害,生物量反而下降(Yuan *et al.*, 2007)。这说明,需要将氮的吸收过程与氮的利用同步改良,才能达到提高氮吸收效率的目的。

1.2.1.4 氮营养信号途径

植物如何感知外界硝酸盐并调节下游基因的表达,是科学家关心的热点问题。最近在这一方面有了较大的突破。双亲和力硝酸盐转运蛋白 NRT1.1(CHL1)被认为是细胞质膜上感应硝酸盐供应强度的感应器(sensor),它通过自身的磷酸化状态来调节植物对硝酸盐供应强度的反应(Tsay *et al.*, 2011)(图 1.13)。

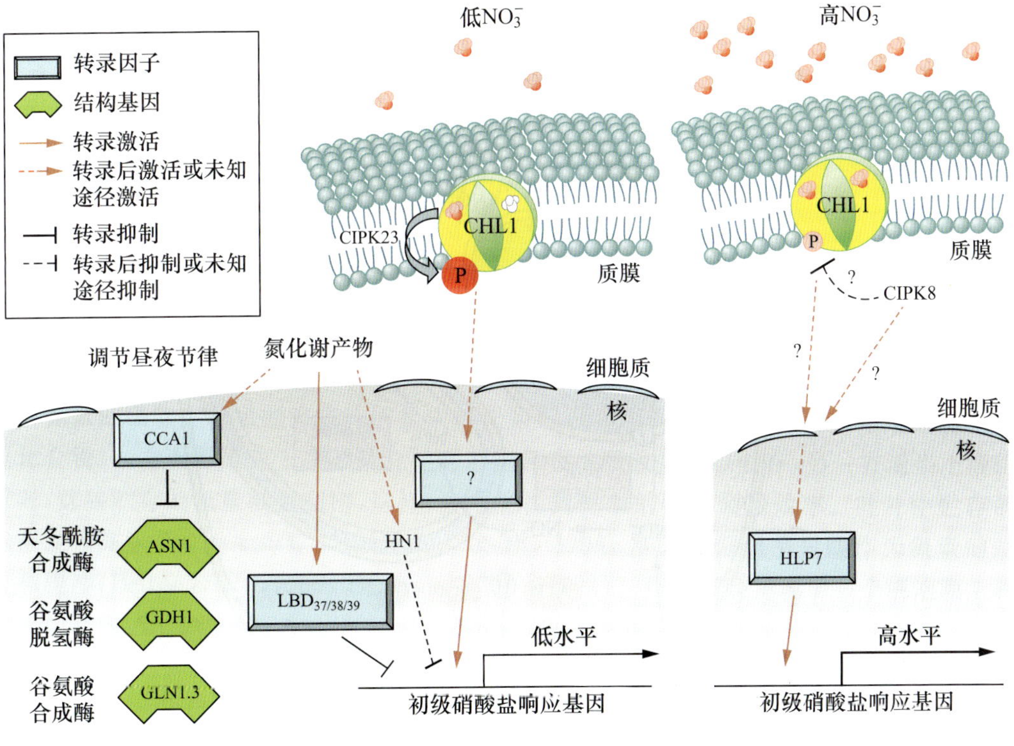

图 1.13 氮素调节拟南芥转录水平的信号途径(Tsay *et al.*, 2011)

低氮条件促进硝酸盐转运蛋白/感应器 CHL1 的磷酸化,诱导相应的硝酸盐响应基因的表达。该磷酸化受 CIPK23 介导。高氮抑制 CHL1 的磷酸化,导致对高氮响应的基因的表达。该过程中有 CIPK8 的参与。在下游,转录因子 NLP7、LBDs(the lateral organ boundary domains)和 CCA1 调节氮素相关基因的表达。

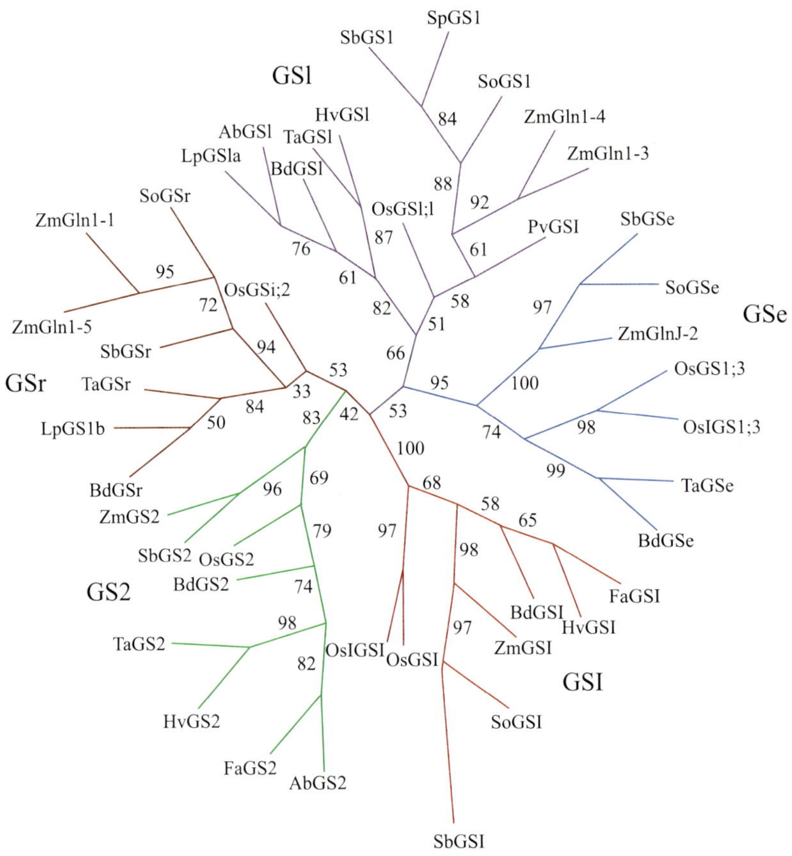

图 1.16　禾本科作物(Poaceae family)GS 蛋白序列进化树(Swarbreck *et al*., 2011)

的 80%以上。而对于玉米而言,这个比例要低一些,通常为 60%～70%。其余的氮素要依靠开花后根系对土壤中氮素的吸收。籽粒灌浆期营养器官中氮素向籽粒的转运说明,氮素的吸收同化通常不能满足籽粒的需求。增加小麦、玉米后期氮素的供应,通常能增加籽粒的蛋白质含量,这说明,籽粒蛋白质含量可能决定于氮的供应,而不是籽粒中蛋白质合成速度(库的需求)。在小麦中,氮素输出主要受叶片中氮含量的限制 (Bertheloot *et al*., 2008)。

叶片中氮素的输出决定于叶片的衰老(senescence)。叶片衰老受发育性老化(age)及外界环境因素的双重调控,这些外界因素包括黑暗(dark)、养分缺乏(nutrient deficiency)、紫外线(UV-B)、臭氧(ozone)、病害(pathogen)等(图 1.17),这些因素可能通过调节叶片的激素(如细胞分裂素(cytokinin)、脱落酸(ABA)、乙烯(Ethylene)、茉莉酸(JA)、水杨酸(SA))、活性氧(ROS)及糖 (sugar) 信号途径,进而调节衰老相关基因的表达及相应的生理生化反应,如细胞壁、蛋白质和脂类物质的降解、碳与矿质养分(氮、磷)的分解代谢与转运、激素代谢等(Buchanan-Wollaston *et al*., 2003)。

在营养器官中,叶片中氮素再利用对籽粒氮素含量的贡献最大。叶片衰老可能受 *SAG12* (senescence-associated gene)基因调控,该基因编码一个半胱氨酸蛋白酶(cysteine-protease),在衰老过程中特异表达。在营养器官氮素转移过程中,首先要将蛋白质分解成氨基酸,这主要通过 3 种途径:①叶绿素降解(the chloroplast degradation pathway);②液泡和自噬途径(the

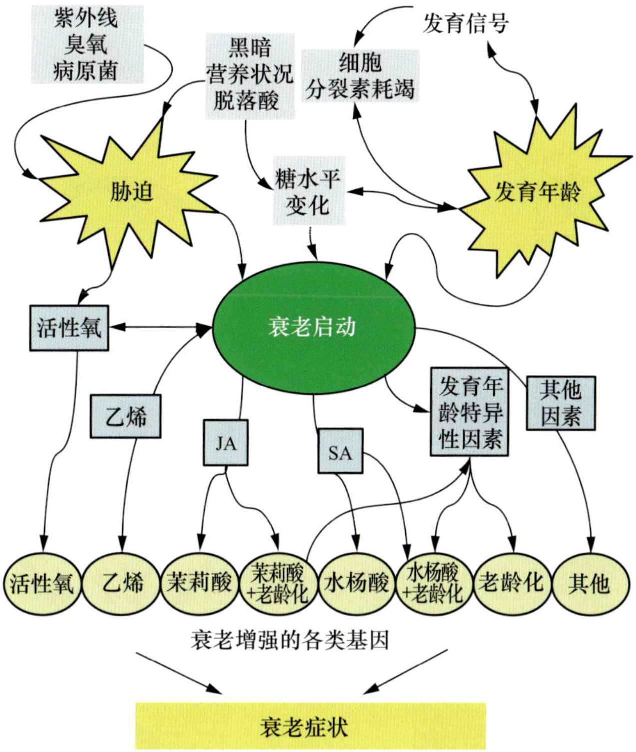

图 1.17 叶片衰老的调控机制(Buchanan-Wollaston *et al.*, 2003)

vacuolar and autophagic pathway);③ 26S-泛素蛋白蛋白酶降解途径(the ubiquitin-26S proteasome pathway)(Liu *et al.*, 2008)。叶片中,大约80%的氮素主要以蛋白质的形态存在于叶绿体中(Adam *et al.*, 2001),其中Rubisco占的比例最大,是叶片衰老过程中氮素再利用的主要来源。在C3植物小麦中,叶片中Rubisco中的氮可占到总氮的25%~30%,占细胞中可溶性蛋白质氮的50%,而在C4植物中,这个比例是20%(Evans and Seemann, 1989; Lawlor *et al.*, 1989;Mae *et al.*, 1993;Lawlor, 2002)。活性氧代谢以及蛋白酶CND41可能参与调控其降解过程(Zimmermann and Zentgraf, 2005;Kato *et al.*, 2004)。在自噬作用(autophagy)作用过程中,自噬体(autophagosomes)把细胞质中的蛋白质及蛋白质复合体以及来自叶绿体的Rubisco转运到液泡中,在液泡中,这些蛋白质被外肽酶(exopeptidase)及内肽酶所水解(endopeptidase)(Ishida *et al.*,2008)。水解产物氨基酸被转运出去,实现再利用。在氮素再利用过程中,26S-泛素蛋白蛋白酶的主要作用是将一些短命的或者不正常的蛋白分解,从而保证细胞的正常功能。在此过程中,发现有一个编码RING型泛素蛋白E3连接酶(RING-type ubiquitin E3 ligase)的基因NLA(nitrogen limitation adaptation),在缺氮胁迫条件起到作用。

功能基因组学及突变体研究已经鉴定出一些与氮再利用效率相关的重要酶类(Masclaux *et al.*, 2001; Buchanan-Wollaston *et al.*, 2003; Guo *et al.*, 2004),其中包括细胞质谷氨酰胺合成酶GS1、谷氨酸脱氢酶GDH和天冬酰胺合成酶AS(Masclaux-Daubresse *et al.*,

2008)。蛋白质分解后产生的氨基酸,在叶肉细胞的液泡中暂时贮藏后,被载到韧皮部,向籽粒运输。运输的形式是要是谷氨酰胺(glutamine)、天冬酰胺(asparagine)、谷氨酸(glutamate)、天冬氨酸(aspartate)、丝氨酸(serine)、丙氨酸(alanine) 等(Sanders *et al.*, 2009)。其中在谷类作物中,主要是以谷氨酰胺的形态运输(图 1.18)。

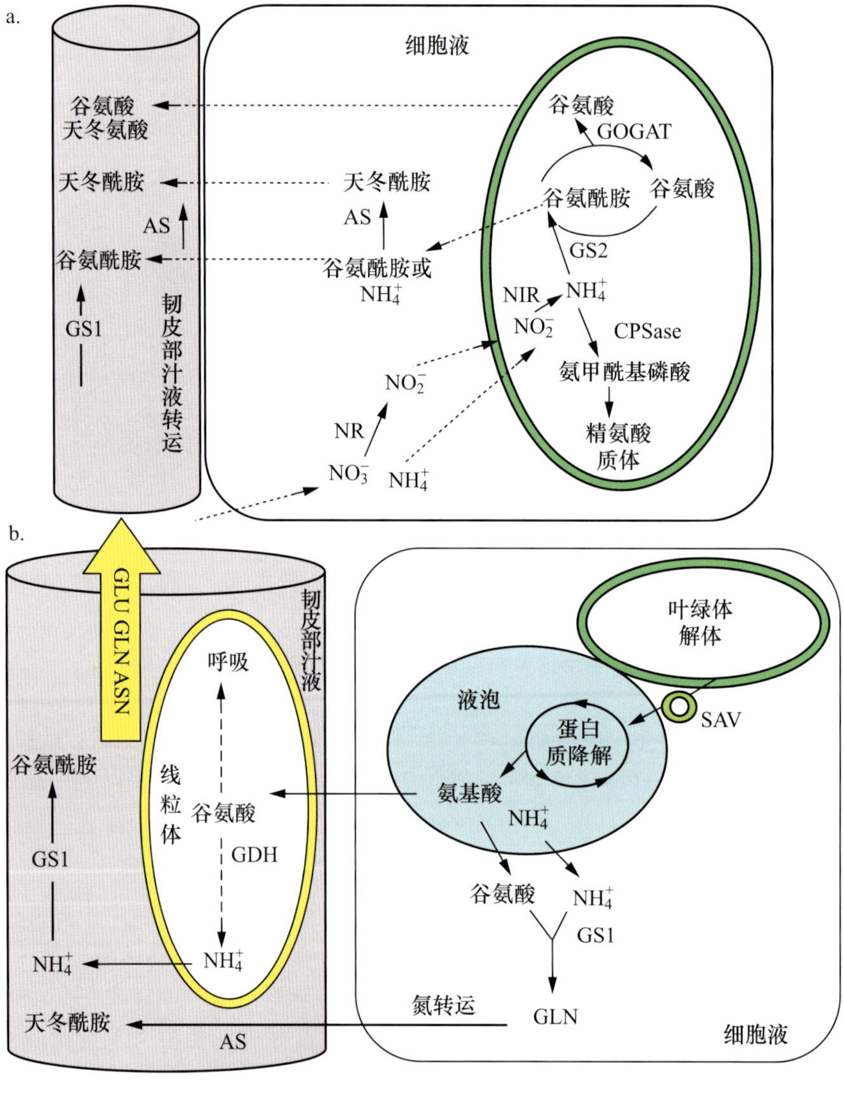

图 1.18 控制氮代谢的主要酶(Masclaus-Daubresse *et al.*, 2010)

a. 功能叶;b. 衰老叶片。NR:硝酸还原酶;NIR:亚硝酸盐合成酶;GLU:谷氨酸;GLN:谷氨酰胺;ASN:天冬酰胺;GS1:细胞质谷氨酰胺合成酶;GS2:叶绿体(质体)谷氨酰胺合成酶;GDH:谷氨酸合酶;AS:天冬酰胺合成酶;CPSase:氨甲酰基磷酸合成酶(carbamoylphosphate synthetase);SAV:衰老相关的液泡。

在蛋白质分解过程也产生部分氨,细胞质中的谷氨酰胺合成酶 GS1 可以同化这部分氨。拟南芥衰老过程中,除 *Gln1.5* 之外的所有 *GS1* 基因表达增加(Guo *et al.*, 2004),其 *Gln1.1* 的表达增加了 5 倍。研究表明,GS1 活性可能与氮的再利用有密切相关。将玉米谷氨酰铵合成酶 *Gln1.3* 和 *Gln1.4* 突变体后,籽粒大小和籽粒数量都会显著减少(Martin *et al.*, 2006)。

但其中只有 *Gln1.4* 在衰老过程中表达上调。在水稻中也发现，*OsGS1.1* 突变体的生长及籽粒灌浆显著受到抑制，叶片中 Gln 和游离总氨基酸含量下降，该基因位于韧皮部伴胞及叶片的薄壁细胞内，可能调控 Gln 的合成与转运有关（Tabuchi *et al.*，2005）。

除了 GS 和 GDH 外，其他一些转氨酶也可能参与叶片氮再利用的调控。在向日葵中，叶片衰老诱导天冬酰胺合成酶 *AS* 基因（*HAS1*、*HAS2*）表达，同时，天冬酰胺含量增加（Herrera-Rodriguez *et al.*，2006）。在拟南芥中有 3 个 *AS* 基因（*ASN1*，*ASN2* and *ASN3*），超表达 *ASN1* 可以增加籽粒的蛋白质含量（Lam *et al.*，2003）。*ASN* 突变体导致早熟，从老叶到新叶的氮转运增加（Diaz *et al.*，2008），但从叶片向种子的氮素转运受抑制，NHI 略降低（Masclaus-Daubresse *et al.*，2010）。

氨基酸的运输依赖于氨基酸转运蛋白。在拟南芥中发现有 67 个基因编码氨基酸转运蛋白（Rentsch *et al.*，2007），但对其在氮素高效利用中的功能尚不清楚。其中有一类氨基酸通透酶 AAP（amino acid permeases）可能参与氨基酸向韧皮部的装载（AAP）（Liu and Bush，2006）。另外，还发现了一些其他运输氨基酸的转运蛋白，如赖氨酸/组氨酸转运蛋白（lysine/histidine transporter，LHT）、阳离子-氨基酸转运蛋白（cationic amino acid transporters，CAT）、脯氨酸转运蛋白（proline transporters，ProT）、芳香基及中性氨基酸转运蛋白（aromatic and neutral amino acid transporters，ANT），以及寡肽转运蛋白（oligopeptide transporters，OPT），但这些蛋白在氨基酸再利用中的作用尚不清楚。

选育叶片保绿（stay-green）期长的品种，延长绿色叶面积持续期，是当前提高作物产量的主要途径之一。虽然叶色变化是衰老的显著症状，然而早在叶片开始变黄之前，大部分的衰老过程已经开始（Buchanan-Wollaston *et al.*，2003）。叶绿素的降解并不是为了动员养分的输出与再利用，而是为了减少源于色素蛋白复合体的高活性化合物的积累，减少其对细胞的毒害，这对于正常衰老过程的进行是必需的（Buchanan-Wollaston *et al.*，2003）。在红色叶绿素分解产物还原酶（red chlorophyll catabolite reductase，RCC reductase）突变体 aca2（accelerated cell death 2），由于叶绿素分解受阻，红色叶绿素分解产物 RCC 等积累，导致细胞提前死亡（Mach *et al.*，2001）。叶绿素降解的生理与分子机制已有很多的认识（Hörtensteiner and Kräutler，2011）（图 1.19）。叶片保绿时间长通常降低叶片氮素再转运效率。其实，叶绿素本身的降解产物对叶片氮转运的贡献很小，但叶绿素降解是叶绿素结合蛋白（chlorophyll-binding protein）分解的前提（Hörtensteiner，2006），叶绿素结合蛋白中的氮可占到叶肉细胞中总氮量的 20%（Dalling，1987），因此，叶绿素的降解可间接地促进叶片氮的再利用。在叶绿素分解有缺陷的“保绿性”的基因型中，叶片衰老过程中可溶性蛋白的降解可能并不受影响，只有光捕获蛋白及类囊体膜蛋白保持稳定（Thomas *et al.*，2002）。到目前，叶片衰老过程中负责降解叶绿素结合蛋白的蛋白酶尚不清楚（Hörtensteiner and Kräutler，2011），但 Lon，Clp 和 FtsH 蛋白酶家族可能与其有关（Sakamoto，2006；Liu *et al.*，2008）。

1.3 植物对低氮的反应

要实现氮高效的遗传改良，首先要了解植物在不同氮素供应条件下的生长表现，以及背后

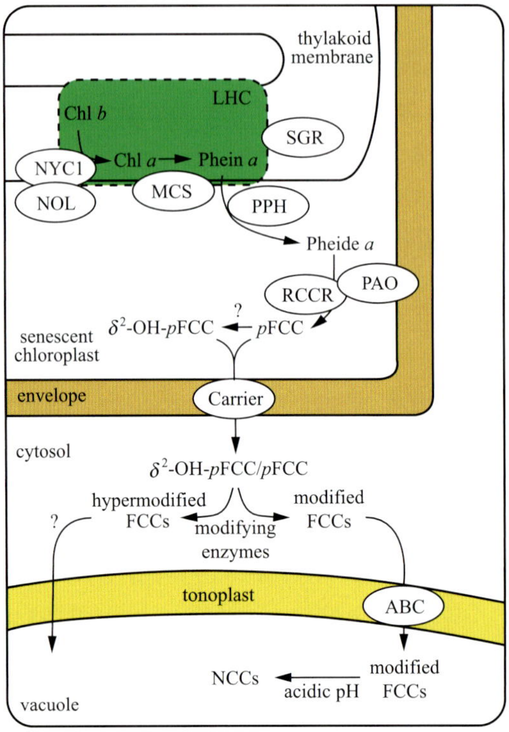

图 1.19　叶片衰老过程中叶绿素的降解机制(Hörtensteiner and Kräutler, 2011)

Chl a:叶绿素 a;Chl b:叶绿素 b;thylakoid membrane:类囊体膜;senescent chloroplast:衰老中的叶绿体;envelope:叶绿体膜;cytosol:细胞质;tonoplast:液泡膜;vacuole:液泡;LHC(light harvesting complex):光捕获复合体;SGR(staygreen):控制保绿性的蛋白;NYC1(Non-yellow coloring 1):控制非黄色的蛋白;NOL(NYC1-LIKE):类 NYC1 蛋白;MCS(metal chelating substance):金属螯合物质;PPH(pheophytinase):脱镁叶绿素酶;Pheide a (pyropheophorbide a):焦脱镁叶绿酸;RCCR(red chlorophyll catabolite reductase):红色叶绿素分解产物还原酶;PAO(Pheide a oxygenase):焦脱镁叶绿酸氧化酶;FCC (fluorescent chlorophyll catabolites):荧光叶绿素分解产物;pFCC(primary fluorescent chlorophyll catabolites):原荧光叶绿素分解产物;ABC (ATP-binding cassette):ABC 转运蛋白;NCC(nonfluorescent chlorophyll catabolites):非荧光叶绿素分解产物。

的生理学及形态学机制,进而发现控制这些生理与形态反应过程的遗传学基础与候选基因。对于实际育种工作而言,还要确定哪些生长表现是主动的氮素获助机制,哪些只是被动的适应机制。同时,还要区分短期缺氮的瞬时反应和长期的氮素缺乏的适应性反应。

1.3.1　植物对缺氮的生理学反应

在植株短期缺乏氮素条件下,植株可能通过地上部氮素营养信号来上调氮素吸收系统,增加硝酸盐及铵的吸收速率。高亲和力硝酸盐转运蛋白基因表达活性的增加,证明了这一点。在长期氮素缺乏条件下,植株的生长会产生适应性响应(acclimatization response)。据 Larsson 等(1992)的研究结果,植物对氮胁迫的适应性响应主要包括两方面:一是蛋白质合成变化;二是蛋白质分配(根/冠)改变。其总体结果是生长速率下降,根系相对增大。吸收氮的能力是这种生长反应的结果。在相对低的氮素供应条件下,相对最大吸氮速率(单位时间单位植株的氮吸收速率)的增加几乎完全依赖于相对根系的增大。而单位根重的氮素吸收速率往往是下降的。也即是说,根/冠比变化是氮吸收系统对低氮胁迫的主要适应性响应,氮吸收系统并不受到特异性调节,而是与其他生长相关的生理过程相协调。氮素吸收的反馈调节只在氮素供应水平使植株接近最大相对生长速率(也就是充足供应条件下)才起作用。

需要注意的是,有很多关于低氮条件下植株体内代谢变化的相关研究。其中很多生理变化,实际上是植株在氮素不足条件下调节自身生长速率的一种反应,并不能理解为植物高效获取氮素的生理机制。氮素供应成为限制因素条件下,唯有促进根系从外界获取更多氮素的生理与形态学反应,才能看做是有意义的氮高效获助机制。在这一点上,根系形态的适应性变化无疑是最为重要的。

作物地上部对缺氮的反应包括降低叶片扩展、叶绿素含量和单叶光合速率,在极端的缺氮条件下,才会减少叶片数和出叶速率(Muchow, 1988)。缺氮降低叶片伸展速率,主要是通过降低叶片细胞伸长速率和最终细胞长度,对细胞分裂影响较小(Snir and Neumann, 1997)。缺氮条件下,叶绿体变小、变平,类囊体膜变少,折叠不规则,基粒片层减少,基质比例增加,光捕获蛋白、Rubisco 和 ATP 合成酶减少(Laza *et al.*, 1993; Kutik *et al.*, 1995; Theobald *et al.*, 1998)。但也有研究表明缺氮对单位叶绿素的类囊体组分、电子传递活性、放氧速率均影响较小(Evans and Terashima, 1987)。单位叶绿素的 Rubisco 和可溶性蛋白含量显著下降(图 1.20),说明缺氮对 CO_2 同化的影响要大于对光能捕获的影响(Lawlor, 2002)。这些生理形态反应的总体结果是降低群体光合作用,减少光合产物合成。缺氮条件下胞间 CO_2 浓度会上升(Paponov and Engels, 2003),说明光合速率的下降主要是由于碳还原系统活性的下降,而不是气孔导度的下降(Thiagarajah *et al.*, 1981)。一般而言,叶片伸展对低氮的敏感性要高于叶绿素含量和光合速率(Radin and Boyer, 1982),也就是说,在较长期氮供应不足条件下,作物更倾向于减少叶片的伸展(叶面积),但维持较高的叶绿素含量和光合速率。所以,在田间条件下,轻微的缺氮并不会产生显著的老叶黄化现象,尤其是在营养生长期。比较明显的老叶黄化症状往往从吐丝期开始显现,此时穗和籽粒发育需要更多的氮素,下部叶片中氮素的转移显著加快。

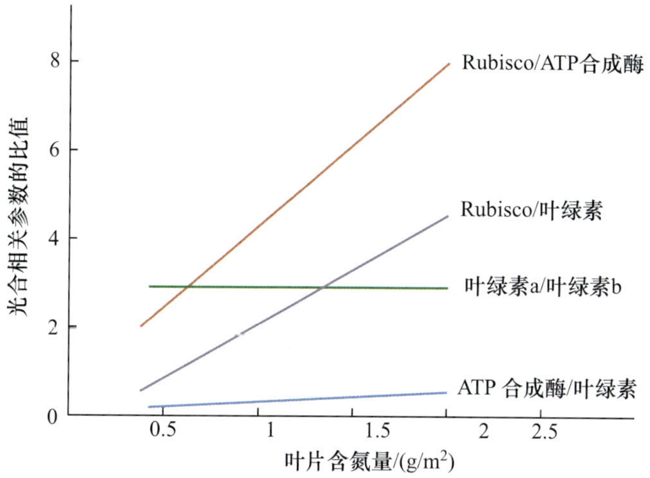

图 1.20 叶片含氮量与叶绿体生化指标之间的相互关系(Lawlor, 2002)

供氮不足加速老叶(尤其是下部叶片)的衰老及其中蛋白质分解,同时产生的氨基酸等向新生叶运输。Gaju 等(2011)的多品种比较研究发现,在低氮条件下,冬小麦叶片衰老起始时间与地上部氮素转运之间存在显著负相关,叶片衰老起始时间可以解释氮素利用效率变异的86%。在开花后,籽粒发育变成了一个强大的氮素利用库,此时营养器官中的氮素会更快地向籽粒中转运,这时,叶片黄化现象会十分明显。在田间缺氮条件下叶片中氮素的分解与再利用,是影响氮高效利用的重要过程。缺氮条件下,穗、小花及籽粒的发育受到严重抑制。在开花期前后,叶片中氮素的高效转运,可能有助于穗和小花的发育,提高小花结实率。而开花后营养器官中氮素的转运,则有利于提高籽粒结实率。然而,叶片含氮量与光合作用速率密切相关(Evans, 1989),氮素的高效转运是以叶片光合速率下降为代价的。Paponov 和 Engels (2003)的研究表明,玉米籽粒灌浆期叶片光合速率的下降速率要远高于叶片含氮量的下降速度,导致单位叶片氮的光合速率下降。这说明,转运出去的氮可能主要是光合作用相关蛋白中的氮素。所以,氮素转运这一调节机制只能在一定程度上克服或缓解氮素供应不足带来的影响。在长期氮素供应不足的条件下,从土壤中高效获助氮素资源,延迟后期叶片的衰老才是提高氮效率真正有效的途径(Mi *et al.*, 2010;Gaju *et al.*, 2011)。

在玉米中,缺氮对吐丝的影响要大于抽雄(Bonaparte, 1975),因此表现出抽雄期至吐丝期间隔时间(anthesis-silking interval, ASI)的延长(Lafitte and Edmeades, 1994a),很大程度上影响雌穗的授粉,造成顶端籽粒的败育(图 1.21)。在氮素供应不足条件下,保证雌穗的发育和籽粒结实率,是提高氮素生理利用效率的重要因素。Kamprath 等(1982)结果表明,新杂交种的氮利用率(单位施氮量的产量)提高与氮吸收率提高、单株穗数增加相关,吐丝期氮浓度与单株穗数相关。Anderson 等(1984,1985)认为多穗玉米可以更有效地利用积累氮用于籽粒生产,并将更多的总植株氮和干物质分配到籽粒生产。多穗玉米的植株氮再转运量大,较多地转入籽粒,因此认为在低氮条件下选择玉米的多穗性可区分氮利用效率的大小,在高肥或低肥下选择单株穗数与直接选择氮效率(籽粒产量/供氮量)同样有效。研究表明,对玉米进行多轮的耐低氮或耐干旱选择,结果会使植株以最少的生物量产生最多的籽粒数(最低的籽粒败育率),也就是增加了籽粒库的强度,而且在非胁迫条件下有同样的表现。这说明,较大的库强(花和籽粒的发育能力)是一个耐各种胁迫的组成型性状 (Laffitte and Edmeades, 1995)。

图 1.21　缺氮条件下老叶黄化现象及顶端籽粒的败育

1.3.2 根系生长对氮素供应的反应

1.3.2.1 冠根比

缺氮是否增加根系的绝对生长量，决定于缺氮胁迫的程度，这包括氮素供应强度和缺氮持续时间。Barber(1984)认为，如果田间氮素胁迫水平不足以使玉米减产20%以上，则增施氮肥虽然使地上部生物量增加，但根重下降。缺氮导致冠根比的下降是一个普遍存在的现象(Scheible *et al.*, 1997)。低氮条件下，虽然根吸收的氮仍然是首先运输到地上部，但植株会将更大比例的同化氮分配到根部(图1.22)，从而促进根的生长。此外，很可能缺氮可以增强根调运韧皮部中碳的强度。在质子ATPase的作用下，更多的糖向根中卸载。

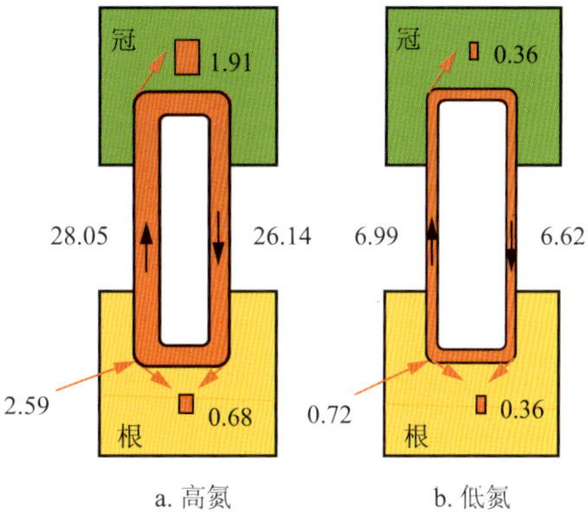

图1.22 不同氮素供应水平氮素的吸收及其在冠、根间的分配(mmol/株)(李燕婷等，2001)

Scheible等(1997)认为，拟南芥叶片中的硝酸盐浓度可能是控制冠根比的重要信号来源，随着地下部硝酸盐浓度的增加，冠根比直线上升。郭亚芬(2005)的研究表明，玉米地上部叶片的全氮浓度和硝酸盐浓度均与冠根比之前的关系可以用指数式衰减函数(exponential decay, $y=y_0+A_1e^{(-x/t_1)}$)来描述。当地上部叶片的硝酸盐含量达到0.16 mol/kg DW，或全氮含量达到1.6 mol/kg DW时，冠/根开始显著增加(图1.23)。

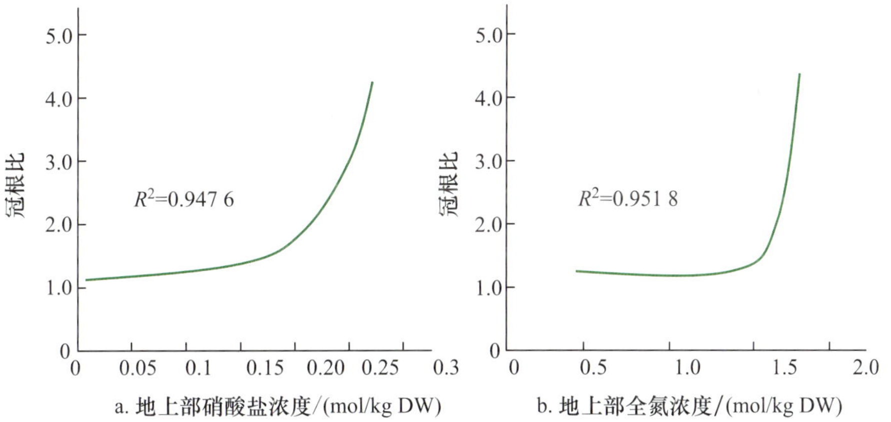

图1.23 玉米叶片硝酸盐(a)和全氮浓度(b)与冠根比的相互关系(郭亚芬等，2005)

1.3.2.2 根的伸长

根构型(root system architecture, RSA)即根系在土壤中的空间构型。根构型对土壤养分有效性改变的响应是其适应环境变化的一种重要机制。根际氮素供应强度可以通过两种方式显著地调控根系的生长：一种是通过影响植株体内的氮素营养状况，植株体内的氮素营养状况信号可以通过某种机制传递到根部，调节根的生长；另一种是根际硝酸盐做为信号，直接调控局部侧根的生长。虽然对氮素调控拟南芥根生长的分子机制已有较多研究，但对氮素调节玉米根生长的生理机制仍了解很少。在拟南芥中，在0.1～50 mmol/L范围内，硝酸酸盐供应对拟南芥的根伸长影响较小(Bao *et al*., 2007)。但玉米中,根的伸长受低浓度硝酸盐促进,高浓度硝酸盐抑制(Tian *et al*., 2005)。在雾培条件下,出苗 30 d 内低氮处理使节根(crown roots)伸长增加 63%,而使节根数下降 40%(Gaudin *et al*., 2011)。低氮条件下,玉米根系的伸长可能有利于其利用深层次的氮素,尤其是向下淋失的硝酸盐(Wiesler and Horst, 1994)。低氮增加玉米根中生长素的水平,生长素通过一氧化氮(NO)介导的信号途径刺激根的伸长(Zhao *et al*., 2007)。在高氮下,细胞分裂素含量增加,它可以一方面拮抗生长素的作用,另一方面可能促进乙烯的产生,从而抑制根的伸长(Tian *et al*., 2005; Tian *et al*., 2008;Mi *et al*., 2008)(图 1.24)。

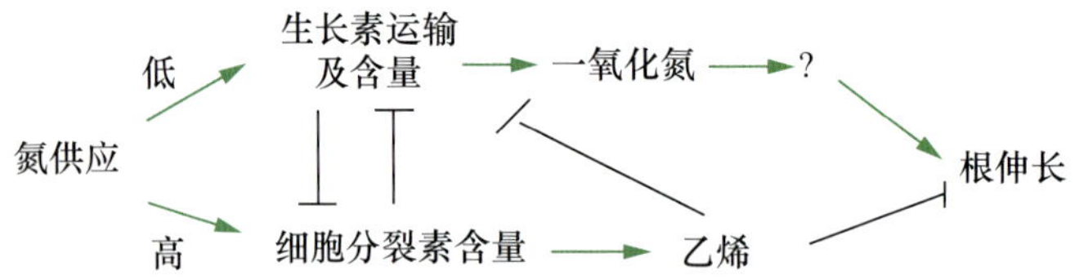

图 1.24 氮素供应调节玉米根伸长的生理机制(Mi *et al*., 2008)

1.3.2.3 侧根生长

在拟南芥中,过高的氮素(10 mmol/L)会显著抑制侧根的数量(Stitt and Feil, 1999)和长度(Bao *et al*., 2007; Tian *et al*., 2009),主要是抑制侧根原基伸出根表及其进一步伸长,也就是侧根原基的激活(activation)(Zhang *et al*., 1999; Bao *et al*., 2007;Tian *et al*., 2009),这可能主要受地上部氮素营养状况信号的控制(Zhang *et al*., 1999),并可能受 ABA 信号(Signora *et al*., 2001)和乙烯信号途径(Tian *et al*., 2009)的调节。在 *abi4-1* 突变体中,侧根发育受高氮抑制作用显著降低(Signora *et al*., 2001)。而在乙烯抑制剂 AVG 和 $CoCl_2$ 存在的条件下,高浓度硝酸盐对侧根数量和长度的抑制作用显著降低(Tian *et al*., 2009)。尽管高浓度硝酸盐降低侧根原基中的生长素浓度,但这不是其抑制侧根数量及长度的唯一原因(Bao *et al*.,2008)。根际环境中的 C/N 比也会影响侧根的发育,在高的 C/N 条件下,拟南芥的侧根发生受到强烈抑制(Malamy and Ryan, 2001)。高亲和力硝酸盐转运蛋白 NRT2.1 可能介导了控制低氮下侧根发生过程(Little *et al*., 2005; Reman *et al*., 2006)。

在玉米中,适当的低氮条件刺激侧根的生长(Cun *et al*., 2005;Gaudin *et al*., 2011)。在雾培条件下,适当的低氮可以增加侧根数、侧根总长度、单位轴根的侧根长度,但根毛密度下降(Gaudin *et al*., 2011)。在琼脂培养系统中,在供应 0.01～1.0 mmol/L 硝酸盐范围内,增加硝酸盐深度可以增加侧根的长度。当硝酸盐供应浓度超过 1.0 mmol/L 后,侧根长度开始下降。当超过 5～10 mmol/L 后,侧根密度也开始下降(郭亚芬等,2005)。通过测定植株体内的硝酸盐含量,发现当地上部硝酸盐含量达到 0.1 mol/kg DW 时,侧根长度开始下降,当地上部硝酸盐含量达到 0.16 mol/kg DW 时,侧根密度开始下降(图 1.25);同时,根冠比也开始下降。与氮低效基因型 W312 相比,氮高效基因型 478 可以在较高的硝酸盐供应浓度条件下保持侧根的正常生长。

1.3.2.4 侧根生长的向肥性

在农田生态系统中,由于施肥、灌溉等造成不同土层土壤养分分布具有很大的时空变异性。早已发现,植物根系生长具有一定的向肥性,根系具有伸入硝酸盐富集区的能力,侧根量在该区域会大量增加(Drew and Saker, 1975),这主要表现在一级侧根的伸长和二级侧根数量的增加。同时伴随着硝酸盐吸收速率的增加(Drew and Saker, 1975)。如果局部供应铵,则主要表现在侧根数量的增加,侧根长度增加幅度较小(Drew, 1975)。这种"向肥性"反应对其最大程度地利用土壤中有限的氮素资源具有重要的意义,同时,对硝酸盐的向肥性反应可能促进其他难溶性养分(如磷)的吸收(Robinson, 1996),而且,在与微生物、杂草等竞争条件下,可以增加植物自身的氮素竞争力(Hodge, 1999)。早期研究认为,局部供应的硝酸盐可能增加被供应部位根系的氮代谢,从而增加碳向该部位的运输,促进侧根的生长。但后来的研究表明,在烟草及拟南芥硝酸盐还原酶突变体中,虽然硝酸盐不能被同化利用,但局部供应的硝酸盐仍能刺激侧根的伸长。说明根际局部供应硝酸盐是作为一种信号调节侧根的伸长,并不依赖于氮素代谢过程。

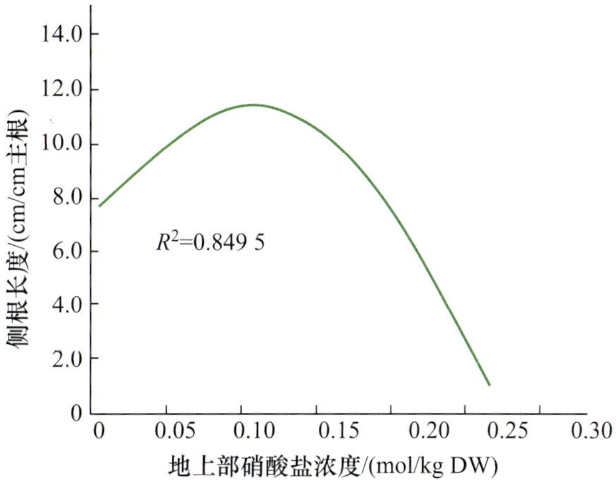

图 1.25 玉米(自交系 478)植株硝酸盐浓度与侧根生长之间的函数关系(郭亚芬等,2005)

局部硝酸盐供应显著刺激玉米侧根伸长(图 1.26)。1 mmol/L 硝酸盐对刺激玉米侧根伸长具有最佳的促进效果(郭亚芬等,2005)。在 pH 为 5～7 的范围内,局部供应硝酸盐对侧根伸长的刺激效果没有显著影响。利用生长素运输抑制剂阻断地上部向根的生长素运输后,局部供氮对侧根的刺激效果显著减弱(Guo *et al.*,2005),这说明生长素运输系统参与了这个调节过程。新近研究发现,硝酸盐供应降低了生长素向局部供应硝酸盐部位的运输,使该部位生

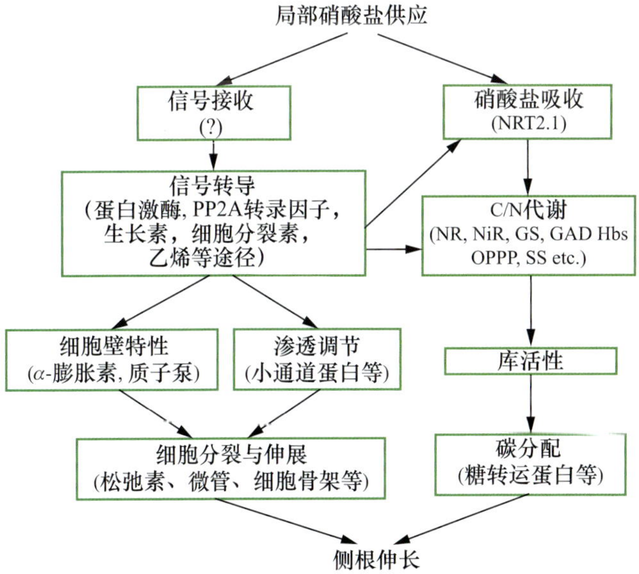

图 1.26 局部供应硝酸盐刺激玉米侧根伸长的可能机制(Liu *et al.*, 2008)

长素浓度趋于最优，进而有利于侧根的伸长。但这种生长素浓度的变化只能解释表现型的1/3，说明还有其他因素参与控制局部供氮调控侧根的伸长（Liu *et al.*，2010）。基因芯片研究结果发现，局部供氮刺激了生长素响应因子 ARF7b，乙烯受体、细胞分裂素氧化酶基因表达，说明激素互作参与了这一过程。硝酸盐转运蛋白（NRT2.1）和硝酸盐同化基因（NR，GS等）、糖转运蛋白基因及蔗糖合成酶基因表达均被上调，说明被刺激侧根部位碳氮代谢活动受到促进。最后，局部供氮刺激了细胞分裂与扩张相关基因，如膨胀素（a-expansin）、纤维素合成酶、松弛素（kinesin）、水孔蛋白等的表达，这些可能是决定侧根生长的功能基因（Liu *et al*，2008）。

1.3.2.5 氮素调节拟南芥根系生长发育的分子机制

在拟南芥中，硝酸盐对根生长发育的调节作用表现在以下几个方面：一是局部供应硝酸盐刺激侧根的伸长；二是高浓度硝酸盐抑制侧根的产生，减少侧根数目；三是低浓度硝酸盐刺激主根的伸长并抵消谷氨酸对主根伸长的抑制作用。在这些过程中，硝酸盐信号可能是由双亲和力硝酸盐转运蛋白 CHL1（NRT1.1）感知的（Remans *et al.*，2006；Ho *et al.*，2009；Krouk *et al.*，2010）（图 1.27）。局部供应硝酸盐条件下，CHL1 可能将硝酸盐信号进一步转运给一个 MADS-box 转录因子 ANR1（Zhang and Forde，1998），后期可能通过调控生长素信号等下游过程（Zhang *et al.*，1999），进而调节侧根的伸长。在均匀供氮体系中，高氮抑制侧根发生可能受 ABA（Signora *et al.*，2001）及乙烯信号途径（Tian *et al.*，2009）的介导。在 ABA 突变体 *abi4-1* 和乙烯突变体 *etr1-3* 和 *ein2-1* 中，高硝酸盐供应对侧根伸长的抑制作用显著降低（Signora *et al.*，2001；Tian *et al.*，2009）。

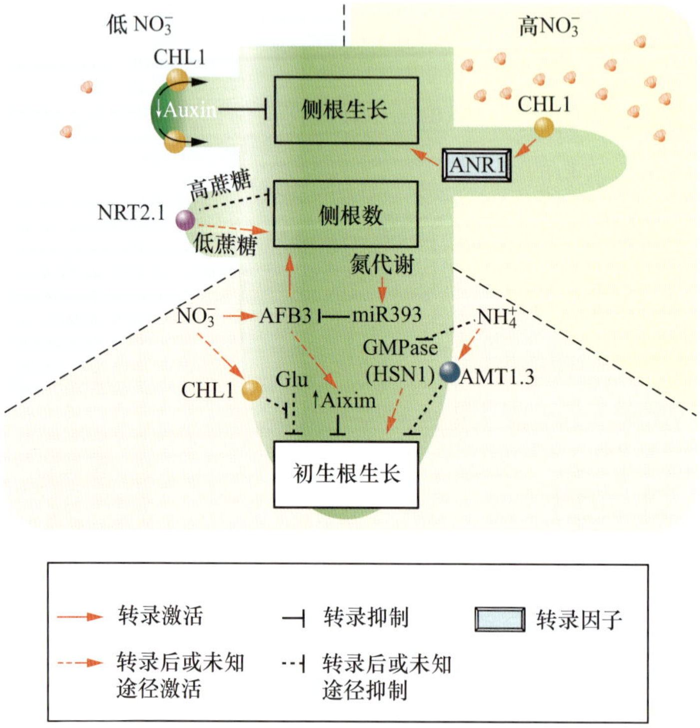

图 1.27 氮素调节根生长发育的分子机制（Tsay *et al.*，2011）

超量供应铵抑制主根以及侧根的伸长。根中铵浓度的增加似乎并不是抑制主根伸长的主要原因(Cao *et al.*，1993；Qin *et al.*，2008)。在水稻中发现，在高供铵浓度条件下，用 GS 酶抑制剂蛋氨酸亚砜(methionine sulfoximine，MSO)处理植株可以显著增加地上部铵的含量，Gln 水平则显著下降，但高铵对种子根伸长的抑制作用下降(图 1.28)。这说明铵的下游代谢产物是引起水稻主根伸长受抑制的原因(Hirano *et al.*，2008)。

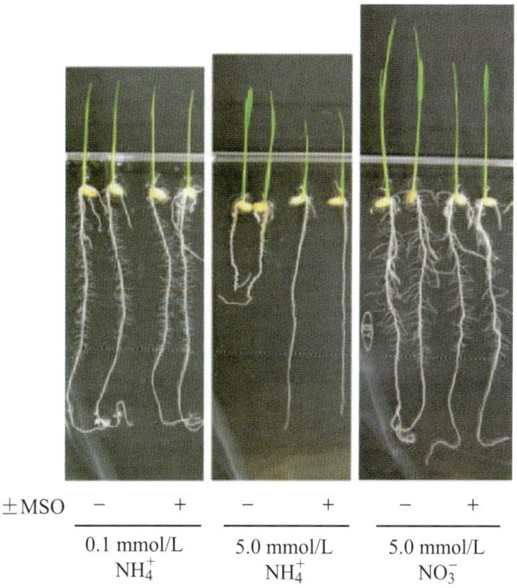

图 1.28　铵供应浓度对水稻根伸长的影响及 MSO 的作用(Hirano *et al.*，2008)

拟南芥中铵对主根伸长的抑制是由于根伸长区细胞的坏死，这一过程可能受 *HSN1* 介导，该基因编码一个 GDP 甘露糖焦磷酸化酶(GDP mannose pyrophosphorylase)。突变体 hsn1 对铵超敏感，原因是蛋白质的糖基化受阻(N-glycosylation of proteins)(Qin *et al.*，2008)。同时，在极高的铵供应浓度下，铵的外泌导致的能量损失也可能是根生长受到抑制的原因之一(Li *et al.*，2010)。另一方面，Cao 等(1993)发现了生长素运输突变体 *aux1* 及生长素响应突变体 *axr2*，在 *axr1* 和 *axr2* 中，铵抑制主根伸长的作用显著下降，表明生长素可能参与了铵抑制主根伸长的过程。但 Li (2010)的研究表明，极高供铵浓度导致的主根伸长抑制与根尖生长素水平无关。

铵抑制侧根的伸长，但刺激侧根的分支。在局部供铵条件下，供铵区侧根的增生作用非常明显，但侧根长度并没有显著增加。铵刺激侧根分生的过程需要 AtAMT1.3 铵转运蛋白的参与。而且 AtAMT1.3 可能是介导信号过程来参与的这一调节作用的(Lima *et al.*，2010)。

高的碳氮比也会抑制侧根的伸长，这一过程受高亲和力转运蛋白 NRT2.1 的控制。氮代谢产物对根生长的影响则可能受 F-box 蛋白 AFB3(auxin signaling F-box 3)和 miRNA393 调节(Vidal *et al.*，2010)。

1.3.3　植物对低氮反应的信号途径

在过去几十年中，在细菌、真菌中已经对氮素营养信号有了较好的研究，发现一些氮吸收代谢的调节基因(米国华等，2008)。在大肠杆菌中，反映细胞内碳、氮营养状况的主要信号物质分别是 α-酮戊二酸和谷氨酰胺。这两种信号可能由一种称为 PII 的蛋白所识别。大肠杆菌中编码 PII 蛋白的基因是 *GlnB*。大肠杆菌中依赖于硝酸盐及亚硝酸盐的基因表达是通过一个双组分信号接收系统调节的。这个系统由 NarX、NarP、NarL 和 NarQ 四个蛋白组成，称之为 Nar 系统。其中 NarX 和 NarQ 是位于细胞膜上的信号感应及传导器，它们单独都可以接收硝酸盐信号，发生自磷酸化，然后通过蛋白质磷酸化将信号传导给 NarL 和 NarP。NarL 和 NarP 是硝酸盐信号的响应调节因子，它们与下游的基因互作，调控这些基因的表达。在蓝细菌中，氮吸收代谢相关基因的表达由两个途径控制，一个是通过转录因子 NtcA，它是一个系统氮素调节因子(global nitrogen regulator),属于 CRP 家族(代谢基因激活因子或 cAMP 受体蛋白)。它是硝酸盐吸收的正向调节因子,是硝酸盐吸收利用所必需的。在供应硝酸盐的条件下,加入铵盐可以迅速抑制 NtcA 及硝酸盐转运蛋白基因的表达。NtcA 可感知 α-酮戊二酸,并受到 α-酮戊二酸激活。调控蓝细菌氮吸收利用的另一个途径是通过 PII 蛋白与铵转运蛋白的蛋白互作来实现的。与大肠杆菌不同,PII 蛋白的调节是通过氨基酸的可逆的磷酸化过程实现的。这一磷酸化过程受 PP2C 型蛋白质磷酸酶调节。

真菌中氮素代谢调节网络的研究结果主要来自于曲霉和脉胞菌(米国华等,2008)。真菌喜好铵、谷氨酸和谷氨酰胺,酵母真菌还喜好天冬酰胺。但是这些氮化合物不存在时,它们也可以利用其他多种形态的氮化合物,如硝酸盐、亚硝酸盐以及各种有机氮化合物。对这些"不喜好"的氮形态的吸收与利用受到高度调节,当铵、谷氨酸和谷氨酰胺这些"喜好的"的氮源存在时,编码其他氮源吸收利用相关的结构基因就会受抑制,称为"氮代谢物抑制",真正起作用的是谷胺酰胺。缺氮时,则表达上调。这些基因上调的控制发生在转录水平上,而且需要两个不同的正信号,一个是系统的,用于解除氮抑制的信号;另一个是代谢途径专一性信号,是对某种特定氮源或中间产物的响应。用于解除"氮代谢物抑制"的系统的正向调节基因包括 AreA(曲霉)、Nit-2(脉胞菌)、Gln-3(酵母)、Nre(青霉)等。这些基因均属于含锌指 DNA 结合区域 GATA 的转录因子,当真菌缺乏"喜好"的氮源时,这些基因解除氮代谢物抑制作用,激活有关氮素代谢的结构基因。

随着拟南芥基因组测序的完成及基因组芯片的诞生,进行了一系列的硝酸盐诱导基因表达实验(Wang *et al.*,2000,2003;Palenchar *et al.*,2004;Price *et al.*,2004;Scheible *et al.*,2004;Gutierrez *et al.*,2007;Bi *et al.*,2007;Peng *et al.*,2007b;Gifford *et al.*,2008;Gutierrez *et al.*,2007b,2008;Krouk *et al.*,2009;Nero *et al.*,2009)。在水稻也已报道了类似的工作(Lian *et al.*,2006;Bi *et al.*,2009)。综合多项芯片研究结果,硝酸盐诱导的基因可以大致分为以下几类(米国华等,2008):①硝酸盐转运蛋白基因:包括高亲和力及低亲和力转运蛋白等。②硝酸盐的还原、初级同化及代谢基因:包括硝酸还原酶 NR、亚硝酸还原酶(NiR)、谷氨酰胺合成酶(GS)、谷氨酶合酶(GOGAT)、苹果酸脱氢酶(MDH)等。③碳代谢途径相关基因:包括氧化磷酸戊糖途径(OPP)相关酶的基因等,三羧酸循环基因,有机酸代谢基因(磷酸丙酮酸羧化酶、丙酮酸激酶、丙酮酸脱氢酶)等。其中 OPP 途径主要为硝酸盐还原提供还原力。④信号转导相关基因:如 bZIP 转录因子。⑤激素相关基因:如生长素响应因子 ARF 同源基因。⑥蛋白质合成基因:包括质粒及胞质核糖体蛋白,蛋白质合成的起始、伸长及终止子等。⑦细胞壁特性相关基因:如膨胀素。⑧胁迫反应相关基因:如谷胱甘肽转运酶等。⑨矿质元素及水分的吸收或体内再利用相关基因:如硫转运蛋白、铵载体、磷转运蛋白、钾通道及钾载体、水通道基因、糖转运蛋、苹果酸转运蛋白、烟酰胺合成酶基因等。

很多研究者利用蛋白质组学技术,研究了不同氮素供应对蛋白质表达的影响。如 Bahrman 等(2004,2005)比较了两个小麦品种在不同供氮水平下叶片蛋白组的变化,发现了一些品种间及氮供应之间的差异表达蛋白。Grove 等(2009)研究了氮素供应对小麦籽粒蛋白组的影响。Castillejo 等(2010)研究了不同施氮条件下两个黑麦品种旗叶蛋白组变化,鉴定出 29 个品种间/处理间差异表达蛋白。Prinsi 等(2009)比较了缺氮与恢复供氮 30 h 之间,玉米叶片中的蛋白质差异,分别从根中和地上部鉴定出 15 个和 14 个差异表达蛋白,在根中,恢复供氮主要诱导的差异蛋白主要涉及硝酸盐同化和与能量、氧还电位平衡相关代谢途径(如磷酸戊糖途径,pentose phosphate pathway),在叶中主要诱导的蛋白主要与光合作用和脂代谢有关。同时,PEPCase 蛋白受恢复供氮修饰,在叶中为磷酸化(phosphorylation),在根中为单泛素化(monoubiquitination)。Møller 等(2011)在大麦中研究了长期低氮、短期氮饥饿、供铵条件下,蛋白质的差异表达情况。发现 14-3-3 蛋白在缺氮胁迫下起重要作用(图 1.29)。有趣的是,他们还发现,短期(5 d)供铵或氮饥饿条件下地上部的生理反应很接近,主要表现在叶绿体转录和翻译上。短期(5 d)氮饥饿主要引起根中与氨基酸代谢有关蛋白表达的差异,在地上部则主要表现在 Rubisco 的降解和光合作用的下调。长期(33 d)低氮(0.5 mmol/L 硝酸盐)胁迫主要下调根中与病原防卫反应相关的蛋白。

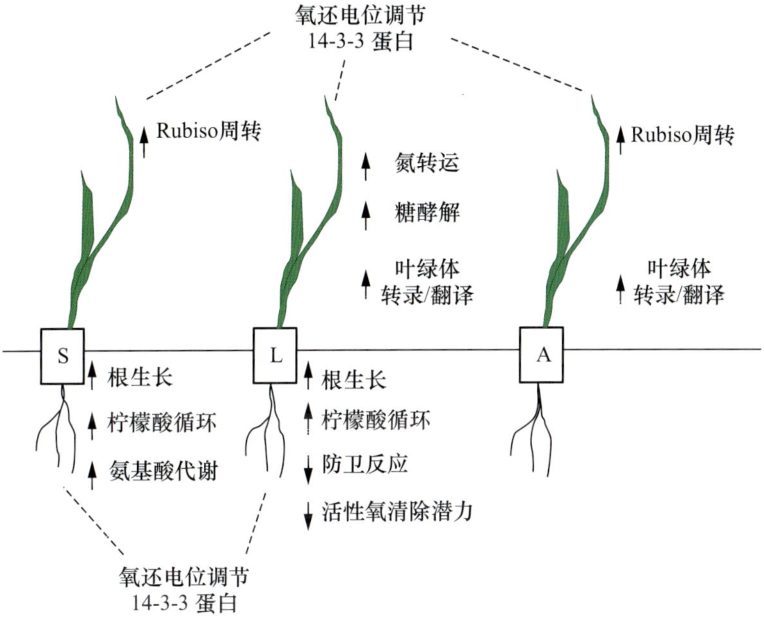

图 1.29 大麦对不同氮素处理的反应(Møller *et al.*, 2011)

S:短期氮饥饿;L:长期低氮;A:短期供铵

最近,Krapp 等(2011)综合利用生长分析、酶学分析、代谢组学及转录组学手段,分析了短期及长期缺氮条件下拟南芥的响应机制。结果与人们想象的不同,在缺氮早期植株的主要反应是体内氮素的耗竭及氮化合物向根中的转运,在缺氮 2 d 的时候根冠比就有显著的增加。虽然缺氮早期高亲和力氮素吸收系统的活性略有上升,但其只能解释总吸氮量的 20%。相反,只是到了缺氮 10 d 后,高亲和力吸收系统的上调才对氮吸收起到主导作用,贡献达到 80%。此时,高亲和性硝酸盐转运蛋白 *AtNRT2.4*、*AtNRT2.5* 基因表达增加。在这些过程中,与氮素转运相关的酶类与同步调节。这些结果表明,植物对缺氮适应性反应首先主要表现在植株体内氮素再利用及其对根系生长的支持,而只有到后期的时候,才启动亲和力硝酸盐转运蛋白基因表达(表 1.2)。

表 1.2 缺氮不同时间对拟南芥地上部及根内碳氮物质转运、根/冠比及氮素吸收的影响(Krapp A,2011)

	缺氮后天数/d				
	1	2	3	4	10
地上部	硝酸盐水平是对照的70%;葡萄糖及果糖及水平增加	硝酸盐是对照的50%;氨基酸水平下降;淀粉增加3倍	蔗糖增加	硝酸盐达到对照的10%;氨基酸是对照的61%	淀粉是对照的17倍;蔗糖是对照的4.3倍;葡萄糖是对照的14倍;果糖是对照的4倍
根	硝酸盐水平是对照的70%;葡萄糖、果糖及蔗糖水平增加	硝酸盐水平是对照的25%;高亲和力氮吸收活性是对照的2.4倍,解释总氮量的20%		硝酸盐检测不到;高亲和力吸收活性下降	高亲和力吸收活性是对照的4.2倍,解释总吸氮量的86%;NRT2.4 和 NRT2.5 表达增加;葡萄糖是对照的3.8倍,果糖是对照的10倍,蔗糖是对照的4.7倍
根冠/比		显著增加			

在作物中,Lian 等(2006)利用基因(EST)芯片分析了低氮诱导水稻幼苗早期(20 min, 1 h, 2 h)表达的基因特点,结果在叶片中未测到基因表达差异,在根中,有 471 个 ESTs 表现出差异表达。其中与光合作用与能量代谢相关的基因迅速下调;与抗生物与非生物胁迫基因表现上调;与氮吸收代谢相关的基因响应程度并不高。这说明,早期缺氮信号可以被作物根系直接感受,缺氮胁迫与其他非生物胁迫可能有相同的反应途径。

最近几年来,对于拟南芥中缺氮诱导的信号反应途径有了一定的认识。一些已发现的与氮代谢调节有关的基因,包括 GATA 转录因子家族的 *GNC* 基因(Bi *et al.*, 2005; Naito *et al.*, 2007)及其下游目标基因 *STP13*(Schofield *et al.*; 2009)、PII 家族基因 *GLB1*(Ferrario-Mery *et al.*, 2005; Chen *et al.*, 2006)等。在水稻中发现一个结瘤基因 *OsENOD93-1*(Bi *et al.*, 2009),超表达后可以增加小穗数和籽粒产量 10%~20%。*NLA*(nitrogen limitation adaptation) 是一个低氮适应性基因,它编码一个 RING-type ubiquitin E3 ligase (Peng *et al.*,2007b),是一个正向的氮响应调节因子。在该基因突变体 *nla* 中,低氮下的花青素合成受阻。DFR (dihydroflavonol-4-reductase), ANS (anthocyanidin synthase), AGT (anthocyanin glycosyltransferase)和 AAT (anthocyanin acyltransferase) 是控制类黄酮类物质合成的基因,缺氮条件下,这些基因受到转录因子 GL3、$PAP_{1/2}$ 和 $LBD_{37/38/39}$ (lateral organ boundary domains)上调,进而促进花青素的积累。NLP7 转录因子的表达受缺氮抑制,能够调节下游 *NRT* 和 *NR* 等基因的表达来影响氮素吸收与同化,并且影响根系发育 (图 1.30)。

根据现代植物生物学理论,植物对胁迫反应的上游过程是对胁迫信号的接收与转导。对氮素而言,植物可能感受两个方面的缺氮信号,一是感受根际土壤的氮素水平信号,二是感受植株体内养分状况信号。这些信号通过长距离运输到达特定的反应部位,进而调节相关基因表达及相应的生理与形态学反应。植物激素是环境信号转导过程中的重要组成部分,人们最

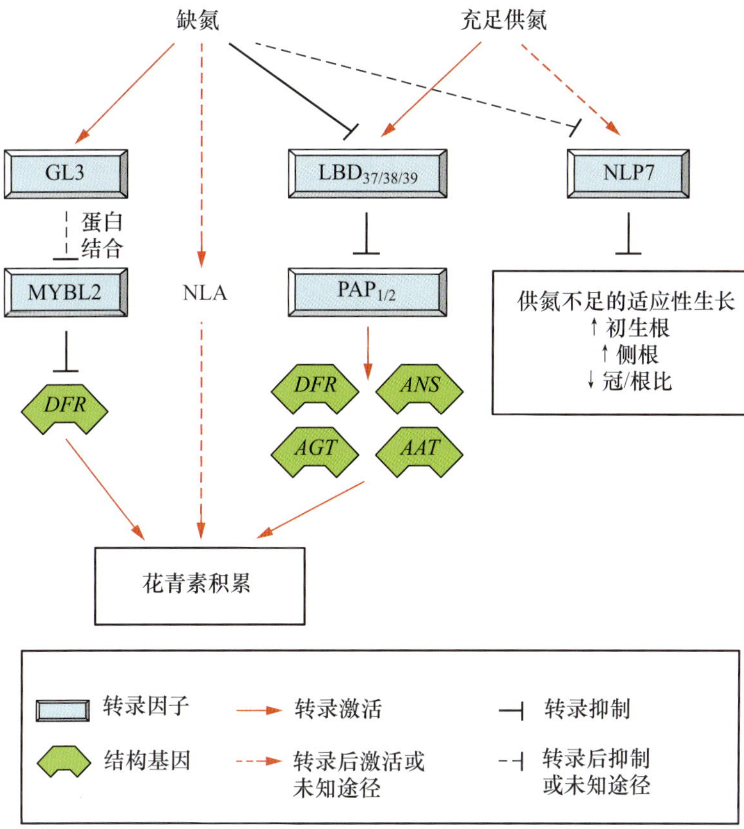

图 1.30 缺氮信号响应途径(Tsay *et al.*, 2011)

为熟知的例子是脱落酸(ABA)传导土壤水分亏缺信号。关于氮素信号转导,目前了解虽然还很少。但细胞分裂素介导由根向地上部氮素信号的转导,已经得到大量实验证据的支持(Sakakibara,2006)。这表现以下几方面:

(1) 在玉米中,根木质部汁液中及叶片中的细胞分裂素的主要形态分别是玉米素核苷(zeatin riboside; ZR)和玉米素(zeatin, Z),硝酸盐可以快速增加细胞分裂素的合成、细胞分裂素合成酶基因表达。在拟南芥中,*AtIPT3* 受硝酸盐快速诱导,而 *AtIPT5* 受硝酸盐和铵的长期诱导(Sakakibara *et al.*, 1998; Takei *et al.*, 2001; Takei *et al.*, 2004)。

(2) 硝酸盐诱导细胞分裂素特异性响应调节因子(response regulator, RR)表达。在玉米的 10 个 RR 基因中,*ZmRR1* 和 *ZmRR2* 受硝酸盐供应的诱导(Sakakibara *et al.*, 1999; Sakakibara *et al.*, 1998; Takei *et al.*, 2001)。在拟南芥中 *ARR3*~*ARR7* 也受硝酸盐的特异诱导(Taniguchi *et al.*, 1998)。

(3) 细胞分裂素参与氮素调节的植物形态建成过程。与供应硝态氮相比,供应铵态氮显著抑制烟草叶片细胞分裂及扩张,其原因并不是叶片氮含量不同,而是由根向叶片运输的细胞分裂素下降(Walch-Liu *et al.*, 2005)。高氮抑制玉米根的伸长与细胞分裂素水平升高密切相关(Tian *et al.*, 2005)。

(4) 细胞分裂素调节硝酸盐吸收与硝酸还原酶活性。短期细胞分裂素处理诱导硝酸盐还原酶(NR)基因表达及酶活性,这一点早为人知。但在细胞分裂素合成酶 IPT 转基因烟草中,内源细胞分裂素水平过高则抑制 NR 活性(Lexa *et al*., 2002),研究还发现,外源或韧皮部中的细胞分裂素供应水平偏高,可以极大地抑制硝酸盐吸收速率(Dluzniewska *et al*., 2006)。

(5) 细胞分裂素调节叶片中氮素的输出。最新研究发现,将 *A. Tumefaciens* 的 IPT 基因转入小麦后,延迟叶片衰老的同时,也降低了叶片中^{15}N向穗粒的运输(Sykorova *et al*., 2006)。

综合相关文献,Sakakibara(2003)认为,氮素(硝酸盐)信号具有特异性和非特异性两种,特异性信号主要调节含氮化合物(如氨基酸、核酸等)的合成,而非特异信号则由细胞分裂素介导,主要调节氮化合物分配及植物发育过程,如细胞分裂与叶片衰亡及相应物质输出等。综合前人在植物激素与氮素信号途径之间的互作关系,Kiba 等(2011)提出了植物激素在氮高效吸收中的作用模式图(图 1.31),从中看出,根际/根内氮状况信号以及地上部植株氮营养状况信号可以通过细胞分裂素途径和生长素信号途径传导,二者的相互作用,控制根的发育与氮吸收系统。

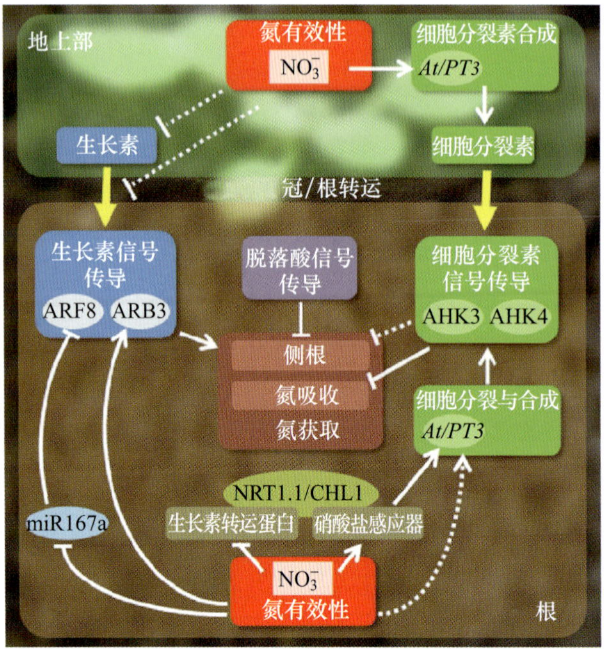

图 1.31 激素信号在调节氮素高效吸收中的作用(Kiba *et al*., 2011)

1.4 作物氮高效的生理机制

从氮效率的定义可以看出,想要实现高产与氮高效的同步提高,途径之一是在保持现有产量前提下,减少氮肥的投入;而另一条途径是在不增加氮肥投入的条件下,进一步提高作物产量。第一条途径既可以通过提高氮素获得效率,也可以通过提高氮素生理利用效率而实现,即是在相同的总吸氮量条件下，产生更多的干物质，并转移至籽粒中，从而实现高产。第二条途径依赖于植株体内氮素生理利用效率的提高。Moll 等(1982)认为低氮下决定氮效率的主要为氮素利用效率，在高氮供应下为氮素吸收效率。但 Kamprath 等 (1982)比较了 3 个水平下氮素吸收与氮素利用效率的相对贡献却认为，在低氮与中氮水平下，高产与氮素吸收效率密切相关，而在高氮条件下，氮素利用效率更加重要。米国华等(1998)比较 35 个玉米品种的氮效差异，认为在低氮供应条件下，氮素吸收效率是决定氮效率的关键因素，而在高氮条件下，氮素吸收效率与利用效率对氮效率有相同的贡献(图 1.32)。Wiesler 等(2001)以及 Worku 等(2007)的结果则表明，无论氮水平如何，氮吸收与氮利用过程对氮效率有同等重要的贡献。

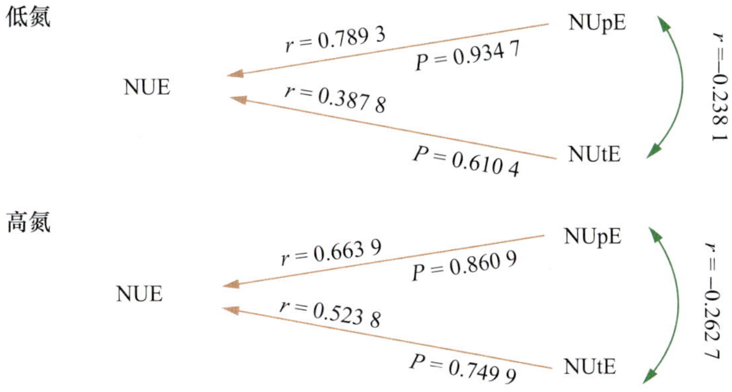

图 1.32　玉米氮素吸收效率(NUpE)、氮素利用效率(NUtE)与氮效率(NUE)的相关关系(米国华，1998)

多数在小麦和水稻中的结果表明，低氮下产量主要决定于吸收效率，而在高氮下，较高的氮素利用效率(氮的再转运效率)对氮高效有很大的贡献(Ortiz-Monasterio *et al.*，1997；Le Gouis *et al.*，2000；Ortiz-Monasterio *et al.*，2001；Muurinen *et al.*，2006；李玉嵩等，2009；童依平等，2010；施卫明等，2010；张亚丽等，2010)。比如在小麦中，Muurinen 等(2006)认为芬兰春小麦和燕麦育种增加了氮效率，主要原因是氮吸收效率的改良。郭战玲等(2009)利用通径分析比较了河南推广的 8 个小麦品种中氮素吸收与利用在氮效率中的相对贡献，认为在低氮水平下，氮效率主要由氮吸收效率决定，在高氮水平下则由氮吸收效率和氮利用效率共同决定。李淑文等(2006)也认为，较强的氮素吸收能力和较好的植株生长特性是氮胁迫条件下小麦氮高效的生物学基础。

然而也有研究表明，氮利用效率在小麦氮效率中起重要贡献(Foulkes *et al.*，1998；Brancourt-Hulmel *et al.*，2003；Barraclough *et al.*，2010)。最近，Gaju 等(2011)在英国、法国开展的多点试验结果表明，总体来讲冬小麦品种间的氮效率遗传变异主要源于氮利用效率的变异，而不是氮素吸收效率。但同时，他们也在两个试验点发现，氮吸收效率与氮效率存在显著正相关，而且他们同样发现，低氮下小麦产量与开花后氮素吸收呈正相关，而与营养器官氮再转运效率呈中度负相关，因此，通过增加后期氮吸收而维持开花后的绿色叶片，仍然是提高氮效率的根本途径(米国华等，1997)。扬花后氮效率高的小麦品种，其叶片叶绿素含量及硝酸还原酶活性水平相对较高，并且产量也相对较高，氮分配到籽粒的效率较高(柴彦君等，2011)。在大麦中，Anbessa 等(2009)鉴定出的氮高效品种主要是矮秆或半矮秆品种，因此认为可能与氮的高效分配有关。但其中一个氮高效品种可能同时具有高的氮素吸收效率。

不同研究结果之间,氮素吸收效率与氮素利用效率对氮效率(产量)的贡献不同,其原因可能与低氮的胁迫程度有一定关系。如果氮素胁迫很严重,则氮素利用效率的贡献会增加。

氮素吸收效率与氮素利用效率之间通常呈负相关关系。但在低氮条件下,这种相关系数很低,仅为－0.2～0.3(米国华等,1998;Gaju *et al.*, 2011)。这说明,在氮素供应成为作物生长的限制因素时增加氮素吸收,并不会降低氮素利用效率。

1.4.1 氮高效获取

1.4.1.1 根系在氮高效获取中的重要性

植物通过根系形态与生理学反应来适应土壤环境中氮素供应强度的变化,短期缺氮,根系的生理学反应(根系氮素吸收系统的调节)可能是主要的机制,而随着缺氮时间的延长,根系的适应性反应则可能占主导地位。如果缺氮持续时间过长,则植株可能降低生长速率来最终适应土壤氮素的供应强度。在田间条件下,根系的生理学反应和形态学反应可能同时存在。

氮素在土壤中主要以质流形式运输(Barber, 1984),一些模型研究认为根系大小不可能限制氮素吸收(Burns, 1980; Robinson and Rorison, 1983; Fitter, 1987; Fitter *et al.*, 1991)。有人认为,增加最大氮素吸收速率可以增加植物对氮的获取能力(Vmax and Barber, 1995; Pace and McClure, 1986)。Barraclough(1986)对高产田小麦的模拟研究表明,只要土体和根表土壤溶液中硝酸盐浓度的差异达到0.1～0.2 mmol/L,则作物就可以维持最大的硝酸盐吸收速率,这个值远低于土壤中的实测值,因此他认为土壤中氮的有效性(由土壤向根表的运输速率及量)不可能限制作物的生长。也有研究认为,土壤溶液中硝酸盐浓度临界值约为0.02 mmol/L,低于该值后作物对硝酸盐的吸收才受到限制(Burns, 1980; Barraclough, 1986,1989; Greenwood *et al.*, 1989)。尽管如此,有很多报道表明,在高产田作物根际的硝酸盐浓度常高达20 mmol/L,却对增施氮肥仍产生强烈的响应(Pearson and Jacobx, 1987; Morgan, 1988; Greenwood *et al.*, 1989)。Robinson 等(1991)分析认为,这是因为涉及硝酸盐吸收的有效根长(effective root length)只占总根长的很小部分,在不施氮与施氮条件下分别只有总根长的11%和3.5%。这说明,虽然根系具有较高的吸氮活力,但植物并不全部能够依赖于根系吸氮活力来满足其氮素需求。

在田间条件下,多数研究表明根系在玉米氮高效吸收中起重要的作用,尤其是当氮素供应强度不能达到植株最大生长速率的情景下(Mackay and Barber, 1986; Sattelmacher *et al.*, 1990; Wiesler and Horst, 1994; Horst *et al.*, 2003,春亮等,2005;Coque and Gallais,2006)。偶尔也有研究表明玉米产量和根的数量呈负相关(Gallais and Coque, 2005),可能是因为过大的根系消耗了更多的碳水化合物。Lawlor(2002)认为,非充足供应条件下增加根系体积和根长密度可能促进氮高效吸收。Liu 等(2009)比较氮高效自交系478和氮低效自效W312的根系及氮素吸收系统活性,结果表明,在田间条件下478具有较大的根系,但其氮素吸收速率却较低。这与苗期水培研究的结果相一致(Tian *et al.*, 2006)。进一步利用^{13}N示踪研究发现,478的$^{13}NO_3^-$吸收速率(influx)明显低于W312,二者最大吸收速率对硝酸盐诱导的响应时间则表现一致。相应地,在W312中,硝酸盐转运蛋白基因 *ZmNRT1.1*, *ZmNRT2.1*, *ZmNRT2.2* 和 *ZmNAR2.1* 表达也较强。这说明,在田间较长时间的低氮胁迫环境下,植株增加氮素吸收可能主要依靠发展较大的根系，扩大吸收面积，而不是提高单位根长的氮素吸收活性。氮素吸收系统活性及氮素转运蛋白基因表达的上调，可能在短期氮素供应不足时起重要作用，但这种作用不足以满足作物长期的氮素需求。植株必须通过根系的扩展，在更大的土壤空间内寻找氮素，而后可能在局部氮素充足的微小区域，提高氮素吸收系统的活性。Mackay 和 Barber(1986)调查了高肥型(B73×Mo17)和低肥型(Pioneer 3732)玉米基因型，在高、低氮(不施)条件下的根系生长、植株重量及含氮量变化。结果表明，除了最初的 31 d 外，两个基因型的氮吸收速率(N influx)相似。施氮后低肥型(Pioneer 3732)的根长和根表面积没有增加，高肥型(B73×Mo17)则受到促进。施氮处理到吐丝中期时，两种土壤上，高肥型(B73×Mo17)的根长比低肥型(Pioneer 3732)分别高 36%和 39%。全育期中，高肥型(B73×Mo17)较强的根系生长，可能是该杂交种在高氮条件下生长量大的原因之一。

关于根系在氮高效吸收中的贡献，田间试验结果与模型分析之所以结论不同，原因可能是模拟研究是在一个封闭的培养体系中，而且是一个相对短期的过程。而在田间土壤条件下，作物生育期很长，这期间硝酸盐在土壤中是不断运移的。如果不被作物吸收，硝酸盐很可能会在作物生长的后期下移到土壤深层，从而大大降低其空间有效性。因此，根系的作用就变得至关重要。尤其是玉米，其抽雄后吸收的氮素要达到总需氮量的 22%～50%(表 1.3)，根系的重要性可能显得更为突出。Reidenbach 和 Horst (1997)的研究表明，虽然老根仍然具有吸收活力，但新根的吸氮速率相对更高。维持生育后期根系的吸收能力，可能对于全生育期氮素高效吸收具有重要作用。Akintoye 等(1999)、Wiesler 等(2001)、春亮等(2005)和 Worku 等(2007)的研究均表明，在低氮环境下，氮效率与后期根系生长及开花后氮素吸收具有很好的相关性。在优化施肥条件下，由于后期土壤中的氮素很可能耗竭，或因土壤干旱等因素造成氮素供应不足，这种情况下，后期较大的根系仍然很重要。

表 1.3 现代玉米杂交种的氮素吸收规律

品 种	产量水平/(t/hm²)	吐丝前吸氮量/(kg/hm²)	吐丝后吸氮量/(kg/hm²)	全生育期吸氮/(kg/hm²)	吐丝前吸氮/%	吐丝后吸氮/%	文献
先玉 335	11.8	122	41	167	76	24	本课题组，2009，北京
超试 1 号	9.5	121	57	178	68	32	本课题组，2009，北京
郑单 958	9	105	73	178	60	40	本课题组，2009，北京
郑单 958	8.5	125	125	250	50	50	赵士诚，2010，河北
郑单 958	10.6	128	82	210	61	39	易镇邪，2006，河北
农大 108	9.3	137	64	201	68	32	易镇邪，2006，河北
农大 108					68	32	春亮等，2005，北京
陕单 9 号					61	39	宋海星，2003，陕西
掖单 13	13.7～15.0	185	93	287	67	33	高炳德等，2000，内蒙古
掖单 12	10.4	99.5	83.5	184	54	46	佟屏亚等，1994，廊坊
掖单 51	11.2	137	93	230	60	40	张志猛等，1994，河北
掖单 4	13.5	211.8	82.5	294	72	28	刘景辉等，1994，内蒙古
掖单 6	14.6	214	59	273	78.4	22	王忠孝等，1989，山东
总平均					65	35	

田间条件下，全生育期土壤水分含量波动很大，短期水分供应不足经常发生。这种情况下硝酸盐的质流速率会显著降低，植物会更加依赖土壤中硝酸盐扩散和根系截获而吸收氮素。因此，较大的根系可以最大程度地减轻这种水分变化带来的影响，保证氮素吸收能满足植株生长的需要。此外，因为铵主要被土壤颗粒吸附，移动性很小，所以，当铵在土壤氮素供应中的比例增加时，根系大小（根长密度）的重要性也随之加强。

1.4.1.2　**根系大小基因型差异与氮高效获取的关系**

陈范骏等(2002)选用对氮反应有典型差异的两个玉米杂交种西玉3号和高光效1号，发现在土培低氮条件下，氮高效品种西玉3号的根长、根表面积及根重增加幅度大，显著超过高光效1号，因而它具有较强的氮素截获能力，以适应低氮环境。低氮有利于根的伸长，平均轴根长增加，氮高效自交系478的根长要显著高于CA170(王艳等,2003a)。水培条件下，利用对氮反应有典型差异的玉米自交系478、H21、Wu312、综31、白磁进行研究发现：低氮下5个自交系根系干重、总根长、根轴总长与总吸氮量显著线性相关，而高氮下不表现相关性，说明在氮素胁迫的条件下，根系形态对氮吸收效率起重要作用(王艳等,2003b)。进一步研究发现，在氮素供应不足时，通过增加轴根（包括胚根和节根）的伸长进而增加根系总根长和根表面积是提高氮吸收能力的重要过程；而在供氮充足时，增加侧根生长可以提高氮吸收能力(Wang *et al*., 2004)。

在田间条件下，玉米不同阶段根系发育与氮素吸收、氮效率（产量形成）之间的相关性报道不多。春亮等(2005)以氮效率不同的4个玉米杂交种（组合）为材料，在田间两个氮水平下，动态比较4个玉米杂交种的根系生长、氮素吸收动态及其产量的关系。结果表明，氮高效杂交种(NE1和ND108)吸氮量显著高于氮低效品种，但这种差异主要来自于吐丝后氮累积量，而在前期不同基因型间氮素累积差异不显著。两个氮水平下，氮高效品种NE1和ND108都具有较大的根系。灌浆成熟期根系大小与吐丝后及全生育期氮素累积具有较好的正相关，体现了后期根系大小在决定氮素累积中的主导地位。后期氮素吸收能力强有利于减缓叶片等光合器官中氮素的输出，从而维持其较长的光合活性，促进籽粒的结实与正常发育，因而对产量高低有决定性作用。

在氮素供应充足条件下，地上部的生长势（库）的大小是决定氮素累积能力的最终因素(Cooper and Clarkson, 1989)。研究表明，这种地上部（库）的氮素的需求主要是靠增加根系生长来满足的，而不是靠增加单位根长的氮素吸收速率。与W312相比，氮高效基因型Y478在具有发达根系的同时，也具有较强的叶片扩展能力，但其氮素吸收速率则显著小于W312(Tian *et al*., 2006)。因此，叶片面积、根系长度与氮累积量之间呈很好的正相关。这些研究表明，促进根系生长，挖掘根系的生物学潜力，可以提高玉米对氮素的获取能力。

在水稻中，不同氮效率水稻根系的生长在生育前期差异不大，在拔节孕穗后氮高效水稻品种的根系生长开始超过氮低效水稻，且在生育后期水稻根系总根长的差异呈显著水平(张亚丽等,2010)。而且在不同的生育时期，氮高效水稻的根系伤流强度均大于氮低效水稻，表明氮高效水稻根系向地上部输送养分的能力较强，尤其是齐穗后30 d氮高效水稻的伤流强度还显著大于氮低效水稻(张亚丽等,2006；樊剑波等,2009；Fan *et al*., 2010)。除此之外，氮高效水稻品种的根系生长对增硝营养的响应度强，进而促进了根系对氮素的吸收利用(王东升等,2007)。

1.4.1.3　**氮高效品种的根冠物质分配特征**

在供氮水平较低时，植物能把更多的光合产物分配到根部。有52%的同化物用于根系的呼吸，而高氮下，有40%的光合产物运往根系，25%的同化物用于呼吸消耗碳代谢(Peuke *et al.*，1994)。其叶片光合产生的可溶性糖向根系的大量运输，即有利于根系生长，又可以为氮的吸收同化提供充足的能量和碳架。水培低氮条件(0.04 mmol/L)下，氮高效基因型478具有较大的根系生物量，其根系干重分别为自交系H_{21}、Wu312、综31、白磁的1.1、1.74、1.6、1.18倍，并往根系分配了较大比例的氮素，根系氮累积量占总氮量的百分率比氮低效自交系W312、综31分别高18.4%、17.1%。当氮水平增至4 mmol/L时，地上部氮素分配的基因型差异减小(王艳等，2003b)。在累积相同数量氮素的条件下，氮高效基因型478可以生长更长的根系(Wang *et al.*，2004)，说明其氮素被高效到利用于根系生长，以获取更多的氮素，产生一种“滚雪球”的效应。

根伤流液中的氨基酸与硝态氮浓度变化可以认为是根内无机氮吸收、同化(与碳水化合物供应有关)及地上与地下氮循环共同作用的结果。在供氮水平低时，植物能把更多的光合产物分配到根部，从而提高了根部硝酸还原酶活性(NRA)，促进了硝态氮同化为氨基酸的比例，也相应增加了伤流液中氨基酸的量，这可能是低氮下根冠比增加的重要生理机制。因而比较不同基因型玉米木质部伤流液中氨基酸与硝态氮比值的大小，可能直接反映根部氮同化活性的高低和根部氮素利用能力。研究发现，低、高氮水平下，木质部伤流液中的氨基酸浓度的变异系数分别为100.8%和60.5%；硝态氮分别为43.3%和16.8%；氨基酸/硝态氮的变异系数分别为118.4%和54.9%。在低氮条件下，伤流液中的氨基酸浓度、氨基酸/硝态氮与田间产量的相关达到极显著，这可能与氮在根中的还原能力及利用效率增加有密切关系，有可能作为低氮条件下氮高效品种筛选的指标之一(陈范骏等，1999)。

用盆栽土培的培养方法，对氮高效自交系原引1号(YY1)和氮低效自交系综31(Z31)植株体内氮的循环量及其在地上部/根间的分配量进行了定量地测定、计算。结果表明，低氮供应使根中氮的分配比例增加，同时地上部/根间氮的循环量也随之减少。与氮低效自交系Z31相比，氮高效自交系YY1幼苗中地上部/根间的氮循环量大、氮向根的分配量高，因而有利于其根系的生长，表现为根/地上部之比和总根长较高(李燕婷等，2001)。利用压力室方法对不同氮效率玉米自交系根冠之间的氮素循环进行更精密的分析，结果同样表明，在低氮供应水平下，氮素同化主要发生在根部，木质部汁液中的氨基酸为主要成分。氮高效自交系自330的吸氮总量、木质部中氮总量、韧皮部中氮的再转移量分别是氮低效自交系陈94-11的2.2、2.7和2.7倍(Niu *et al.*，2007)(图1.33)。这些数据表明，氮高效品

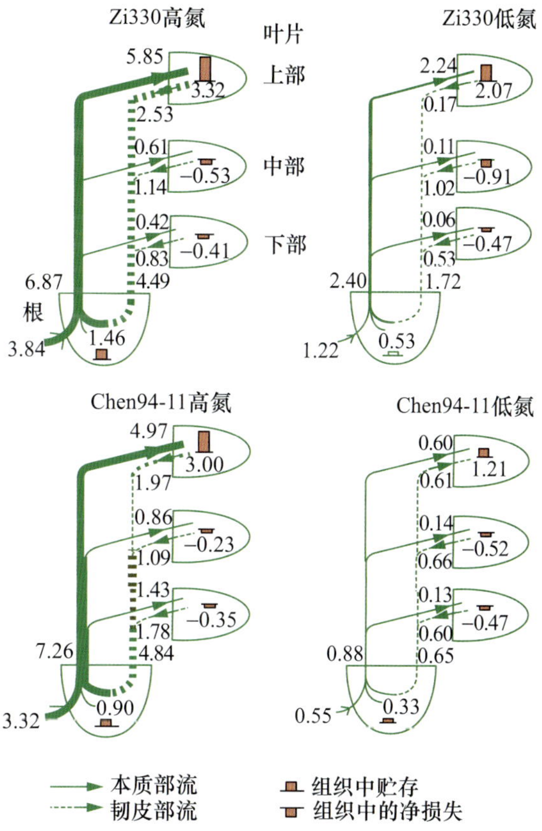

图1.33　氮高效自交系(自330)与氮低效自交系(陈94-11)的氮素吸收与转运 (Niu *et al.*，2007)

种在具有发达根系的同时，地上部的光合物质生产能力也很强，可以将较大比例的光合产物分配到根部，促进根的生长，进而吸收更多的氮素，达到良性循环。

1.4.1.4　氮高效获助的理想根构型

对磷高效理想根构型已有深入研究，在菜豆、大豆、玉米中的研究表明，增加作物浅层根系有利于磷的高效获助(Lynch，1995；Liao *et al.*，2004)。在菜豆等直根系作物中，根构型对于磷的吸收具有重要影响。由于磷主要在土壤表层分布，且移动性差，相对较浅的根系有利于磷的高效获取。后来在玉米中的研究同样也证实了这一点。磷在土壤中的移动性差，而硝酸盐作为土壤氮素的主要形态则移动性很强。高强等研究表明，1 mm 降水量分别使在玉米田 15 cm、45 cm 和 75 cm 土壤剖面处标记的硝态氮向下淋洗了 0.16 cm、0.08 cm 和 0.04 cm。目前国同内外玉米生产中一次性施肥(肥料全部做基肥，又称“一炮轰”)农户有很大比例。在这种情况下，硝酸盐淋失的可能性更大。因此，通过选择具有合理根系构型的氮高效品种进一步提高硝态氮吸收，减少其向深层的淋失损失。“深根型”可以通过养分水分的高效利用，进而提高了玉米对环境的抗逆性和产量的稳定性。

模型分析表明，增加土壤深层根系分布，减少表层土壤的根系分枝，可以显著提高氮素及水分的空间有效性，从而增加产量(King *et al.*，2003)。不同玉米品种的比较分析也表明，增加 30 cm 以下土层中的根量(根长密度)，可以显著降低硝酸盐向深层的淋失损失(Wiesler and Horst，1993，1994)(图 1.34)。Liao 等(2004，2006)等在小麦中也发现，在容易发生硝酸盐淋失的砂性土壤上，前期根系生长势强，快速建立较大的根系可以有效地吸收硝态氮，从而提高氮素吸收效率。因此，通过增加深层根系量，培育“深根型”品种，在后期截获不断下移的硝酸盐，可能是高产条件下进一步提高玉米氮素利用率的重要机制。

如前所述，在土壤局部存在较高浓度的氮素时，会刺激该位置植物根的侧根伸长和二级侧根的发生(Drew *et al.*，1973；Drew 1975；Drew and Saker 1975；Laine *et al.*，1995)，在自然生态条件下，根的这种能力有助于植物高效利用来自土壤矿化的有限氮素(Jackson *et al.*，1990；Jackson and Caldwell 1993)。在田间施肥条件下，这种特性是否有助于作物高效利用土壤氮素虽然受到质疑(Garnett *et al.*，2009)。但对于玉米等宽行作物而言，肥料通常施在植株的一侧，人为造成了土壤中氮素供应的不均一性。在限制氮肥施用的条件下，氮素分布的不均一性更加显著。如果根系对局部高浓度氮素具有较强的响应能力，显然有助于其高效利用这些异质性分布的氮素。

人们通常会争论，增加根系生长可能与地上部竞争养分，从而减少地上部的生长。然而这种猜测很少有强有力的证据支撑。至少在缺磷条件下，研究表明碳素供应并不是一个限制生长的因素，真正限制生长的是磷素本身(Wissuwa *et al.*，2005)。实质上，氮素缺乏条件下地上部叶片及根中都积累了大量的碳水化合物(王艳，2001；Krapp *et al.*，2011)，如果将这些化合物用于根系生长，进而从土壤中获得更多的氮素，应该有利于植株整体的生长。

Mi 等(2010)提出来玉米氮高效吸收的理想根构型的其基本特点是：①根系下扎能力强、生长后期分布较深、根系活力强，有利于截获土壤中随水下移的硝酸盐；②在高产氮肥投入条件下仍能保持正常的侧根生长、总根长密度高，提高整体土壤剖面的氮素有效性；③侧根对局部硝酸盐的响应能力(向肥性反应)强。在优化供氮条件下，氮投入量相对降低，土壤氮素分布的空间异制性增加。侧根向肥性反应能力强有助于高效利用局部富集的硝酸盐(图 1.35)。

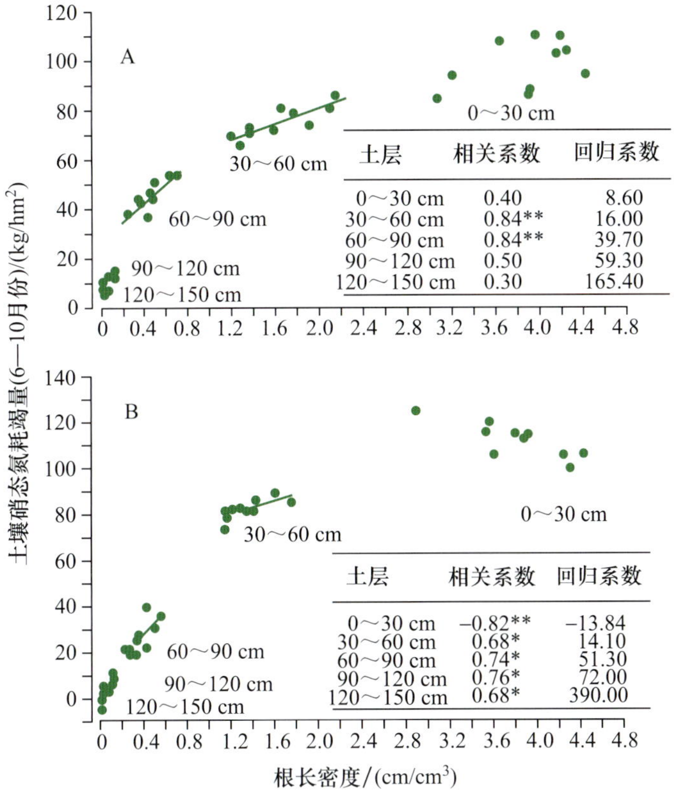

图 1.34 玉米不同土壤层次根长密度与硝态氮淋失的相关性（A、B 指两个试验年度）(Wiesler and Horst, 1994)

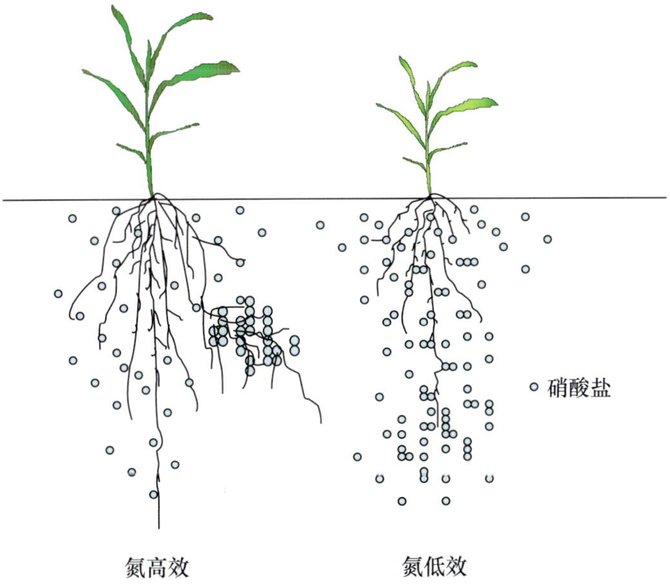

图 1.35 玉米高产氮高效的理想根构型模式图(Mi *et al.*, 2010)

高产高效玉米根系(左)分布较深，总根长密度高，侧根生长对局部硝酸盐的响应能力强。

1.4.1.5 水稻根际氮素形态

对于水稻而言，根际氮素形态变化可能影响氮素的高效吸收。Li 等(2008)的研究发现，氮高效品种 Yangdao 6(籼稻)与氮低效品种 Nongken 57 (粳稻)的重要区别之一在于其根际硝化能力不同。Yangdao 6 根内分化出更多的通气组织(aerenchyma tissue)，这有利于其将更多的氧气分泌到根际，从而氧化根际的铵。Yangdao 6 根际的硝化活性、硝酸盐含量及铵氧化细菌均显著高于氮低效品种。相应地，Yangdao 6 叶片中的 GS 和 NR 活性也较高。早期研究已表明，在混合态氮素供应条件下，水稻生长要显著高于纯铵供应。因此，Yangdao 6 高效吸收氮素的机理之一，可能是其同时吸收大量的硝酸盐。

更进一步的研究表明，与氮低效水稻品种(Elio) 相比，氮高效水稻品种(南光)对增硝营养表现出较强的生理响应。在增硝营养条件下，南光的穗粒数增加了 25%，结实率增加了 16%，而氮低效水稻品种 Elio 的结实率和穗粒数在两种营养条件下没有显著变化(段英华等，2007)。氮高效品种南光对混合态氮的利用能力要显著高于氮低效品种，在 75/25 的铵/硝比例供应条件下，与纯铵营养相比，南光的干物质重、氮积累量、籽粒产量分别增加了 30%、36% 和 21%；而在氮低效品种 Elio 则没有发现这一促进作用。在南光中供应混合态氮使 $^{15}NH_4^+$ 的最大吸收速率 I_{max} 增加了 14%，对 K_m 没有影响，同时增加了 *OsAMT1s* 的基因表达，在 Elio 中则没有上述表现(Duan *et al.*, 2007)。

1.4.2 氮素生理利用效率

在相同的吸氮量条件下，如果一个品种的氮素生理利用较高，则意味着可以在较低总吸氮量的条件下获得较高产量，如果氮素吸收过程不受限制，则意味着可以在减少施氮量的前提下达到相同的产量。对于营养生长而言，氮素生理利用效率的计算公式是单位植株总吸氮量所产生的生物量，也就是器官含氮量(g/kg)倒数，可以简单表示为 $NUtE_{biomass}$。随着施氮量的增加，以生物量表示的氮素生理利用效率 $NUtE_{biomass}$ 会下降，这是因为有些氮素以硝酸盐和蛋白质的形态贮存的原因。在相近吸氮量条件下，这个值在不同基因型之间差异很小。所以对于以产量为目标的氮高效而言，研究营养生长期的氮素利用效率意义不大。以籽粒产量为目标的氮素生理利用效率，其计算公式是单位植株总吸氮量所产生的籽粒产量，可以简单表示为 $NUtE_{grain}$。此时，氮素生理利用效率涉及两个重要因素，一是营养器官中氮素的转运效率(或者植株的氮收获指数)，二是籽粒蛋白质的含量(g/kg)。在相同的氮素生理利用效率下，如果一个品种营养器官中的氮素转运效率较低(成熟时植株的氮收获指数较低)，也就是成熟时保持更多的绿色叶片，则其籽粒的含氮量必然下降；相反，如果一个品种的营养器官中的氮素转运效率较高，也就是成熟时有更多的叶片变黄，则其籽粒的含氮量会增加。换言之，如果要在保证籽粒蛋白质含量的前提下增加氮素生理利用效率，则必然要求营养器官中的氮素转运效率要高，收获时植株的氮素收获指数较高，也就是有更多的氮素转运到籽粒中，而不是保留在叶片中。而这一点显然又是与高产相违背的，因为，籽粒产量主要来源于灌浆期叶片合成的光合产物，而叶片中的氮又占营养器官中氮素转运的最大比例。如果叶片中的氮素被转运出去的多，或转运出去的早，则光合产物生产必然受影响，最终影响产量。

事实表明，玉米现代育种通过综合抗性的提高，增加了不同氮水平下的籽粒产量(Tollenaar and Wu, 1999)。相应地，新品种的氮素吸收量也同步增加(McCullough *et al.*,

1994;Rajcan and Tollenaar, 1999a,b;Mi *et al.*, 2003)。同时,现代品种叶片衰老显著推迟,这其中有生育期延长的贡献,但在籽粒成熟时,的确有更多的叶片保持绿色,也就叶片的保绿性(stay-green)增加(Valentinuz and Tollenaar, 2004)。这使得灌浆期叶片光合下降得到延缓(Ding *et al.*, 2005)。虽然绿熟品种在吐丝-成熟期的氮素吸收量及吸收比例均增加(Rajcan and Tollenaar, 1999b),但生产每 100 kg 籽粒所需的吸氮量有下降的趋势,相当于提高了氮素生理利用效率。究其原因,是因为现代绿熟品种的籽粒含氮量(也就是籽粒蛋白质含量)显著下降(Duvick and Cassman,1999)(图 1.36),因此籽粒生长对氮素的需求下降,这样,虽然绿熟品种吐丝-成熟期叶片中氮素再利用效率较低,但是通过增加后期氮素吸收也能维持籽粒生长的需要。研究表明,低氮下的玉米氮效率与籽粒氮含量呈显著负相关(Wu *et al.*, 2011)。在小麦中同样发现,籽粒蛋白质含量与氮效率与氮利用效率之间存在显著负相关(Gaju *et al.*, 2011)。如何在稳定籽粒蛋白质含量的前提下提高氮素生理利用效率,或者说,如何在稳定籽粒产量的前提下,提高营养器官中氮素的转运效率,提高氮素收获指数,是现代品种进一步提高氮效率的关键限制因素。

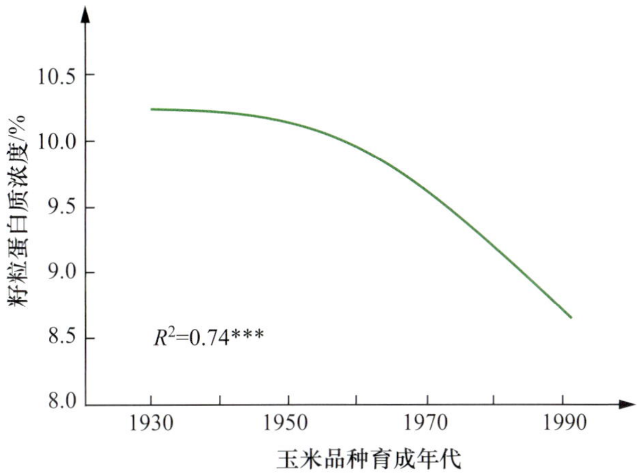

图 1.36 不同年代育种玉米杂交种的籽粒蛋白质含量(Duvick and Cassman,1999)

要达到上述目标,可能的途径有两条:

(1) 从生物化学的角度出发,提高叶片中单位氮素的光合效率,也就是光合氮利用效率,即在较低的叶片含氮量条件下,维持较高的光合效率。不同作物之间,氮素利用效率存在很大差异,通常 C_4 作物(如玉米)的氮素利用效率高于碳 C_3 作物(如小麦)。原因可能与 C_4 作物的光合氮利用效率较高有关,即达到相同的净光合效率,C_4 作物所需的单位叶片面积含氮量(specific leaf N, SLN,mg/cm^2)要低于 C_3 作物(图 1.37);相应地,在相同的叶片含氮量条件下,C_4 作物的光能利用率要显著主于 C_3 作物(图 1.38)(Sinclair and Horie, 1989)。

Oak(1995)认为,这种 C_3 作物中氮素生理利用效率较低差异主要是由于其光呼吸过程所造成的,如果升高大气 CO_2浓度以降低光呼吸,则 C_3 作物的氮素生理利用效率就会显著提高(Evans, 1989;Hocking and Meyer,1991)(表 1.4)。由于碳的缺乏,C_3 作物(大麦)的硝酸盐还原及蛋白质转化速率较低,结果叶片中通常硝酸盐含量较 C_4 作物(玉米)高,而蛋白质含量较低(Oaks,1994)。如果抑制了光呼吸,则硝酸盐向蛋白质的转化显著增加(Hocking and

Meyer，1991)。

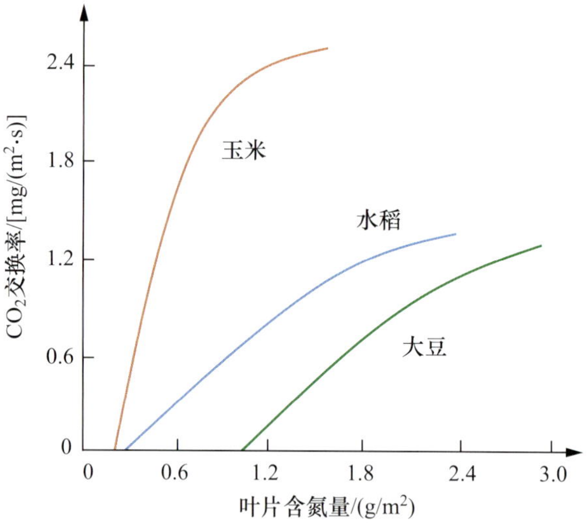

图 1.37　玉米、小麦和水稻叶片含氮量与 CO_2 交换率(CER)的关系

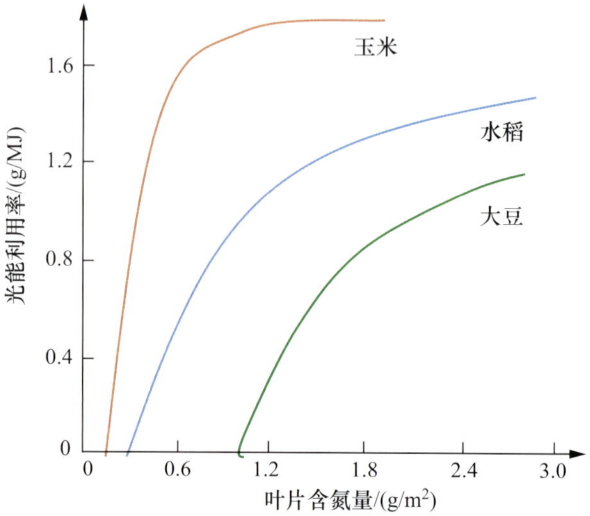

图 1.38　玉米、水稻和大豆叶片含氮量与光能利用率的关系

表 1.4　升高 CO_2 浓度对小麦(C_3 作物)与玉米(C_4 作物)氮生理利用效率的影响(Hocking and Meyer，1991)

氮供应水平/(mmol/L)	氮生理利用效率/(g/g) (DW)		
	小麦		玉米
	对照*	高 CO_2**	对照或高 CO_2
5	58	74	74
25	41	68	66
60	36	58	56

续表 1.4

氮供应水平 /(mmol/L)	氮生理利用效率/(g/g) (DW)		
	小麦		玉米
	对照*	高 CO_2**	对照或高 CO_2
12.0	31	50	51
25.0	28	44	49

* 340 cm^3/m^3 CO_2；** 1 500 cm^3/m^3 CO_2

要提高光合氮利用效率，可能需要优化叶片中不同形态氮素（蛋白质、酶、叶绿素等）的分配比例，维持光合效率相关蛋白和酶（如 Rubisco，PEPCase 等）的量，并优化其比例，同时将非限制性蛋白质转移出去。由于叶片中绝大部分氮素用于光合作用相关功能蛋白的合成，叶片含氮量与 CO_2 气体交换率（CER）之前存在正相关（Evans，1989）。随叶片含氮量增加，CER 直接增加，当叶片含氮量达到 2 g/m^2 左右时，CER 不再增加（Sinclair and Horie，1989；McCullough *et al.*，1994a；Vos *et al.*，2005；Paponov *et al.*，2005）。此时，CO_2 供应不足可能限制了 Rubisco 酶活性，使光合氮利用效率下降（Li *et al.*，2012）。叶片中氮素在光合与非光合组分中的分配，光合组分中光捕获蛋白、电子传递、碳同化相关蛋白之间的分配，都可能影响光合氮利用效率（Pons *et al.*，1994）。这种分配受到氮素供应、光强以及红光/远红光比例的调节（Lawlor，1994）。Pons 等（1994）的研究表明，氮素在不同组分之间的分配也存在物种间差异。

Paponov 等（2003）比较了两个不同氮效率的玉米杂交种，发现低氮供应条件下，氮高效基因型叶片面积下降较少，但叶片含氮量下降较多。比较单位氮素或单位叶绿素的光合效率，氮高效品种显著高于氮低效品种，而且氮高效品种在低氮条件下，叶片中积累的糖较少，淀粉相对积累较多，这可能减少糖分对光合速率的抑制作用。Tian 等（2006）的研究表明，氮高效基因型掖 478 与氮低效基因型 Wu312 间的光合速率没有差异，但 478 叶片的硝态氮浓度较低（刘金鑫等，2009）。Echarte 等（2008）比较了一个老品种 Pride 5（1959 年育成）和一个新品种 NK N25-J7（2004 年育成），他们发现新品种在灌浆期的光合氮利用效率要优于老品种（26.1∶23.2）。原因是，低氮条件下玉米新品种（NK N25-J7）叶片的 CER 的下降幅度要低于老品种，新品种叶片吸收单位光合光量子流密度（photosynthetic photon flux density，PPFD）产生的光合速率更高。这说明 CO_2 同化过程仍然是决定光合氮利用效率的主导因素。深入理解籽粒灌浆期叶片光合速率的生理调控机制，将对氮素生理利用效率的遗传改良具有重要启示。韩胜芳等（2006）研究表明，氮胁迫条件下氮高效小麦品种具有较强光合碳同化能力，光合速率、叶肉导度、碳酸酐酶活性、可溶性蛋白含量和 RuBPcase 活性均较高，原因是 CO_2 在液相中较强的传导能力和较强的暗反应活性。

（2）从整体植株的角度出发，提高单位氮素的光合效率还能通过优化氮素在不同器官间的分配来实现。将对光合作用贡献较小的器官中的氮素优先转移出去，维持甚至提高剩余的关键叶片的光合效率。比如在玉米中，现代玉米绿熟品种具有更高的源库比（Rajcan and Tollenaar，1999a），可能存在叶片冗余的问题。通过提高下部叶片的氮素转运效率，维持中上部受光状态较好的叶片中氮素含量的稳定，也许可以既维持光合物质生产，又提高氮素生理利用率。

氮素在植物体内的高效利用还表现在氮素在根、冠间的分配。在相同的吸氮量条件下，将更多的氮素分配于根，用于发育更大的根系，从而扩大吸收面积，有利于吸收更多的氮素。研究表明，同样吸收 1 mg 氮素，氮高效品种 478 可以生长 114 cm 的根，而氮低效品种仅能生长 49 cm 的根(Tian *et al.*, 2006)。

硝酸盐的贮存与再利用，也可能影响氮素利用效率。与氮低效武 312 相比，氮高效品种 478 叶片中的硝酸盐含量显著较低。这可能反映液泡中硝酸盐含量的差异。这种差异并不是因为硝酸盐向液泡的运输能力，可能与细胞质中硝酸盐同化能力(硝酸还原酶活性)相关(刘金鑫等，2009)。Fan 等(2007)利用两个氮效率(生物量)不同的水稻基因型 Nong Ken (NK) 和 Yang Dao (YD)，比较了其叶片、茎、木质部汁液及根系液泡中硝酸盐的输出能力。认为，茎中硝酸盐的贮存与输出能力可能与氮高效利用相关。值得注意的是，组织中贮存较多的硝酸盐虽然不利于其高效利用，但有利于在持续低氮条件下维持生长(刘金鑫等，2009)。低生长速率的玉米基因型通过降低氮素同化速率及根系对低氮的可塑性反应，使体内硝酸盐累积较多，有利于其应对持续的低氮胁迫，完成生活周期，但可能难以获得较高的生物量和产量。相反，氮高效品种具有较强的氮素同化能力，根系对低氮有强烈的适应性反应，在中度缺氮的条件下，这一特征有利于其获取土壤中潜在的氮素资源，从而可能达到较高的产量。

在植株水平上，较高的氮素生理利用效率通常与结实器官的发育有关。在玉米中，轻度缺氮减少穗粒数，重度缺氮则可能导致穗不能正常发育，形成空秆。在水稻中，氮的生理利用效率低，在很大程度上与分蘖成穗率低有关(Zhang *et al.*, 2009)。

水稻植株组织中氨的挥发损失也可能导致氮素利用效率降低。水稻植株的氨挥发存在基因型差异，氨挥发量与地上部氮积累量、氮素籽粒生产效率、氮素农学利用率、氮素生理利用率呈显著或极显著负相关(徐阳春等，2008；陈明霞等，2010)。

1.5 作物氮高效及其相关性状的遗传机制

1.5.1 氮效率及相关性状的遗传控制

阐明氮效率的遗传控制规律，对于氮高效品种选育有重要价值。陈范骏等(2003)在筛选氮高效玉米自交系工作的基础上，利用 NCⅡ设计，在两个氮水平下(200 kg/hm^2 和不施氮)，对 18 个自交系配合力作出评价。结果表明，高氮条件下，氮效率受非加性效应控制，而在低氮条件下，氮效率受加性效应控制，两个氮水平下，氮吸收效率的遗传力均大于氮利用效率，说明在低氮条件下选择氮高效吸收特征的基因型是可行的。

玉米是利用杂种优势的作物，氮高效育种需要了解氮高效杂种优势表现规律。用 18 个自交系组配成 72 个杂交组合，以农大 108 的产量为对照，在两个氮水平下种植，发现氮高效杂交组合多数为中效×高效或高效×高效类型。两个氮水平下，氮效率性状 F1 代都表现近中亲遗传和超显性遗传共存的特点，而且氮利用效率杂种优势的组合的频率要高于吸收效率杂种优势的组合。总结亲本组成规律，氮高效组合的组配可分两大类型：①主要决定于母本的吸收和利用效率；②父母本的吸收效率和利用效率互补。若在低氮条件下进行氮高效育种，母本的遗传特性对 F1 代各性状影响较大，所以应注重对母本氮效率性状的选择，尤其是氮吸收效率的选择以及亲本间氮效率性状的优势互补(陈范骏等,2006)。

现代育种主要是对地上部性状(如叶片熟相、株高、株型)的选择,很少关注根系性状。要在高产的基础上实现养分高效利用,需要根系性状的遗传改良,采取"根系育种"的策略。本课题组对玉米根系性状的遗传规律及其分子遗传控制进行了长期深入的研究。利用7个自交系及其组配的21个杂交种,在两个氮水平下分析了的玉米根系性状的遗传特点及其受氮水平的影响(Cun *et al.*, 2005)。结果表明,自交系根系性状对氮水平变化的影响要显著小于其杂交种后代。在两个氮水平下,根系性状(如总根长、总侧根长)均具有强烈的杂种优势,且受一般配合力(GCA)和特殊配合力(SCA)的双重控制。氮水平对杂种优势、GCA、SCA均有显著影响。低氮增加总根长和总轴根长的杂种优势,说明根系性状遗传改良可以在低氮环境下选择。亲本与杂种后代之间在根生物量、总根长、总轴根长、总侧根长、轴根数等性状存在显著相关性。说明可以利用亲本来预测杂种后代的这些根系性状。研究还发现,高氮下,根系性状除轴根长以外均以非加性遗传为主;氮胁迫下,除轴根数以外的根系性状以加性遗传为主,这与氮效率的控制方式相同(陈范骏等,2003)。在高、低氮水平下,根干重、总根长和侧根长的广义遗传力均较高;与高氮处理相比,在低氮胁迫下,根系性状的广义遗传力表现为下降趋势,根干重、总根长和侧根长的狭义遗传力有上升的趋势(春亮等,2005)。

Wu等(2011)最近的研究表明,如果用(低氮产量/高氮产量)×低氮产量作为氮效率的评价指标,则氮效率的广义遗传力为0.38。而且,氮效率与低氮下的产量、穗粒数、粒重、株高、叶绿素含量有显著正相关,而与籽粒氮含量、ASI呈负相关。

1.5.2 氮效率及相关性状的分子标记

发掘控制氮效率及相关性状的的数量性状位点(QTL),是通过分子标记辅助选择(marker assisted selection, MAS)育种手段改良氮效率的必备条件。Agrama等(1999)利用$F_{2:3}$群体在两个氮水平下对玉米的穗粒数、千粒重等产量组分和穗位叶面积、株高等农艺性状进行了QTL定位研究,两个氮水平下共定位到11个QTL。法国的Hirel小组利用RIL群体针对影响玉米氮效率的相关的酶(硝酸还原酶、谷氨酸盐合成酶等),籽粒产量及其组分(穗粒数、千粒重、籽粒含水量),秸秆产量、整株生物量,籽粒含氮量、秸秆含氮量、整株含氮量,花后期籽粒氮转移量,收获指数、氮收获指数、氮利用效率,生育期,农艺性状等所有相关的生理指标进行了较为系统的遗传分析(Hirel *et al.*, 2001; Gallais and Hirel, 2004; Coque and Gallais, 2006; Martin *et al.*, 2006; Coque *et al.*, 2008)。研究结果表明,许多生理性状及田间的农艺性状与植物体内多个氮和碳新陈代谢酶编码的基因有很好的连锁关系,例如QTL分析发现,在位于第5染色体gln4位点附近,有多个性状紧密连锁(包括产量和生理性状)。且进一步的研究表明,这个位点与玉米开花后期氮素转移相关的多个QTL连锁,是氮效率的一个候选基因。郑祖平(2004)以玉米自交系Mo17×黄早四的RIL群体为作图群体,对高、低氮两个氮水平下的17个产量组分和农艺性状进行了QTL检测及效应分析,总计检测到91个QTL。刘宗华等(2007a;2008)以农大108的203个$F_{2:3}$家系为材料在两个氮水平下对株高和叶绿素含量进行了动态QTL分析,结果表明,不同时期的株高均值在两个氮水平下无显著差异,株高建成具有明显的时空表达特性。在对玉米穗部性状的QTL分析中发现,两个氮水平下定位到的53个穗部性状QTL均主要集中在1、2、8和9染色体上(刘宗华等,2007b)。

同时，在玉米上发现许多与根性状相关的区域（图 1.39）。它包括：

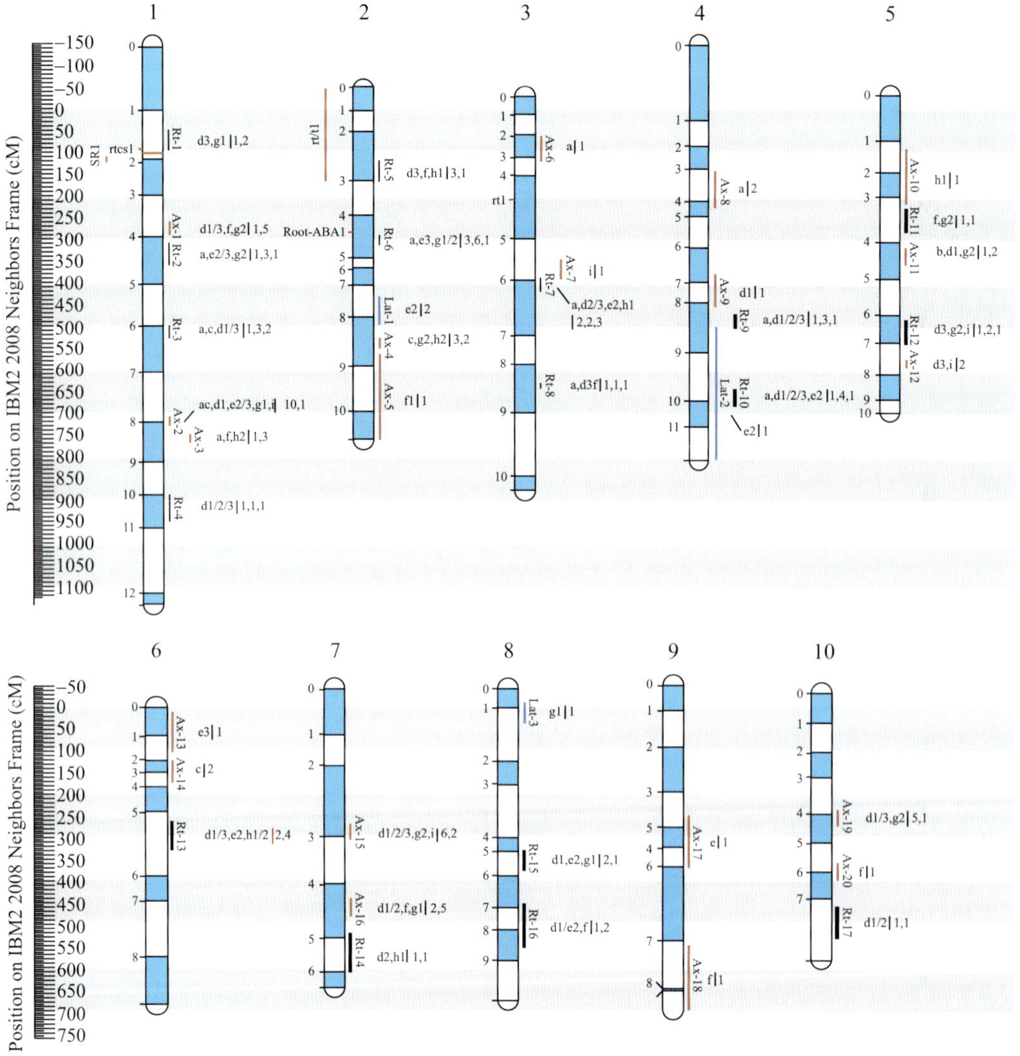

图 1.39　控制玉米根性状的通用图谱（Hund *et al.*，2011）

Rt：总体根系；Ax：轴根；Lat：侧根。a～i 字母表示不同的作图群体。字母后的数字表示鉴定出的 QTL 数量。

1. bin 1.06/1.07

在这一区域发现了与很多性状密切连锁的 QTL，包括株高（Chen *et al.*，2011；Frascaroli *et al.*，2009；Lübberstedt *et al.*，1997；Melchinger *et al.*，1998；Schön *et al.*，1994；Tang *et al.*，2007a；Tang *et al.*，2007b；Wei *et al.*，2009；Cai *et al.*，2011，in press）、根系性状（Landi *et al.*，2002；Liu *et al.*，2008；Tuberosa *et al.*，2002；Zhu *et al.*，2006）、吸氮量（Bertain and Gallais，2001）和产量（Agrama *et al.*，1999；Bertain and Gallais，2001）。最近，Landi 等（2010）将这一位点命名为 *root-yield-1.06*，认为这一区域是克隆与玉米稳产相关基因及寻找重要分子标记的重要的候选区段。这一位点同时控制根系性状、株高、氮吸收量及产量，从遗传连锁的角度说明这些性状有很好的正相关。

2. bin 2.03/2.04

在这一染色体区域发现 QTL 包括:叶片长度、叶绿素与产量(Cai *et al.*, 2011, in pres)、根系性状与抗旱性(Hund *et al.*, 2011)。其中与根系性状相关的性状包括抗根倒性(*root-ABA*1, Giuliani *et al.*, 2005; Landi *et al.*, 2005; Landi *et al.*, 2007)、低磷下种子根长度与数量(Zhu *et al.*, 2006)、根拔拉力(vertical root pulling resistance, VRPR)(Liu *et al.*, 2010)、初生根直径(Ribaut *et al.*, 1996)、初生根重(Tuberosa *et al.*, 2002)、根直径(Guingo *et al.*, 1998)、节根数(Tuberosa *et al.*, 2002)。Landi 等(2007)认为 *root-ABA1* 位点既控制根倒的敏感性,也控制产量。Coque 等(2008)在该区域发现了两个氮效率相关性状的 QTL 簇,一个包括抽雄—吐丝间隔期(ASI)、籽粒灌浆期叶绿素含量、收获指数(HI)、成熟期秸秆与籽粒含氮量;另一个包括单株粒重、穗粒数和籽粒氮浓度及 ASI。

3. bin 2.06/2.07/2.08

在这一区域发现的 QTL 包括叶面积、开花期(Messmer *et al.*, 2009; Cai *et al.*, 2011)、株高(Messmer *et al.*, 2009)、粒重(Messmer *et al.*, 2009)、穗位叶 GS 活性及籽粒氮含量(Coque *et al.*, 2008)。

4. bin 3.04

在这一区域发现的 QTL 包括低磷下的叶面积与产量(Chen *et al.*, 2008; Cai *et al.*, 2011)、正常条件下及缺氮条件下的产量(Li *et al.*, 2010; Ribaut *et al.*, 2007)。Coque 等(2008)在该区域发现一个 QTL 簇,控制的性状包括单株籽粒数、开花期氮积累量、氮营养指数(N nutrition index, NNI)。Messmer 等(2009)则在该区域发现了 3 个不同环境条件下控制开花期的 QTL。

5. bin 10.03/10.04

在这一区域发现的 QTL 包括叶面积和叶绿素含量(Cai *et al.*, 2011)、根拔拉力(Liu *et al.*, 2010)、地上部干物重、总根长、侧根长和轴根数(Cai *et al.*, 2011)、节根数、次生根重和产量(Tuberosa *et al.*, 2002)、根干重和轴根长(Cai *et al.*, 2011)。

截至目前,关于根系性状的遗传分析大部分采用室内培养的方式,与田间条件下根重生长存在很大的差异。对于玉米而言,其生长前期是种子根(胚生根)在养分水分吸收方面起主要作用,而后随着植株的生长发育,逐渐转向节根和大量不定根起主要作用(郭庆法等,2004)。因此,在田间开展不同生育阶段玉米根系遗传规律的研究,对于根系的遗传改良非常关键。蔡红光等(2011)在田间原位条件下,利用自交系掖 478(大根系)和武 312(小根系)为亲本构建的 BC_4F_3 群体,对抽雄期(开花前 10 d)和灌浆始期(开花后 15 d)的玉米根系性状和地上部生物量进行 QTL 定位。花前花后对根干重、总根长、侧根长、轴根长、轴根数等根系性状共检测出 27 个 QTL,单个 QTL 贡献率为 5.2%~15.7%,其中在染色体臂 6.02 和 10.04 区域同时检测到控制着地上部生物量、总根长、侧根长和轴根数等性状的 QTL,两个不同生育时期检测到的共同 QTL 共有 8 个。玉米花前花后控制根系生长的 QTL 因生长发育阶段不同而存在着特异性,而且对地上部生物量形成有重要贡献,这为了解田间条件下根系的生长发育和进一步进行遗传改良奠定了遗传基础。

在其他作物氮效率相关性状的遗传研究,近年也取得了较大的进展。吴平和罗安程(1996)在氮素限制供应条件下,测定了 231 个水稻 F_2 植株完全展开剑叶及其下位叶的叶绿素含量,并与分布于 12 条染色体的 104 个 RFLP 标记进行连锁分析。方萍等(2001)又利用 F_3

群体检测到 2 个控制氮吸收的 QTLs；1 个与氮利用效率有关的 QTLs。通过对不同供氮水平下的穗长性状进行 QTL 分析，推测仅在低氮水平下检测到的穗长 QTLs 可能对低氮胁迫耐性存在一定的关联（方萍等，2002）。Shan 等（2005）在水稻氮效率及相关性状的 QTL 定位中，共检测到 12 个 QTLs，其中 1 个控制氮利用效率的 QTL 位于第六染色体上，其他的 11 个位于 1、2、4、6 染色体上并与水稻氮浓度和累积紧密连锁。Lian 等（2005）在正常供氮和低氮胁迫下对水稻苗期根、地上部和整株干重 QTL 定位，结果表明水稻苗期对氮的响应存在复杂的遗传基础，加性效应和上位性效应都起着重要的作用。

曹卫东等（2004）在正常供氮和低氮胁迫下对小麦 111 个 RIL 群体研究表明，正常供氮下，有 7 个与叶绿素含量有关的 QTL，1 个位点影响小麦干物质产量。在氮素胁迫下，有 9 个 QTL 与叶绿素含量有关，2 个位点影响小麦干物质产量。说明小麦干物质产量和叶绿素含量之间存在内在的联系。An 等（2006）以 120 个加倍单倍体为材料，在两种氮水平下对小麦生长早期氮吸收相关性状的 QTL 定位，结果表明苗期根系性状和田间氮吸收性状紧密连锁。

Suzanne 等（2003）以 146 个大麦重组自交系为材料，在开花期、灌浆期对叶片中总氮量、单位叶片氮含量、硝酸盐含量和成熟期叶片总氮量 QTL 分析，在大麦 3、6、7 染色体上定位到几个控制氮再转移的 QTLs，并对叶重、始穗期、籽粒蛋白质含量、产量 QTL 分析，其中控制产量的有 8 个 QTLs。

1.6 作物氮高效遗传改良

1.6.1 高产育种过程中产量及氮效率相关性状的变化

育种的主要目标是产量。作物生育期中要遇到各种各样的生物与非生物胁迫，如干旱、低温、高温、低光照、病虫害等。因此，在以产量为目标的选择过程中，同时也选择了对各种生物及非生物胁迫的抗性的选择（Dwyer and Tollenaar，1989；Dwyer *et al*.，1991），其中一些选择的结果也会影响到对氮素的吸收与利用效率。比如在阿根廷大麦中发现，新品种的氮素生理利用效率比老品种提高了（Abeledo *et al*.，2008）。Duvick（2005）总结了美国现代玉米高产育种中主要农艺性状的改变，其中与增加产量和非生物胁迫抗性相关的变化包括：

1. 产量相关性状

- 叶片角度越来越直立。
- 雄穗明显变小。
- 保绿度增加。
- 籽粒灌浆期延长，但脱水速度加快；因此收获时间没有延迟，对生长季节后期的资源利用得更充分。
- 粒重提高。
- 籽粒淀粉含量增加。
- 籽粒蛋白质含量降低。

2. 非生物逆境耐性

- 缺肥或施肥充足的条件下，都是高密度种植条件下的产量增益幅度最大。

- 干旱逆境下叶片卷曲度增加,这可能是改变了叶片角度的结果。这有助于保持叶片较低的温度和减少水分消耗。
- 逆境下,特别是当杂交种遭受干旱、密植等非生物逆境时 ASI 缩短。
- 在花期干旱或密植等非生物逆境下,新杂交种提高了结实性。
- 改良了抗根倒伏和抗茎倒伏,尽管某些试验表明了大约 95%的改良上限。
- 新杂交种更耐干旱和水渍。
- 新杂交种更耐非特定的非生物逆境(即低产环境)。
- 新杂交种更耐密植,通过较高的种植密度获得更高的产量。
- 新杂交种的光合效率更高,能够在逆境过后很快恢复光合能力。
- 在经历水分胁迫以后,新杂交种比老杂交种具有更高的冠层气体交换效率、茎秆水势、运输和呼吸效率。
- 在干旱胁迫下,新品种的冠层温度较低。
- 与此同时,以下性状保持相对稳定:植株和穗位高度、开花日期、吐丝日期、叶片数、叶面积系数(LAI)、单株穗数、收获指数(HI)、单株产量潜力。

值得注意的是,现代杂交种的产量提高,涉及 3 个与氮效率密切相关的因素,第一是总体抗逆性的提高,第二是籽粒蛋白质含量降低,第三是保绿度的增加。抗逆性的普遍增加是一个正面的影响,使新品种无论是低氮或高氮条件下都更容易获得更高的产量。新品种的籽粒蛋白质含量降低,使其在相同产量条件下所需要的吸氮量下降。绿熟性增加的原因是后期吸氮量的增加,而叶片中氮素转运效率降低(Pommel *et al.*, 2006; Mi *et al.*, 2000),其结果可能直接导致籽粒蛋白质含量下降。在维持高产前提下减少施氮量,同时稳定籽粒蛋白质含量,可以达到高产高效的协同,因此遗传改良的下一步途径应该是提高营养器官的氮素转运效率。在大麦中也发现,氮高效品种的产量与籽粒蛋白质含量虽然呈负相关,但相关性很弱(Abeledo *et al.*, 2008;Anbessa *et al.*, 2009),在小麦中,同样发现为籽粒产量与蛋白质含量的负相关程度并不高(Cox *et al.*, 1985),因此,同时提高产量与籽粒蛋白质含量是可行的。

早在 20 世纪 80 年代,Nova 和 Loomis(1981)以及 Andrews(1986)就指出,玉米生产力的提高可能与硝酸盐吸收与还原能力密切相关。Cacco 等(1983)比较了 1930 年到 1975 年玉米品种的硝酸盐吸收与还原能力,结果是根系吸收硝酸盐效率及叶片硝酸还原酶活力与产量的增加均呈显著正相关性。同步增加的还有硫酸盐吸收效率与还原能力。McCullough 等(1994)在控制条件下苗期(8~12 叶)实验表明,如果以单位地上部干重的吸氮速率来比较,低氮条件下,新品种 Pioneer 3902 要高于老品种 Pride 5。但在高氮供应下,Pride 5 反而较高。如果以单位根重吸氮速率来表示,则无论是低氮或高氮供应,新品种 Pioneer 3902 的吸氮速率均高于老品种 Pride 5。低氮条件下,新品种把更多的干物质和氮素分配到了根系。但无论氮素供应如何,新品种的单位叶面积含氮量和叶片中单位氮素的光合速率(光合氮利用效率)均显著高于老品种。其结论是,新品种之所以耐低氮是因为其较高的氮素吸收能力和较高的叶片含氮量。这些结果表明,现代育种可能主要增加对氮素的吸收能力,从而提高了新品种在各种氮素供应条件下的产量。但这还需要最近 20 年的相关品种比较数据。

在根系性状方面,王空军等(2000)认为,20 世纪 90 年代玉米品种根系分布呈现"纵向延伸、横向紧缩"的演进特点,因而有利于密植。根系构型在养分水分高效利用中具有关键性作用。最近 Hammer 等(2009)的模拟研究表明,美国现代玉米品种耐密高产的重要原因并不能简单地用株型改变来解释，而根系构型的改变可能是重要原因。Wu 等(2011) 选用中国1973—2009 年育成的 11 个代表性玉米品种，在水培体系下研究了正常供氮(4 mmol/L)和低氮(0.04 mmol/L)下根系与地上部生长差异。结果表明，与低氮处理相比，正常供氮降低根干重、根冠比和根系相对生长速率，但增加总根长和侧根长。对于 20 世纪 90 年代之前育成品种，供氮还降低总轴根长，但不影响种子根数。随育种年代演进，地上部相对生长速率表现明显增加，不同氮水平下表现一致。但是，根系相对生长速率仅在正常供氮条件下，表现出与育成年代线性相关。相应地，只在正常供氮条件下，玉米总根长、侧根长、轴根长表现为随育成年代增加而明显增加。因此，在过去 36 年的玉米育种进程中，玉米地上部生长势在不同氮供应水平下均得到提高，而根系生长则只在正常供氮条件下得到提高，进一步改良根系在低氮环境下的生长能力，可能提高现代玉米品种的氮吸收效率。

1.6.2 氮高效种质资源筛选与氮高效育种

1.6.2.1 选择压力

氮高效筛选通常在两个氮水平下进行，一个正常供氮水平，另一个为缺氮水平。虽然高氮下的作物产量与低氮下的产量有较好的相关性，如果目标地区的低氮不严重(比如产量下降低于 10%)，直接在多环境条件下选择高产品种，往往可以同时提高低氮下的产量(Anbessa *et al.*, 2010)。但是，随着低氮胁迫的加重，这种高氮产量与低氮产量的相关性会逐渐降低(Bäziger *et al.*, 1997;Presterl *et al.*, 2003)。如果单独在高氮条件下进行品种选择，其选择效率要低于在两个氮水平同时选择(Bäziger *et al.*, 2000)。反过来，直接在低氮下进行选择则可以提高效率 30%，而且事实表明，如果低氮条件下产量与高氮下产量的相关系数达到 0.65 左右，则直接在低氮条件下选择产量高的品种，往往其在高氮下也可以获得较高的产量(Presterl *et al.*, 2003;陈范骏等,2009)。

缺氮小区通常采用不施肥处理。根据国际玉米小麦改良中心(CIMMYT)的经验，低氮小区的产量应该是正常供氮的 25%～35%。在这种情况下可以选择到真正的耐低氮品种。如果低氮下产量的水平不低于正常的 20%，则缺氮处理不必要施肥。但也有人认为，缺氮处理中玉米生产下降幅度应该在 35%～40%(Gallais and Coque,2005)，也就是说低氮下的产量达到正常产量的60%～65%。然而有人认为，在这种情况下得到的氮高效品种更可能是因为产量遗传潜力较高，很难区分出真正的耐低氮品种(Bäziger *et al.*, 2000)。在水稻中，程建峰等(2010)的研究表明，土培盆栽下氮效率评价的最适土壤有效氮含量分别为 0.157 g/kg (拔节期)和 0.277 g/kg (成熟期)。

由于很难精确估计土壤的供氮能力，氮高效品种选择是最好采用定位田的办法，也就是在同一块田上进行多年的选择，这样会逐步使土壤肥力下降，而且减少土壤养分的异质性。在田间试验设计上，在有限的土地面积上，要尽量增加重复数，小区面积可适当减少。同时，要注意边行效应，一般边上的两行应该舍去。

在筛选自交系时，由于玉米自交系的生长量及产量很小，在普通农田中，很难找到氮供应强度足够低的土壤。自交系的吸氮量通常不足杂交种的 1/2，只有 60～130 kg/hm^2(米国华等，未发表资料)。据研究，华北地区大气干湿沉降氮已达 88 kg/hm^2，加上灌溉水来源氮 11 kg/hm^2，进入农田的环境来源氮达 99 kg/hm^2(朱兆良等，2010)。在这样的条件下，很难找到适合筛选自交系的田块。我们的研究也证明，在15年不施氮肥的定位田上，杂交种的减产率达到39%。尽管玉米自交系吸氮量的减少率可达到20%，其平均产量的减产率仅为7%(图1.40)。

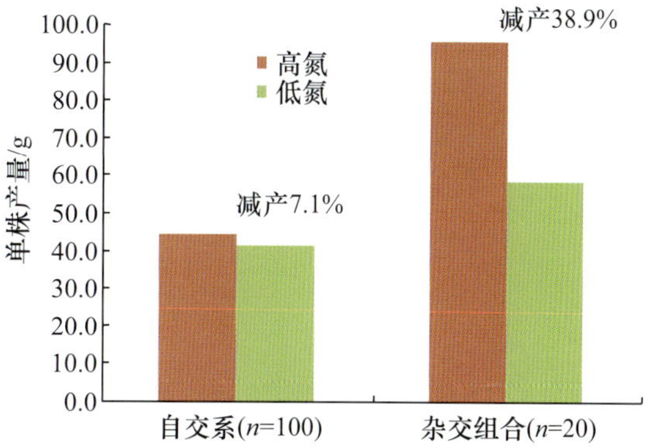

图1.40 自交系与杂交种对低氮反应的差异
(米国华和陈范骏，未发表)

1.6.2.2 次级选择指标

很显然，产量是氮高效选择的最佳指标。但是，在早期筛选大量材料时，应用次级筛选指标，可以大大提高选择效率，尽快选择出有潜力的株系，进行最终的田间产量测验。

虽然很多生理性状与氮高效有关，但很多指标并不一定能够真正用于氮高效育种的选择指标，因为，对于育种而言，这些指标必须具有以下特征(Edmeades *et al.*，1998)：

- 较高的遗传力
- 较大的遗传变异
- 测定过程简便、经济
- 测定过程中保持稳定
- 在非胁迫生长条件下不会导致产量的损失
- 在开花期以前可观察，这样可以提前剔除一些品系，减少授粉工作量
- 可以较好地估计最终产量

根据CIMMYT的经验，以下性状可用于耐低氮玉米基因型的选择(按优先顺序排列)(Bäziger *et al.*，2000，CIMMYT)：

1. 籽粒产量
- 遗传力：中等
- 与产量的相关性：高
- 选择标准：高的籽粒产量
- 胁迫程度：氮胁迫使产量下降50%以上
- 测定方法：脱粒，调整籽粒含水率

2. 单株穗数
- 遗传力：高
- 与产量的关系：在低氮胁迫条件下很高
- 选择标准：单株穗数多，或秃尖率低
- 胁迫程度：在极度胁迫条件下测定，最好低氮下的相对产量为25%～35%
- 测定方法：统计至少含有一个籽粒的穗的数量，除以收获株数

3. 叶片衰亡度
- 遗传力：高
- 与产量的关系：中度到高度
- 选择标准：叶片衰老延迟(保绿度高)

• 胁迫程度：氮胁迫使产量下降 50%以上

• 测定方法：将叶片衰老程度分为 10 级，叶面积完全衰老的定为 10。在籽粒灌浆后期观测两次，间隔 7～10 d

1=10%的叶面积衰老	6=60%的叶面积衰老
2=20%的叶面积衰老	7=70%的叶面积衰老
3=30%的叶面积衰老	8=80%的叶面积衰老
4=40%的叶面积衰老	9=90%的叶面积衰老
5=50%的叶面积衰老	10=100%的叶面积衰老

4. 开花-吐丝间隔期（ASI）

• 遗传力：中

• 与产量的关系：在极缺氮胁迫条件下与产量中度相关

• 选择方法：选择具有较小 ASI 的基因型

• 胁迫程度：低氮下的产量为正常供氮的 25%～35%，随氮胁迫增强，遗传力增加

• 测定方法：测定播种至 50%植株散粉期（开花期，anthesis date，AD）及播种至 50%植株抽丝日期（silking date，SD），ASI 等于吐丝期减开花期

陈范骏等（2002）研究结果表明，低氮条件下选育耐低氮的高效品种应注重选择大穗型、穗行数多、大的穗三叶叶面积的品种。吐丝期穗位叶叶绿素 SPAD 值与氮效率极显著相关，因而可作为次级选择指标（陈范骏等，2004）。株高与氮效率呈相关（Wu *et al.*，2011），因此，氮高效育种不能选育株高过低的品种，这可能与耐密育种有冲突。选择株高较高，但穗位较低的品种，也可能解决这一矛盾。

在小麦中，张国平和张光恒（1996）通过比较研究 58 个小麦基因型的氮素营养和利用效率，发现开花期和成熟期植株各器官的含氮量与氮积累量存在显著基因型差异。开花期旗叶含氮量与籽粒含氮量呈显著正相关；每生产 100 kg 籽粒需氮量范围为 2.15～4.09 kg，氮收获指数的变幅为 69%～83%。每穗粒数、单蘖干物重、氮收获指数与氮效率比（产量/植株氮浓度）、氮利用效率呈显著正相关。熊又升等（2009）的结果表明，在正常供氮条件下成熟期的茎叶和颖壳含氮量高的小麦品种，其籽粒含氮量就低。相反，在氮胁迫条件下茎叶和颖壳含氮量低的品种，其籽粒含氮量也低。他们认为，低氮胁迫条件下，在分蘖期，氮高效（耐低氮）品种可以通过植株含氮率（叶色）来评价。在后期，由于分蘖成穗率极低，氮高效应该主要反映在穗粒数和粒重上。

在水稻中，张庆等（2010）比较了高产高效型与低产低效型两类水稻品种的株型。氮效率指标以低氮/高氮相对值表示。他们发现氮高产高效型品种植株茎秆节间配置合理，抗倒能力增强。水稻的产量、氮肥利用效率与植株上三叶的叶长、叶披垂度均呈显著或极显著负相关，与上三叶的叶宽、群体 LAI、有效 LAI、比叶重呈显著或极显著正相关，与抗折力、弯曲力矩和秆型指数（基部节间外径/株高）呈显著或极显著正相关。尤其是剑叶、倒三叶的叶长和叶宽对氮素利用效率的作用较大。说明良好的株型结构是氮肥利用效率提高的前提。

1.6.2.3 种质资源选择

虽然在农家种中也可能有一定的氮高效基因，但 CIMMYT 的经验表明，利用适应性强的优良玉米种质资源进行低氮改良是较好的选择。某些适应性虽然不好、但具有耐低氮特性的

群体可以加以利用，此外，可是以通过分子标记辅助选择创造新的种质，也是一种可能。选择种质资源还要考虑综合农艺性状及遗传特性，如一般适应性、籽粒颜色与硬度、成熟期、抗病性、抗倒性、配合力、杂种优势群等。我们的研究发现，农家种的生物量有一定优势，但结实性太差。

1.6.2.4 玉米自交系与杂交种

前人研究表明，低氮条件下玉米 S2 自交系与其顶交种的相关性仅为 0.22（Lafitte and Edmeades，1995）至 0.4（Betran *et al.*，1997）。这说明，自交系的表现并不能足以说明测交种的表现。因此，当早期筛选群体很大时，可以利用自交系筛选。而在后期待选基因型较少时，必须同时考察自交系和杂交种的表型，否则可能忽略了较好的材料。在此过程中，选择合适的测交系是一个重要的因素，可以选择正常高产育种相同的测验种。

1.6.2.5 环境×基因型互作

环境条件，包括气候、土壤类型、土壤肥力水平，对作物生长有强烈的影响，氮素在土壤中的行为受到温度、水分、土壤理化性状的影响，根系的生长和对氮素的吸收过程也同样受到这些环境因素的影响（吴秋平，2011；张永杰，2011）。比如，在偏沙性土壤上硝酸盐淋失是一个限制氮素利用效率的主要因素，此时，深根型品种很可能有更高的氮效率（Garnett *et al.*，2009）。而在质地偏黏性、经常发生干旱的土壤上，根系穿透能力强的品种，可能更适应低氮的环境。因此，氮高效育种最好能在目标生态地区进行。

1.6.2.6 氮高效常规育种

在墨西哥 CIMMYT，Lafitte 和 Edmeades（1994a，1994b，1994c）利用耐低氮玉米种群 Across 8328 BN 进行轮回选择了三代。结果每一循环选育后，籽粒产量的增加量，在低氮环境下为 2.8%，在高氮环境下为 2.3%（<0.10）。Laffitte 和 Edmeades（1995）的研究表明，在低氮或者干旱下选择，会减少每穗的小花数、但减少籽粒败育、增加穗粒数、增加粒重、缩短籽粒灌浆期。

本课题组从 1996 年开始玉米氮高效生理机制和遗传改良工作。将新组配的杂交组合在氮胁迫条件下（减产幅度>20%）进行评价，高氮条件下相对于对照品种产量增产小于 5%，低氮下减产幅度小于对照品种 5%的为耐低氮品种；高氮条件下相对于对照品种产量显著增加 5%以上，低氮下减产幅度大于对照品种 5%的为氮高效品种；高氮条件下产量显著增加 5%以上，减产幅度小于对照品种 5%的为氮双高效品种。在此评价体系下，经过大批自交系氮效率筛选和配合力的鉴定，利用配合力高、根系发达、矮秆、氮高效自交系 478 和氮中效、高秆、后期叶片落黄好、高配合力的自交系 4-1 为亲本，组配出中熟型氮高效组合 NE1。该组合具有高产、稳产，根系发达、吸肥水能力强，光合效率高、氮转移效率高的特点，无论在低氮或高氮条件下，单产高出对照（农大 108 ）10%～15%（春亮等，2005；陈范骏等，2006；Cui *et al.*，2009）（图 1.41），表现出较强的耐低氮能力和较高的氮肥利用率。2008 年通过广东省品种委员会审定，定名为中农 99（粤审玉 2008019）（陈范骏等，2009）。这是国内外玉米氮高效育种的一次有益尝试。然而该品种株高较高，在北方种植容易倒伏。而在南方，由于光周期的影响，株高相对较低，倒伏问题不突出。这说明，在氮高效品种选育过程中，要注意与综合性状相配合，才能在生产上得到应用。达到了增加经济效益、减少氮肥环境损失的目的。

1.6.2.7 氮高效分子育种

由于氮肥在作物生产中的重要性，当前国际主要良种公司（如孟山都、先锋、先正达）均把

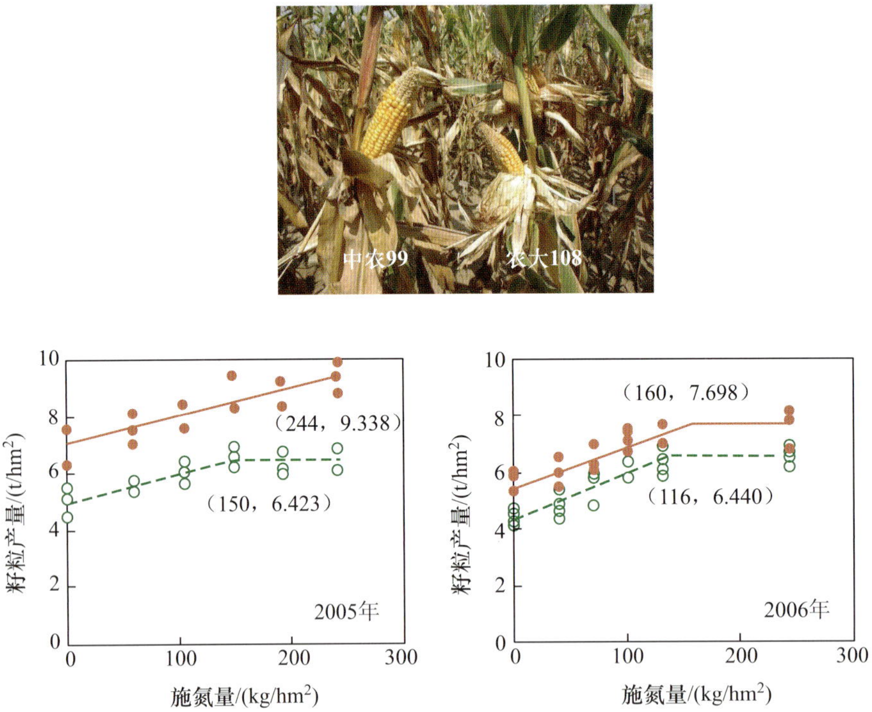

图 1.41　低氮条件下氮高效杂交种中农 99(ZN99)与对照农大 108(ND108)的比较
(陈范骏等,2009;Cui *et al.*, 2009)

—●— 中农99　- -○- - 农大108

氮高效分子育种列为重要目标,持续投入科研力量开展研究。在当前阶段,限制氮高效育种的主要障碍是获得控制氮高效的分子标记和功能基因,而这一点,一方面依赖于大量的候选基因挖掘工作,另一方面依赖于对氮高效这个复杂性状的认识程度。从分子、细胞、组织、器官、植株一直到群体水平,氮吸收与代谢的调节与控制均可能发生,所以要找到一个关键的控制基因或分子标记,往往是很难的。几十年来,科学家在不同研究水平上探讨了氮高效的遗传改良途径,对于推动氮高效分子育种提供了良好的基础。早期研究中,转基因技术主要是应用于确定了氮素吸收与代谢基因的生理功能(Good *et al.*,2004),这些工作大多数是在拟南芥、烟草及百脉根等模式植物中完成的,而且主要是 CaMV35S 启动子。近几年来,随着作物转基因技术的不断成熟,利用转基因技术提高作物氮效率已经体现出一些希望。

1. *硝酸还原酶(NR)*

由于 NR 在氮还原中的重要作用,很久以来,人们一直想通过对 NR 的遗传改良来提高氮效率(米国华等,1997)。Cacco 等(1983)利用幼苗营养液培养的方法研究了 1930—1975 年间育成的玉米杂交种对硝酸盐的吸收能力及 NR 活性变化,总的趋势是随产量提高,这两个性状都得以改善,其中硝酸盐吸收效率(单位时间单位根蛋白量的硝酸盐吸收量)的相关系数为 0.520,NRA 的相关系数为 0.488。而且根的吸收能力与叶片中的酶活性密切相关。Boy 等(1993)结果表明,生长室内 30 ℃条件下测定的 NRA 与泰国和奥地利种植的玉米产量呈正相关,相关系数分别为 $r<0.72$ ($p<0.01$)和 $r=0.23$。在德国于青贮收获期的植株中,NRA 与

生物量间的相关系数为 $r<0.73$（$p<0.01$）。幼苗 NRA 与 N 吸收的相关系数分别为 0.66（$p<0.05$）(泰国)、0.56（$p<0.10$）(奥地利)和 0.83（$p=0.01$）(德国)。这说明，在生长室内进行幼苗的 NRA 测定和选择方法可能加速籽粒产量和氮吸收的育种。Messmer 等(1984)以 NRA 为指标的多样表现型轮回选择计划中选取了 20 个 S_2 代 SSS 系，然后与 B73、H96、N28，和 Mo17 进行测交，其杂交种分别在开花后 10 d 和 20 d 进行叶片 NRA 和还原态氮(RN)的评价，依次划分出四种基因型：即高 NRA—高 RN、高 NRA—低 RN、低 NRA—高 RN 和低 NRA—高 RN。在田间的验证试验表明，高 RN—低 NRA 基因型产量最优；与低 RN 基因型相比，高 RN 基因型具有高产(10.5%)、成熟时籽粒湿度低、抽丝晚 2 d、籽粒多(6%)、粒小(4%)、灌浆后期(35 d 至成熟)籽粒干物质贮积快(20%)的特点。

在小麦中发现，氮吸收高效品种的根系活性、叶片硝酸还原酶活性和叶片硝酸盐含量最大；氮生理高效品种具有较高的叶片亚硝酸还原酶活性和谷氨酰胺合成酶活性，较低的植株全氮含量、叶片硝酸盐含量和硝酸还原酶活性(韩胜芳等，2007)。郭战玲等(2008)的研究表明，开花期旗叶硝酸还原酶活性与氮效率呈正相关，花后 7 d 根部硝酸还原酶与氮效率呈正相关，其他时期不相关或负相关。柴彦君等(2011)的研究也表明，氮高效品种扬花后 NR 活性较高。

也有研究认为，玉米杂交种的 NRA 与成熟时整株的还原态氮积累量无关(Reed *et al*.，1980)，与产量相关性小(Deckard *et al*.，1973)或负相关(Messmer，1981)。其中的原因，可能与 NRA 的测定方法有关。NRA 受取样期、取样部位、测定方法及测定前后环境条件的影响。NR 活性受环境条件影响(Srivastava，1980)，随发育阶段而变化(Deckard *et al*.，1973；Fakorede and Mock，1978)，叶的生理年龄、部位(Halam and Blackwood，1979)以及根和顶部(Murphy and Lewis，1987，Teyker *et al*.，1991)的 NR 活性都可能不同，此外，体内和体外的 NR 测定结果也会出现差异(deckard and Busch，1978)。

硝酸盐还原酶的转基因研究已有一些(表 1.5)。在烟草中 NR 蛋白的增加减少硝酸盐在叶片中的积累，同时增加 Gln 和苹果酸的含量(Quilleré *et al*.，2002)。Djennane 等(2002) 将烟草的 NR 基因转入马铃薯，虽然减少了块茎中的硝酸盐含量，但是并没有增加产量和块茎数。

表 1.5 超表达氮吸收与还原基因对植物氮吸收代谢的影响(Good *et al*.，2004)

基因	目标植物	转基因植物表型	参考文献
硝酸盐转运蛋白			
NRT1.1(拟南芥)	拟南芥	硝酸盐吸收	Liu *et al*.，1999
NRT2.1(*N. plumbinifolia*)	*N. plumbinifolia*	硝酸盐含量	Fraisier *et al*.，2000
硝酸还原酶			
Nia2(烟草)	马铃薯	硝酸盐含量下降	Dejannane *et al*.，2002
Nia(烟草)	莴苣	硝酸盐含量，氯酸盐敏感性	Curtis *et al*.，1999
Nia(烟草)	*N. plumbinifolia*	NR 活性，硝酸盐累积	Lillo *et al*.，2003
NR(*N. plumbinifolia*)	烟草	硝酸还原酶活性	Vincentz & Caboche，1991
NR(*N. plumbinifolia*)	烟草	生物量，NR 活性，抗旱	Ferrario-Mery *et al*.，1998
亚硝酸还原酶			
NiR(菠菜)	拟南芥	NO_2 同化	Takahashi *et al*.，2001
NiR(烟草)	烟草、拟南芥	NiR 活性	Crété *et al*.，1997

2. 谷氨酰胺合成酶(GS)和谷氨酸合酶(GOGAT)

如前所述,GS 和 GOGAT 不仅调节氮的初级同化,而且在营养器官中氮素转运和再利用过程中起重要作用。早期利用 GS 转基因研究表明,通过超表达 GS1 基因可以促进生长、增加蛋白质含量;超表达 GS2 促进生长、加快发育;超表达 GOGAT 基因可以促进籽粒灌浆(表 1.6)。

表 1.6 超表达铵同化酶对植物氮效率相关性状的影响(Good *et al.*, 2004)

基因	目标植物	转基因植物表型	参考文献
谷氨酰胺合成酶(GS)			
GS1(豌豆)	烟草	促进生长、蛋白质、铵含量	Oliveira *et al.*, 2002
GS1(樟子松)	白杨	促进生长、蛋白质和叶绿素	Gallardo *et al.*, 1999; Fu *et al.*, 2003
GS1(菜豆)	小麦	促进氮积累能力	Habash *et al.*, 2001
GS1(苜蓿)	烟草	促进地上部和根的生物量	Fuentes *et al.*, 2001
GS1(苜蓿)	百脉根	植株的结实性	Suárez *et al.*, 2003
GS1(大豆)	百脉根	生物量降低	Limami *et al.*, 1999
GS1(大豆)	莲花	促进衰老	Vincent *et al.*, 1997
GS1(大豆)	苜蓿	GS 无变化	Ortega *et al.*, 2001
GS2(水稻)	水稻	促进光呼吸,耐盐	Hoshida *et al.*, 2000
GS2(烟草)	烟草	促进生长速率	Migge *et al.*, 2000
谷氨酸合酶(GOGAT)			
Fd-GOGAT(烟草)	烟草	铵同化的日变化	Ferrario-Méry *et al.*, 2002
NADH-GOGAT(水稻)	水稻	促进籽粒灌浆	Yaa *et al.*, 2002
NADH-GOGAT(苜蓿)	烟草	增加碳氮积累和生物量	Chichkova *et al.*, 2001
转氨酶及脱氢酶			
天冬氨酸氨基转移酶 AspAT	烟草	促进 PEPC 活性	Sentoku *et al.*,2000
谷氨酸脱氢酶 GdhA(大肠杆菌)	烟草	增加生物量,产量	Ameziane *et al.*, 2000
天冬酰胺合成酶 ASN1(拟南芥)	拟南芥	种子含氮量,耐低氮	Lam *et al.*, 2003
天冬酰胺合成酶 ASN1(豌豆)	烟草	生长速率,氨基酸组成	Brears *et al.*, 1993

Good *et al.*, 2004

在玉米、水稻、小麦等作物上均已获得与 GS 活性相连锁的 QTL 位点,这些位点与氮效率性状密切相关(表 1.7)。例如,在玉米中,控制苗期 GS 活性的 QTL 位点与产量(Gallais and Hirel, 2004; Hirel *et al.*, 2007; Fontaine *et al.*, 2009),氮吸收、根形态和衰老(Coque *et al.*, 2008)密切相关。在水稻中,细胞质 GS 蛋白含量的 QTL 与籽粒数与粒重相关(*OsGln*1;1; Obara *et al.*,2001, 2004)。在小麦中也有相似发现(Quarrie *et al.*, 2005; Habash *et al.*, 2007; Fontaine *et al.*, 2009)。叶片 GS 总活性与籽粒、茎的氮浓度相关(Habash *et al.*, 2007)。在 *OsGS1.1* 基因敲除后,水稻植株生长受阻、小穗数减少、粒重下降(Tabuchi *et al.*, 2005)。

表 1.7 作物中与 GS 基因共定位的 QTL(Swarbreck *et al.*, 2011)

细胞中 GS 定位	与 GS 基因相连锁的 QTL		
	小麦	水稻	玉米
叶绿体 GS	叶 GS 活性 开花期		
细胞质 GS	GS1：籽粒氮，总粒重，穗数	GS1,1:单穗重	Gln1-3:茎中氮转运，总粒重 Gln1-4:叶片硝酸盐含量、NR、GS 活性，籽粒产量、粒重、吸氮量、根、衰老
细胞质 GS	GS:籽粒灌浆期,叶片 GS 活性,籽粒含氮率		Gln1-1:叶 GS 活性、氮转运率
细胞质 GS	GSe		Gln1-5:叶片衰老,ASI Gln1-2:叶 GS 活性,氮转运效率、花后氮吸收、籽粒产量

超表达谷氨酰胺合成酶可以提高籽粒产量(Habash *et al.*, 2001; Tabuchi *et al.*, 2005; Martin *et al.*, 2006; Hirel *et al.*, 2007; Lea and Azevedo, 2007)。在组织特异性 Rubisco 小亚基 rbcS 的启动子的驱动下,将菜豆中的 GS1 超表达到小麦中,促进小麦根系和穗的生长,并提高了小麦的籽粒产量(Habash *et al.*, 2001)。

在玉米 *gln1-3*、*gln1-4* 单突变体及 *gln1-3 gln1-4* 双突变体中, GS1 蛋白含量及活性下降(Martin *et al.*, 2006)。*gln1-4* 突变体的籽粒重量下降,*gln1-3* 中籽粒数下降,*gln1-3 gln1-4* 双突变体中,则粒数粒重均下降(图 1.42),说明 *Gln1-3* 和 *Gln1-4* 基因的作用没有遗传冗余。前者定位中叶肉细胞中,后期定位在维管束鞘细胞中。在 3 个突变体中。营养体生长均不受影响,说明这些基因特异性控制籽粒的发育与产量形成。在突变体中 Asn 增加,可能是为了避免铵的积累。但是,韧皮部中 Asn 运输效率极低,这可能导致籽粒中氮供应不足。当把 *Gln1-3* 基因组成型超表达至叶片中时,转基因玉米籽粒数增加 30%。

a. 玉米GS1突变体
(*gln1-3*、*gln1-4*、*gln1-3*/*gln1-4*)

b. 野生型和Gln1-3转基因玉米 (line 1和line 9)

图 1.42 玉米 GS1 突变体及转基因系的穗发育

在烟草中,Fluentes 等(2001)获得超表达苜蓿 GS1 的 cDNA 的转基因植株,发现在低氮条件下,转基因植株显著提高了生物量和根冠比,原因是光合作用得以维持。在对照中,低氮降低光合作用 40%~50%,但在转基因植株中,几乎没有下降。Oliveira 等(2002)在烟草中超表达 GS1,结果促进生长和叶片蛋白质含量。但是在豆科植物中,超表达 GS 效果较差。在百脉根(lotus japonicus)的根中超表达 GS 却导致生物量的下降(Limami *et al.*, 1999)。将大豆 GS1 基因超表达到 Lotus corniculatus 中，改善了植株的铵的同化，在供铵环境下导致开花期提前、植株早衰，但有利于植株结瘤(Vincent *et al.*, 1997)。

在水稻中，超表达 NADH-GOGAT 增加籽粒粒重(Yamaya *et al.*, 2002)，表明这个基因在水稻籽粒灌浆中起重要作用。

3. 丙氨酸氨基转移酶(alanine aminotransferase，AlaAT)

AlaAT 既控制丙氨酸的合成，又控制其分解。在 AlaAT 的作用下，丙酮酸从 Glu 获得一个铵形成丙氨酸(Ala)。研究表明，以根表特异性启动子 btg26 驱动大麦 AlaAT 的 cDNA 在油菜(Brassica napus)中过量表达，可以显著增加低氮下的生物量、产量及吸氮量 (Good *et al.*, 2007)，高氮下则无显著差异。转基因植株在减少氮肥 40%的条件下，达到了对照的产量。Shrawat 等(2008)利用水稻根特异性启动子(OsAnt1)在转基因水稻中驱动该基因，结果在正常供氮下增加了转基因水稻吸氮量、侧根量、分蘖数、生物量和产量(图 1.43)。在转基因植株中，Gln、Glu、Asn 等氨基酸含量上升。这说明通过改变氮代谢次级代谢，也有可能提高氮效率。

图 1.43　OsAnt1/AlaAT 转基因水稻
(AGR-1/7 和 AGR-3/8)
a. AGR-1/7 的地上部生长；b、c. AGR-1/7 和 AGR-3/8 的根系生长。

4. 转录因子 ZmDof1

在拟南芥中发现，超表达来自玉米的转录因子 ZmDof1 可以显著提高植株对低氮的耐性，原因是调节了一系列与初级氮同化相关基因，比如 PEPCase (Yanagisawa *et al.*, 2004)。将该基因进一步超表达到水稻中，可以调控三羧酸循环中厌氧呼吸途径中的碳浓度，并改善氮素同化，在低氮条件下促进净光合作用、提高根冠比，并促进植株生长(Kurai *et al.*, 2011)。研究表明，超表达 Zmdof1 提高了水稻中 PEPCase 基因 Osppc1 的表达，但对氮代谢影响不大，这与拟南芥中的表达结果不同。

5. 铵转运蛋白

在水稻中超表达高亲和力铵转运蛋白 OsAMT1.1 可以提高转基因植株对铵的吸收能力，但是却减少生物量、抑制生长，尤其是高铵供应条件下(Kumar *et al.*, 2006；Hoque *et al.*, 2006)，原因可能是根中铵同化不足，使铵过度积累，造成毒害。

以上分子育种的重点基本上是着重于氮吸收与代谢的改良。对氮素利用过程-碳的同化与转运考虑尚欠缺，而通过对碳同化过程中相关生理生化过程的优化，提高单位氮投入条件下的碳同化能力，可能是提高氮效率的重要途径(Lawlor, 2002)。为此，应该定量化研究氮素供应与光合相关系统的相互关系，优化氮素供应、Rubisco 含量及光合速率之间的关系。同时，对于小麦水稻等 C_3 作物而言，由于其光合氮肥素利用效率较低，即在相同的叶片含氮量条件下，其光合效率较低。有必要研究通过分子操作手段将 C_4 光合途径引入水稻、小麦的可能性，降低光呼吸消耗，这也许是提高其氮利用效率的重要途径之一。

现代耐密品种的根系在变小，对低氮的响应能力也减弱（Wu *et al.*，2011）。根系性状的改良不仅对氮效率有决定性作用，而且同时可以改善对其他养分胁迫的耐性和抗旱性等，是未来养分高效遗传改良的重要突破口。但根系的准确定量比较困难，因而很难作为筛选指标。随着控制根系的主效 QTL 的精细定位及分子标记的开发，实现根系遗传改良将成为可能。

氮高效本质是氮素影响的产量形成过程，受氮素吸收、代谢、再利用等过程中众多基因影响，通过改变一两个基因即增加氮效率几乎不可能。由于氮、碳之间的互作关系，单独改善氮吸收代谢方面的基因，也往往得不到正的结果。可能需要将控制不同生物学过程的基因进行聚合，比如将控制氮素获取与氮素再利用的基因进行有机的结合，同时，还要考虑影响氮素吸收与利用的其他生物学过程，如碳代谢等。而且，也要考虑基因表达的时空特异性问题，有些候选基因只能在根中特异性表达，另一些则只能在叶中特异性表达；有些适宜在苗期表达，另外一些适合在灌浆期表达。此外，通过改良一些转录因子、激素相关基因，有可能改变其下游一系列靶基因的表达，从而达到调控一个基因调控网络的目的，最终影响氮高效性状。而且，土壤环境条件下，尤其是水分条件，对氮素吸收与利用也有重要影响，必须在氮高效遗传改良中加以考虑。

参考文献

鲍娟，刘金鑫，陈范骏，张福锁，米国华. 2009. 植物激素在氮磷养分调控根形态建成中的作用. 植物生理学通讯，45：706-709.

蔡红光，刘建超，米国华，袁力行，陈晓辉，陈范骏，张福锁. 2011. 田间条件下控制玉米开花前后根系性状的 QTL 定位. 植物营养与肥料学报，17：317-324.

柴彦君，袁家富，熊又升，黄 丽，赵书军，彭成林，徐祥玉，刘 晔. 2011. 不同冬小麦品种氮效率及其生理差异的研究. 中国土壤与肥料，(1)：21-25.

陈范骏，米国华，刘建安，张福锁. 1999. 玉米自交系木质部伤流液中氮素形态差异及其与氮效率的关系. 中国农业科学，32:43-48.

陈明霞，黄见良，崔克辉，聂立孝，彭少兵. 2010. 不同氮效率基因型水稻植株氨挥发速率及其与氮效率的关系. 作物学报，36:879-884.

程建峰，蒋海燕，刘宜柏，戴廷波，曹卫星. 2010. 氮高效水稻基因型鉴定与筛选方法的研究. 中国水稻科学，24:175-182.

春亮，陈范骏，张福锁，米国华. 2005. 不同氮效率玉米杂交种的根系生长、氮素吸收与产量形成. 植物营养与肥料学报，11(5):615-619.

段英华，张亚丽，王松伟，沈其荣. 2007. 不同氮效率水稻全生育期内对增硝营养的响应及其生理机制. 生态学报，27：1086-1092.

樊剑波，沈其荣，谭炯壮，叶利庭，宋文静，张亚丽. 2009. 不同氮效率水稻品种根系生理生态指标的差异. 生态学报，29：3054-3058.

郭庆法，王庆成，汪黎明. 2004. 中国玉米栽培学. 上海:上海科学技术出版社.
郭亚芬，米国华，陈范骏，张福锁. 2005. 硝酸盐对玉米侧根生长的影响. 植物生理与分子生物学学报，31(1):90-96.
郭亚芬，米国华，陈范骏，张福锁. 2005. 局部供应硝酸盐诱导玉米侧根生长的基因型差异. 植物营养与肥料学报，11(2)：155-159.
郭战玲，沈阿林，寇长林，马政华，王守刚. 2008. 不同小麦品种开花后硝酸还原酶活性与氮效率的关系. 中国农学通报，24:219-223.
郭战玲，沈阿林，寇长林，马政华，王守刚. 2009. 河南省不同小麦品种氮效率的差异研究. 华北农学报，24：185-189.
韩胜芳，李淑文，吴立强，文宏达，肖凯. 2007. 不同小麦品种氮效率与氮吸收对氮素供应的响应及生理机制. 应用生态学报，18：807-812.
韩胜芳，李淑文，文宏达，李雁鸣，肖凯. 2006. 不同氮效率小麦品种的光合碳同化特性. 植物营养与肥料学报，12：797-804.
巨晓棠，刘学军，潘家荣，等. 2004. 华北平原冬小麦/夏玉米轮作体系氮素去向// 李振声. 挖掘生物高效利用土壤养分潜力，保持土壤环境良性循环. 北京：中国农业大学出版社，250-292.
巨晓棠，刘学军，张丽娟. 2010. 华北平原小麦-玉米轮作体系中的氮素循环与环境效应//朱兆良，张福锁，等. 主要农田生态系统氮素行为与氮肥高效利用的基础研究. 北京：科学出版社，55-106.
李淑文，文宏达，周彦珍，李雁鸣，肖凯. 2006. 不同氮效率小麦品种氮素吸收和物质生产特性. 中国农业科学，39：1992-2000.
李玉嵩，陶诗顺，陈建强. 2009. 不同基因型水稻氮效率的差异机理研究. 河南农业科学，(12)：30-38.
刘建安，米国华，张福锁. 1999. 不同基因型玉米氮效率差异的比较研究. 农业生物技术学报，7:248-254.
刘金鑫，田秋英，陈范骏，米国华. 2009. 玉米硝酸盐累积及其在适应持续低氮胁迫中的作用. 植物营养与肥料学报，15：501-508.
米国华，陈范骏，春亮，等. 2007. 玉米氮高效品种的生物学特征. 植物营养与肥料学报，13：155-159.
米国华，刘建安，张福锁. 1997. 玉米氮高效的生理基础与遗传改良进展. 玉米科学，2：9-13.
米国华，张福锁，王震宇. 1997. 小麦超高产的生理基础探讨一小麦后期碳氮代谢互作与粒重形成. 中国农业大学学报，(5)：73-78.
米国华，刘建安，张福锁. 1998. 玉米杂交种的氮农学效率及其构成因素剖析. 中国农业大学学报，3(增刊)，97-104.
米国华，赖宁薇，陈范骏，刘鹰，张福锁. 2008. 细菌、真菌及植物氮营养信号研究进展. 植物营养与肥料学报，14：1008-1016.
施卫明，李素梅，赵学强. 2010. 水稻氮高效的遗传基础//朱兆良，张福锁，等. 主要农田生态系统氮素行为与氮肥高效利用的基础研究. 北京:科学出版社.
童依平，苏俊英，李滨，李振声. 2010. 小麦高效利用氮素的生理与遗传机制//朱兆良，张福锁，等. 主要农田生态系统氮素行为与氮肥高效利用的基础研究. 北京：科学出版社.
王东升，张亚丽，陈石，段英华，沈其荣. 2007. 不同氮效率水稻品种增硝营养下根系生长的响应特征. 植物营养与肥料学报，13：585-590.
王艳. 2001. 玉米根系对硝酸盐反应的基因型差异及生理机制. 中国农业大学博士学位论文（导师：张福锁，米国华）. 北京.
王艳，米国华，陈范骏，等. 2003. 玉米氮素吸收的基因型差异及其与根系形态的相关性. 生态学报，23：297-302.
熊又升，袁家富，赵书军，彭成林，徐祥玉，柴彦君，刘晔. 2009. 不同小麦品种氮效率差异的研究. 湖北农业科学，48：2980-2984.
张福锁，米国华，刘建安. 1997. 玉米氮效率遗传改良与应用. 农业生物技术学报，2：112-117.
张国平，张光恒. 1996. 小麦氮素利用效率的基因型差异研究. 植物营养与肥料学报，2：331-336.
张庆，李国业，殷春渊，张洪程，魏海燕，马群，杭杰，李敏. 2010. 水稻氮高产高效与低产低效两类品种株型特征差异研究. 作物学报，36：1011-1021.
张亚丽，沈其荣，郭世伟，徐阳春，黄启为，段英华. 2010. 水稻高效利用氮素的生理机制//朱兆良，张福锁，等. 主要农田生态系统氮素行为与氮肥高效利用的基础研究. 北京：科学出版社.
张亚丽. 2006. 水稻氮效率基因型差异评价与氮高效机理研究. 南京农业大学博士学位论文. 南京.
朱兆良，张福锁，等. 2010. 主要农田生态系统氮素行为与氮肥高效利用的基础研究. 北京：科学出版社.
Abeledo L G, Calderini D F, Slafer G A. 2008. Nitrogen economy in old and modern malting barleys. Field Crops Res, 106:171-178.
Agrama H A S, Zakaria A G, Said F B, Tuinstra M. 1999. Identification of quantitative trait loci for nitrogen use efficiency in maize. Mol Breed, 5: 187-195.
Agrama H A. 2006. Application of molecular markers in breeding for nitrogen use efficiency. J Crop Impro, 15: 175-211.
Akintoye H A, Kling J G, Lucas E O. 1999. Nitrogen-useefficiency of single, double and synthetic maize grown at four N levels in three ecological zones of West Africa. Field Crops Res, 60:189-199.
Anbessa Y, Juskiw P, Good A, Nyachiro J, Helm J. 2009. Genetic variability in nitrogen use efficiency of spring barley. Crop Sci., 49:1259-1269.
Anbessa Y, Juskiw P, Good A, Nyachiro J, Helm J. 2010. Selection Efficiency across Environments in Improvement of Barley Yield for Moderately Low Nitrogen Environments. Crop Sci., 50:451-457.
Anderson E L, Kamprath E J, Moll R H. 1984. Nitrogne fertility effects on accumulation, remobilization, and partitioning of N and dry matter in corn genotypes differing in prolificacy. Agron. J., 76:397-404.
Anderson E L, Kamprath E J, Moll R H. 1985. Prolificacy and N fertilizer effects on yield

and N utilization in maize. Crop Sci., 25:598.

Andrews M. 1986. The partitioning of nitrate assimilation between roots and shoots of higher plants. Plant Cell Environ., 9: 51 l-519.

Bahrman N, Le Gouis J, Negroni L, Amilhat L, Leroy P, Lainé A L, Jaminon O. 2004. Differential protein expression assessed by two-dimensional gel electrophoresis for two wheat varieties grown at four nitrogen levels. Proteomics, 4: 709-719.

Bahrman N, Gouy A, Devienne-Barret F, Hirel B, Vedele F, Le Gouis J. 2005. Differential change in root protein patterns of two wheat varieties under high and low nitrogen nutrition levels. Plant Science, 168: 81-87.

Barber S A. 1995. Soil nutrient bioavailability: a mechanistic approach. John Wiley and Sons Inc: New York.

Barraclough P B. 1986. The growth and activity of winter wheat root in the field: nutrient inflows of high-yielding crops. Journal of Agricultural Science, Cambridge, 106: 53-59.

Barraclough R B. 1989. Root growth, macro-nutrient uptake dynamics and soil fertility requirements of a high-yielding winter oilseed rape crop. Plant and Soil, 119:59-70.

Barraclough P B, Howarth J R, Jones J, Lopez-Bellido R, Parmar S, Shepherd C E, Hawkesford M J. 2010. Nitrogen efficiency of wheat: genotypic and environmental variation and prospects for improvement. Eur. J. Agron., 33, 1-11.

Bänziger M, Betran F J, Lafitte H R. 1997. Efficiency of high-nitrogen selection environments for improving maize for low-nitrogen target environments. Crop Sci., 37: 1103-1109.

Bänziger M, Edmeades G O, Beck D, Bellon M. 2000. Breeding for drought and nitrogen stress tolerance in maize: from theory to practice. Mexico, D. F.: CIMMYT.

Bertheloot J, Martre P, Andrieu B. 2008. Dynamics of light and nitrogen distribution during grain filling within wheat canopy. Plant Physiology, 148: 1707-1720.

Bertin P, Gallais A. 2001. Genetic variation for nitrogen use efficiency in a set of recombinant inbred lines II - QTL detection and coincidences. Maydica, 46: 53-68.

Buchanan-Wollaston V, Earl S, Harrison E *et al*. 2003. The molecular analysis of leaf senescence - a genomics approach. Plant Biotechnology Journal, 1: 3-22.

Burns, I G. 1980. Influence of the spatial distribution of nitrate on the uptake of N by plants: a view and a model for rooting depth. Journal of soil Science, 31: 155-173.

Cacco G, Saccomani M, Ferrari G. 1983. Changes in the uptake and assimilation efficiency for sulfate and nitrate in maize hybrids selected during the period 1930 through 1975. Physiol. Plant., 58: 171-174.

Cai H, Liu J, Mi G, Yuan L, Chen X, Chen F, Zhang F. 2011. QTL mapping for root traits around flowering stage of maize under field condition. Plant Nutr Fer Sci., 17: 317-324.

Castillejo M A, Kirchev H K, Jorrin J V. 2010. Differences in the triticale (X Triticosecale Wittmack) flag leaf 2-DE protein profile between varieties and nitrogen fertilization levels.

Journal of Agricultural and Food Chemistry, 58: 5698-5707.

Chen J, Xu L, Cai Y, Xu J. 2008. QTL mapping of phosphorus efficiency and relative biologic characteristics in maize (Zea mays L.) at two sites. Plant Soil, 313: 251-266.

Chen J, Xu L, Cai Y, Xu J. 2009. Identification of QTLs for phosphorus utilization efficiency in maize (Zea mays L.) across P levels. Euphytica, 245-252.

Chun L, Mi G, Li J, Chen F, Zhang F. 2005. Genetic analysis of maize root characteristics in response to low nitrogen stress. Plant Soil, 276: 369-382.

Clarkson D T. 1985. Factors affecting mineral nutrient acquisition by plants. Annual Reviews of Plant Physiology, 36, 77-116.

Coque M, Martin A, Veyrieras J B, Hirel B, Gallais A. 2008. Genetic variation for N-remobilization and postsilking N-uptake in a set of maize recombinant inbred lines. 3. QTL detection and coincidences. Theor Appl Genet, 117: 729-747.

Coque M, Gallais A. 2006. Genomic regions involved in response to grain yield selection at high and low nitrogen fertilization in maize. Theoretical andApplied Genetics, 112, 1205-1220.

Cox M C, Qualset C O, Rains D W. 1985. Genetic variation for nitrogen assimilation and translocation in wheat. I. Dry matter and nitrogen accumulation. Crop Sci., 25:430-435.

Cui Z, Zhang F, Mi G, Chen F, Li F, Chen X, Li J, Shi L. 2009. Interaction between genotypic difference and nitrogen management strategy in determining nitrogen use efficiency of summer maize. Plant Soil, 1-10.

Dalling M J. 1987. Proteolytic enzymes and leaf senescence, in: Thomson W. W., Nothnagel E. A., Huffaker R. C. (Eds.), Plant Senescence: its Biochemistry and Physiology, The American Society of Plant Physiologists, Rockville, pp. 54-70.

Dechorgnat J, Nguyen C T, Armengaud P, Jossier M, Diatloff E, Filleur S, Daniel-Vedele F. 2011. From the soil to the seeds: the long journey of nitrate in plants. Journal of Experimental Botany, 62, 1349-1359.

Dluzniewska P, Gessler A, Kopriva S, Strnad M, Novák O, Dietrich H, Rennenberg H. 2006. Exogenous supply of glutamine and active cytokinin to the roots reduces NO_3^- uptake rates in poplar. Plant Cell and Environment, 29: 1284-1297.

Duan Y H, Zhang Y L, Ye L T, Fan X R, Xu G H, Shen Q R. 2007. Responses of rice cultivars with different nitrogen use efficiency to partial nitrate nutrition. Annals of Botany, 99: 1153-1160.

Duvick D N. 1992. Genetic contributions to advances in yield in U. S. maize. Maydica, 37: 69-79.

Duvick D N. 2005. The contribution of breeding to yield advances in maize (*Zea mays* L.). Adv Agron, 83-145.

Dwyer L M, Tollenaar M. 1989. Genetic improvement in photosynthetic response of hybrid maize cultivars, 1959 to 1988. Can J Plant Sci, 69: 81-91.

Echarte L, Rothstein S, Tollenaar M. 2008. The response of leaf photosynthesis and dry matter accumulation to nitrogen supply in an older and a newer maize hybrid. Crop Sci., 48:656-665.

Edmeades G O, Bolanos J, Bänziger M, Ribaut J W, White J W, Reynolds M P, Lafitte H R. 1998. Improving crop yields under water deficits in the tropics. In V. L. Chopra, R. B. Singh and A. Varma (eds), Crop Productivity and Sustainability-Shaping the Future. Proc. 2nd Int. Crop Science Congress, 437-451. New Delhi: Oxford and IBH.

Eghball B, Maranville J W. 1993. Root development and nitrogen influx of corn genotypes grown under combined drought and nitrogen stresses. Agronomy Journal, 85: 147-152.

Evans J R. 1989. Partitioning of nitrogen between and within leaves grown under different irradiations. Australian Journal of Plant Physiology, 16: 533-548.

Evans J R, Seemann JR. 1989. The allocation of protein nitrogen in the photosynthetic apparatus: costs, consequences and control. In: Briggs W (ed) Photosynthesis, Alan R Liss, New York, pp. 183-205.

Fan J B, Zhang Y L, Turner D, Duan Y H, Wang D S, Shen Q R. 2010. Root physiological and morphological characteristics of two rice cultivars with different nitrogen-use efficiency. Pedosphere, 20: 446-455.

Fan X, Jia L, Li Y, Smith S J, Miller A J, Shen Q. 2007. Comparing nitrate storage and remobilization in two rice cultivars that differ in their nitrogen use efficiency. Journal of Experimental Botany, 58: 1729-1740.

Feng H, Yan M, Fan X, Li B, Shen Q, Miller AJ, Xu G. 2011. Spatial expression and regulation of rice high-affinity nitrate transporters by nitrogen and carbon status. Journal of Experimental Botany, 62: 2319-2332.

Fitter A H. 1991. Characteristics and functions of root systems. In: Waisel Y, Eshel A, Kafkafi U, eds. Plant roots: the hidden half. New York : Marcel Dekker Inc, 3-25.

Foulkes M J, Sylvester-Bradley R, Scott R K. 1998. Evidence for differences between winter wheat cultivars in acquisition of soil mineral nitrogen and uptake and utilization of applied fertiliser nitrogen. J. Agric. Sci. (Camb.), 130, 29-44.

Fraisier V *et al*. 2000. Constitutive expression of a putative high-affinity nitrate transporter in Nicotiana plumbaginifolia: evidence for post-transcriptional regulation by a reduced nitrogen source. Plant J., 23, 489-496.

Gaju O, Allard V, Martre P, Snape J W, Heumez E, LeGouis J, Moreau D, Bogard M, Griffiths S, Orford S, Hubbart S, Foulkes M J. 2011. Identification of traits to improve the nitrogen-use efficiency of wheat genotypes. Field Crops Research, 123: 139-152.

Gallais A, Coque M. 2005. Genetic variation and selection for nitrogen use efficiency in maize: a synthesis. Maydica, 50, 531-537.

Gallais A, Coque M, Quilléré I *et al.*, 2006. Modeling postsilking nitrogen fluxes in maize (*Zea mays* L.). using 15N-labelling field experiments. New Phytol, 172: 696-707.

Gallais A, Coque M, Gouis JL *et al.*, 2007. Estimating proportions of nitrogen remobilization and of postsilking nitrogen uptake allocated to maize kernels by nitrogen-

15labeling. Crop Sci, 47: 685-691.

Gallais A, Hirel B. 2004. An approach to the genetics of nitrogen use efficiency in maize. J Exp Bot, 55: 295-306.

Garnett T, Conn V, Kaiser B N. 2009. Root based approaches to improving nitrogen use efficiency in plants. Plant, Cell and Environment, 32, 1272-1283.

Gaudin A C M, McClymont S A, Holmes B M, Lyons E, Raizad M N. 2011. Novel temporal, fine-scale and growth variation phenotypes in roots of adultstage maize (*Zea mays* L.) in response to low nitrogen stress. Plant Cell and Environment, in press. doi: 10.1111/j.1365-3040.2011.02409.x.

Giuliani S, Sanguineti M C, Tuberosa R, Bellotti M, Salvi S, Landi P. 2005. Root-ABA1, a major constitutive QTL, affects maize root architecture and leaf ABA concentration at different water regimes. J Exp Bot, 56:3061-3070.

Good A G, Ashok K, Shrawat, Muench D G. 2004. Can less yield more? Is reducing nutrient input into the environment compatible with maintaining crop production? Treends in Plant Science, 9: 597-604.

Good A G, Johnson S J, De Pauw M, Carroll R T and Savidov N. 2007. Engineering nitrogen use efficiency with alanine aminotransferase. Canadian Journal of Botany-Revue Canadienne De Botanique, 85, 252-262.

Granato T C, Raper C D. 1989. Proliferation of maize (*Zea mays* L.) roots in response to localized supply of nitrate. J Exp Bot, 40: 263-275.

Greenwood D J, Kubo K, Burn I G and Draycott A. 1989. Apparent recovery of fertilizer nitrogen by vegetable crops. Soil Science and Plant Nutrition, 35:367-381.

Grove H, Hollung K, Moldestad A, Færgestad E, Uhlen A K. 2009. Proteome changes in wheat subjected to different nitrogen and sulfur fertilizations. Journal of Agricultural and Food Chemistry, 57: 4250-4258.

Guingo E, Hèbert Y, Charcosset A. 1998. Genetic analysis of root traits in maize. Agronomie, 18: 225-235.

Guo Y, Cai Z, Gan S. 2004. Transcriptome of Arabidopsis leaf senescence. Plant Cell and Environment, 27: 521-549.

Guo Y, Chen F, Zhang F, Mi G. 2005. Auxin transport from shoot to root is involved in the response of lateral root growth to localized supply of nitrate in maize. Plant Science, 169: 894-900.

Hammer G L, Dong Z, McLean G *et al*. 2009. Can changes in canopy and/or root system architecture explain historical maize yield trends in the U. S. corn belt? Crop Sci., 49: 299-312.

Hatlitigil M B, Olson R A, Compton W A. 1984. Yield water use, and nutrient uptake of corn hybrids under varied irrigation ad nitrogen regimes. Fert. Res., 5: 321-333.

Hirano T, Satoh Y, Ohki A, Takad R, Araib T, Michiyama H. 2008. Inhibition of ammonium assimilation restores elongation of seminal rice roots repressed by high levels of exogenous ammonium. Physiologia Plantarum 134: 183-190.

Hirel B, Bertin P, Quilleré I, Bourdoncle W, Attagnant C, Dellay C, Gouy A, Cadiou S, Retailliau C, Falque M, Gallais A. 2001. Towards a better understanding of the genetic and physiological basis for nitrogen use efficiency in maize. Plant Physiol, 125: 1258-1270.

Hirel B, Le Gouis J, Ney B, Gallais A. 2007. The challenge of improving nitrogen use efficiency in crop plants: Towards a more central role for genetic variability and quantitative genetics within integrated approaches. J Exp Bot, 58: 2369-2387.

Hirel B, Lemaire G. 2006. From agronomy and ecophysiology to molecular genetics for improving nitrogen use efficiency in crops. J Crop Impro., 15: 213-257.

Ho C H, Lin S H, Hu H C, Tsay Y F. 2009. CHL1 functions as a nitrate sensor in plants. Cell, 138, 1184-1194.

Hochholdinger F, Tuberosa T. 2009. Genetic and genomic dissection of maize root development and architecture. Curr Opin Plant Biol, 12: 172-177.

Hocking P J, Meyer C P. 1991. Effects of CO_2 enrichment and nitrogen stress on growth and partitioning of dry matter and nitrogen in wheat and maize. Aust J Plant Physiol 18: 339-396.

Hodge A. 2004. The plastic plant: root responses to heterogeneous supplies of nutrients. New Phytol, 162: 9-24.

Hörtensteiner S. 2006. Chlorophyll degradation during senescence, Annu. Rev. Plant Biol., 57: 55-77.

Hörtensteiner S, Kräutler B. 2011. Chlorophyll breakdown in higher plants. Biochimica et Biophysica Acta, 1807: 977-988.

Hund A, Frascaroli E, Leipner J, Jompuk C, Stamp P, Fracheboud Y. 2005. Cold tolerance of the photosynthetic apparatus: pleiotropic relationship between photosynthetic performance and specific leaf area of maize seedlings. Mol Breed, 16: 321-331.

Hund A, Reimer R, Messmer R. 2011. A consensus map of QTLs controlling the root length of maize. Plant Soil doi, 10.1007/s11104-011-0735-9.

Kamprath E J, Moll R H, Rodriquez N. 1982. Effects of N fertilization and recurrent selection on performance of hybrid populations of corn. Agron. J., 74:955-958.

King J, Gay A, Sylvester-Bradley R *et al.*, 2003. Modelling cereal root systems for water and nitrogen capture: Towards an economic optimum. Ann Bot, 91: 383-390.

Kirk G J D, Kronzucker H J. 2005. The potential for nitrification and nitrate uptake in the rhizosphere of wetland plants: A modelling study. Annals of Botany 96: 639-646.

Krapp A, Berthomé R, Orsel M, Mercey-Boutet S, Yu A, Castaings L, Elfthieh S, Major H, Renou J P, Daniel-Vedele F. 2011. Arabidopsis roots and shoots show distinct temporal adaptation pattern towards N starvation. Plant Physiol, in press.

Lafitte H R, Edmeades G O. 1994a. Improvement for tolerance to low soil nitrogen in tropical maize. Ⅰ. Selection criteria Field crop Res., 39:1-14.

Lafitte H R, Edmeades G O. 1994b. Improvement for tolerance to soil nitrogen in tropical maize. Ⅱ. Grain yield, biomass production, and Naccumulation. Field Crop Res. 39: 15-25.

Lafitte H R, Edmeades G O. 1994c. Improvement for tolerance to soil nitrogen in tropical maize. Ⅲ. Variation in yield across emironments. Field Crop Res. , 39:27-38.

Laffitte H R, Edmeades G O. 1995. Stress tolerance in tropical maize is Linked to constitutive changes in ear growth characteristics. Crop Sci. , 35: 820-826.

Lam H M, Wong P, Chan H K *et al*. 2003. Overexpression of the ASN1 gene enhances nitrogen status in seeds of Arabidopsis. Plant Physiology, 132: 926-935.

Landi P, Giuliani S, Salvi S, Ferri M, Tuberosa R, Sanguineti M C. 2010. Characterization of root-yield-1. 06, a major constitutive QTL for root and agronomic traits in maize across water regimes. Journal of Experimental Botany, 61: 3553-3562.

Landi P, Sanguineti M C, Liu C, Li Y, Wang T Y, Giuliani S, Bellotti M, Salvi S, Tuberosa R. 2007. Root-ABA1 QTL affects root lodging, grain yield, and other agronomic traits in maize grown under well-watered and water-stressed conditions. J Exp Bot, 58:319-326.

Landi P, Sanguineti M C, Salvi S, Giuliani S, Bellotti M, Maccaferri M, Conti S, Tuberosa R. 2005. Validation and characterization of a major QTL affecting leaf ABA concentration in maize. Mol Breed, 15: 291-303.

Lawlor D W. 1994. Relation between carbon and nitrogen assimilation, tissue composition and whole plant function. pp. 47-60. In J. Roy and E Garnier (ed.) A whole plant perspective on carbon-nitrogen interactions. SPB Academic, The Hague, The Netherlands.

Lawlor D W. 2002. Carbon and nitrogen assimilation in relation to yield: mechanisms are the key to understanding production systems. Journal of Experimental Botany, 53: 773-787.

Lawlor D W, Kontturi M, Young AT. 1989. Photosynthesis by flag leaves of wheat in relation to protein, ribulose bisphosphate carboxylase activity and nitrogen supply. Journal of Experimental Botany,40:43-52.

Le Gouis J, Beghin D, Heumez E, Pluchard P. 2000. Genetic differences for nitrogen uptake and nitrogen utilisation efficiencies in winter wheat. European Journal of Agronomy, 12, 163-173.

Lemcoff J H, Loomis RS. 1986. Nitrogen influences on yield determination in maize. Crop Sci. , 26: 1017-1022.

Lexa M, Genkov T, Brzobohaty B. 2002. Inhibitory effects of elevated endogenous cytokinins on nitrate reductase in ipt-expressing tobacco are eliminated by short-term exposure to benzyladenine. Physiologia Plantarum, 115: 284-290.

Li Y L, Fan X R, Shen Q R. 2008. The relationship between rhizosphere nitrification and nitrogen-use efficiency in rice plants. Plant, Cell and Environment,31: 73-85.

Li Y, Yang X, Ren B, Shen Q, Guo S. 2012. Why nitrogen use efficiency decreases under high nitrogen supply in rice (*Oryza sativa* L.) Seedlings. Journal of Plant Growth Regulation, 31: 47-52.

Lian X, Wang S, Zhang J, Feng Q, Zhang L, Fan D, Li X, Yuan D, Han B, Zhang Q. 2006. Expression Profiles of 10,422 Genes at Early Stage of Low Nitrogen Stress in Rice Assayed using a cDNA Microarray. Plant Molecular Biology,60: 617-631.

Liao M T, Fillery I R P, Palta J A. 2004. Early vigorous growth is a major factor influencing nitrogen uptake in wheat. Functional Plant Biology, 31: 121-129.

Liao M T, Palta J A, Fillery I R P. 2006. Root characteristics of vigorous wheat improve early nitrogen uptake. Australian Journal of Agricultural Research, 57: 1097-1107.

Lima J E, Kojima S, Takahashi H, von Wirén N. 2010. Ammonium triggers lateral root branching in Arabidopsis in an ammonium transporter 1;3-dependent manner. Plant Cell 22: 3621-3633.

Liu J, Chen F, Olokhnuud C, Glass A D M, Tong Y, Zhang F, Mi G. 2009. Root size and nitrogen-uptake activity in two maize (*Zea mays* L.) inbred lines differing in nitrogen-use efficiency. Journal of Plant Nutrition and Soil Science, 172 (2): 230-236.

Liu J, An X, Cheng L, Chen F, Bao J, Yuan L, Zhang F, Mi G. 2010. Auxin transport in maize roots in response to localized nitrate supply. Annals of Botany. doi: 10. 1093/aob/mcq202.

Liu J, Cai H, Chu Q, Chen X, Chen F, Yuan L, Mi G, Zhang F. 2010. Genetic analysis of vertical root pulling resistance (VRPR) in maize using two genetic populations. Mol Breed doi: 10. 1007/s11032-010-9496-z.

Liu J, Chen F, Olokhnuud C, Glass A D M, Tong Y, Zhang F, Mi G. 2009. Root size and nitrogen-uptake activity in two maize (*Zea mays* L.) inbred lines differing in nitrogen-use efficiency. J Plant Nutr Soil Sci., 172: 230-236.

Liu J, Li J, Chen F, Zhang F, Ren T, Zhuang Z, Mi G. 2008. Mapping QTLs for root traits under different nitrate levels at the seedling stage in maize (Zea mays L.). Plant Soil, 305: 253-265.

Liu J, Wu Y H, Yan J J, Liu Y D, Shen F F. 2008. Protein degradation and nitrogen remobilization during leaf senescence. Journal of Plant Biology, 51: 11-19.

London J G. 2005. Nitrogen study fertilizes fears of pollution. Nature, 433: 791.

Lynch J P. 1995. Root architecture and plant productivity. Plant Physiol, 109: 7-13.

Mach J M, Castillo A, Hoogstraten R, Greenberg J T. 2001. The Arabidopsis accelerated cell death gene ACD2 encodes red chlorophyll catabolite reductase and suppresses the spread of disease symptoms. Proc. Natl Acad. Sci. USA, 98, 771-776.

Mackay A D, Barber S A. 1986. Effect of nitrogen on root growth of two corn genotypes in the field. Agron. J., 77: 699-703.

Mann C C. 1999. Crop scientists seek a new revolution. Science, 283: 310-314.

Marschner H. 1995. Mineral nutrition of higher plants. 2nd ed. London: Academic Press.

Masclaux-Daubresse C, Reisdorf-Cren M, Orsel M. 2008. Leaf nitrogen remobilisation for plant development and grain filling Plant Biol (Stuttg). Suppl 1:23-36.

Masclaux-Daubresse C, Daniel-Vedele F, Dechorgnat J, Chardon F, Gaufichon L, Suzuki A. 2010. Nitrogen uptake, assimilation and remobilization in plants: challenges for sustainable and productive agriculture. Ann Bot., 105: 1141-1157.

McCullough D E, Aguilera A, Tollenaar M. 1994a. N uptake N partitioning, and photosynthetic N-use efficiency of an old and a new maize hybrid. Can. J. Plant Sci., 74: 479-484.

Mi G H, Chen F J, Wu Q P, Lai N W, Yuan L X, Zhang F S. 2010. Ideotype root architecture for efficient nitrogen acquisition by maize in intensive cropping systems. SCIENCE CHINA Life Sciences, 53(12): 1369-1373.

Mi G H, Chen F J, Zhang F S. 2007. Physiological and genetic mechanisms for nitrogen-use efficiency in maize. J Crop Sci Biotech, 10(2): 57-63.

Mi G H, Liu J, Chen F, Zhang F, Cui Z, Liu X. 2003. Nitrogen uptake and remobilization in maize hybrids differing leaf senescence. Journal of Plant Nutrition, 26(1): 237-247.

Moll R H, Kamprath E J, Jackson W A. 1982. Analysis and interpretation of factors which contribute to efficiency of nitrogen utilization. Agron. J., 74:562-564.

Møller A L B, Pedas P, Aandersen B, Svensson B, Schjoerring J K, Finnie C. 2011. Responses of barley root and shoot proteomes to long-term nitrogen deficiency, short-term nitrogen starvation and ammonium. Plant, Cell and Environment, 34: 2024-2037.

Morgan J A. 1988. Growth and canopy carbon dioxide exchange rate of spring wheat as affected by nitrogen status. Crop Science, 28:95-100.

Muchow R C. 1988. Effect of nitrogen supply on the comparative productivity of maize and sorghum in a semi-arid tropical environment. I. Leaf growth and leaf nitrogen. Field Crops Research, 18: 1-6.

Muchow R C. 1988. Effect of nitrogen supply on the comparative productivity of maize and sorghum in a semi-arid tropical environment I. Leaf growth and leaf nitrogen. Field Crops Res., 18:1-16.

Muchow R C, Davis R. 1988. Effect of nitrogen supply on the comparative productivity of maize and sorghum in a semi-arid tropical environment II. Radiation interception and biomass accumulation. Field Crops Res., 18: 17-30.

Muurinen S, Slafer G A, Peltonen-Sainio P. 2006. Breeding effects on nitrogen use efficiency of spring cereals under northern conditions. Crop Sci., 46, 561-568.

Niu J, Chen F, Mi G, Li C, Zhang F. 2007. Transpiration, and Nitrogen Uptake and Flow in Two Maize (*Zea mays* L.) Inbred Lines as Affected by Nitrogen Supply. Ann Bot., 99:153-160.

Oaks A. 1994. Efficiency of Nitrogen Utilization in C3 and C4 Cereals. Plant Physiol, 106: 407-414.

Ortiz-Monasterio J I, Sayre K D, Rajaram S, McMahom M. 1997. Genetic progress in wheat yield and nitrogen use efficiency under four nitrogen rates. Crop Sci., 37, 898-904.

Ortiz-Monasterio J I, Manske G G B, van Ginkel M. 2001. Nitrogen and phosphorus use efficiency. pp. 200-2007. In M. P. Reynods *et al*. (ed.) Application of physiology in wheat breeding. CIMMYT, Mexico, D. F.

Paponov I A, Engels C. 2003. Effect of nitrogen supply on leaf traits related to photosynthesis during grain filling in two maize genotypes with different N efficiency. J. Plant Nutr. Soil Sci., 166:756-763.

Paponov I A, Sambo P, Erley G, Presterl T, Geiger H H, Engels C. 2005. Grain yield and kernel weight of two maize genotypes differing in nitrogen use efficiency at various levels of nitrogen and carbohydrate availability during flowering and grain filling. Plant Soil, 272:111-123.

Pearson C J, Jacob B C. 1987. Yield components and nitrogen partitioning of maize in response to nitrogen before and after anthesis. Australia Journal of Agricultural Research, 38: 1001-1009.

Peng M S, Hannam C, Gu H L, Bi Y M, Rothstein S J. 2007. A mutation in NLA, which encodes a RING-type ubiquitin ligase, disrupts the adaptability of Arabidopsis to nitrogen limitation. The Plant Journal, 50: 320-337.

Plett D, Toubia J, Garnett T, Tester M, Kaiser B N, Baumann U. 2010. Dichotomy in the NRT gene families of dicots and grass species. PLoS ONE 5: art. no. e15289.

Pommel B, Gallais A, Coque M, Quilleré I, Hirel B, Prioul J L, Andrieu B, Floriot M. 2006. Carbon and nitrogen allocation and grain filling in three maize hybrids differing in leaf senescence. Europ J Agron., 24: 203-211.

Pons TL, van der Werf A, Lambers H. 1994. Photosynthetic nitrogen use efficiency of inherently slow-and fast-growing species: Possible explanations for observed differences. pp. 61-77. In J. Roy and E Garnier (ed.) A whole plant perspective on carbon-nitrogen interactions. SPB Academic, The Hague, The Netherlands.

Presterl T, Groh S, Landbeck M, Seitz G, Schmdt W, Geiger H H. 2002. Nitrogen uptake and utilization efficiency of European maize hybrids developed under conditions of low and high nitrogen input. Plant Breed, 121:480-486.

Presterl T, Seitz G, Landbeck M, Thiemt W, Schmidt W, Geiger H H. 2003. Improving nitrogen use efficiency in European maize: estimation of quantitative parameters. Crop Science, 43: 1259-1265.

Prinsi B, Negri A S, Pesaresi P, Cocucci M, Espen L. 2009. Evaluation of protein pattern changes in roots and leaves of Zea mays plants in response to nitrate availability by twodimensional gel electrophoresis analysis. BMC Plant Biology, 9: 113.

Radin J W, Boyer J S. 1982. Control of leaf expansion by nitrogen nutrition in sunflower plants: role of hydraulic conductivity and turgor. Plant Physiology, 69:771-775.

Rajcan I, Tollenaar M. 1999a. Source : sink ratio and leaf senescence in maize. I. Dry matter accumulation and partitioning during grain flling. Field Crops Res., 60:245-253.

Rajcan I, Tollenaar M. 1999b. Source : sink ratio and leaf senescence in maize: II. Nitrogen metabolism during grain filling. Field Crops Res. , 60:255-265.

Reidenbach G, Horst W J. 1997. Nitrate-uptake capacity of different root zones of Zea mays (L.) in vitro and in situ. Plant and Soil, 196, 295-300.

Remans T, Nacry P, Pervent M, FilleurS, Diatloff E, Mounier E, Tillard P, Forde B G, Gojon A. 2006. The Arabidopsis NRT1. 1 transporter participates in the signaling pathway triggering root colonization of nitrate-rich patches. PNAS, 103 : 19206-19211.

Ribaut J M, Fracheboud Y, Monneveux P, Banziger M, Vargas M, Jiang C. 2007. Quantitative trait loci for yield and correlated traits under high and low soil nitrogen conditions in tropical maize. Mol Breeding, 20: 15-29.

Robert P, Durieux R P, Kamprath E J, Jackson W A, Moll R H. 1994. Root distribution of corn: the effect of nitrogen fertilization. Agron J. , 86: 958-962.

Robinson D. 2001. Root proliferation, nitrate inflow and their carbon costs during nitrogen capture by competing plants in patchy soil. Plant Soil, 232: 41-50.

Robinson D, Linehan D J, Caul S. 1991. What limits nitrate uptake from soil? Plant Cell and Environment, 14: 77-85.

Russell W A. 1991. Genetic improvement of maize yields. Adv Agron, 46: 245-298.

Sakakibara H. 2003. Nitrate-specific and cytokinin-mediated nitrogen signaling pathways in plants. Journal of Plant Research, 116:253-257.

Sakakibara H, Hayakawa A, Deji A, Gawronski S, Sugiyama T. 1999. His-Asp phosphotransfer possibly involved in a nitrogen signal transduction mediated by cytokinin in maize: molecular cloning of cDNAs for two-component regulatory factors and demonstration of phosphotransfer activity in vitro. Plant Molecular Biology, 41:563-573.

Sakakibara H. 2006. Cytokinins: Activity, Biosynthesis, and Translocation. Annual Review of Plant Biology, 57:431-449.

Sakakibara H, Suzuki M, Takei K, Deji A, Taniguchi M, Sugiyama T. 1998. A response-regulator homolog possibly involved in nitrogen signal transduction mediated by cytokinin in maize. Plant Journal, 14: 337-344.

Sakamoto W. 2006. Protein degradation machineries in plastids, Annu. Rev. Plant Biol. , 57: 599-621.

Sattelmacher B, Thoms K. 1995. Morphology and physiology of the seminal root system of young maize (Zea mays L.) plants as influenced by a locally restricted nitrate supply. Zeitschrift für Pflanzenernährung und Bodenkunde, 158: 493-497.

Sinclair T R, Horie T. 1989. Leaf nitrogen, photosynthesis, and crop radiation use efficiency: A review. Crop Sci. , 29: 90-98.

Sinclair T R, Muchow R C. 1995. Effect of nitrogen supply of maize yield: I. Modelıng physiological responses. Agron J. , 87: 632-641.

Sinclair T R, Vadez V. 2002. Physiological traits for crop yield improvement in low N and P environments. Plant Soil, 245: 1-15.

Sinclair T R, Horie T. 1989. Leaf nitrogen, photosynthesis, and crop radiation use efficiency: A review. Crop Sci., 29:90-98.

Sinclair T R, Vadez V. 2002. Physiological traits for crop yield improvement in low N and P environments. Plant Soil, 245: 1-151.

Stevenson F J. 1982. Organic forms of soil nitrogen. In: Steven F J ed. Nitrogen in agricultural soils. Am Soc Agron Inc, Madison, Wis. USA, 67-122.

Swarbreck S M, Defoin-Plate M, Hindle M, Saqi M, Habash D Z. 2011. New perspectives on glutamine synthetase in grasses. Journal of Experimental Botany, 62: 1511-1522.

Sykorova B, Kuresova G, Daskalova S, Trckova M, Hoyerova K, Raimanova I, Motyka V, Travnickova A, Elliott M C, Kaminek M. 2008. Senescence-induced ectopic expression of the A. tumefaciens ipt gene in wheat delays leaf senescence, increases cytokinin content, nitrate influx, and nitrate reductase activity, but does not affect grain yield. Journal of Experimental Botany, 59(2): 377-387.

Takatoshi K, Toru K, Mikiko K, Hitoshi S. 2011. Hormonal control of nitrogen acquisition: roles of auxin, abscisic acid, and cytokinin. J Exp Bot., 62: 1399-1409.

Takei K, Sakakibara H, Taniguchi M, Sugiyama T. 2001. Nitrogen dependent accumulation of cytokinins in root and the translocation to leaf: implication of cytokinin species that induces gene expression of maize response regulator. Plant Cell Physiology, 42: 85-93.

Takei K, Ueda N, Aoki K, Kuromori T, Hirayama T, Shinozaki K, Yamaya T, Sakakibara H. 2004. AtIPT3, an Arabidopsis isopentenyltransferase gene, is a key determinant of macronutrient-responsive cytokinin biosynthesis. Plant Cell Physiology, 45: 1053-1062.

Taniguchi M, Kiba T, Sakakibara H, Ueguchi C, Mizuno T, Sugiyama T. 1998. Expression of Arabidopsis response regulator homologs is induced by cytokinins and nitrate. FEBS Letters, 429: 259-262.

Thiagarajah J R, Hunt L A, Mahon J D. 1981. Effects of position and age on leaf photosynthesis in corn (Zea Mays L.). Canadian Journal of Botany, 59: 28-33.

Thomas H, Ougham H, Canter P, Donnison I. 2002. What stay-green mutants tell us about nitrogen remobilization in leaf senescence. Journal of Experimental Botany, 53: 801-808.

Tian Q Y, Chen F J, Zhang F S, Mi G. 2006, Genotypic Difference in nitrogen acquisition ability in maize plants is related to the coordination of leaf and root growth. J Plant Nutr., 29: 317-330.

Tian Q Y, Chen F J, Liu J X, Zhang F, Mi G. 2008. Inhibition of maize root growth by high nitrate supply is correlated to reduced IAA levels in roots. J Plant Physiol, 165: 942-951.

Tian Q Y, Sun P, Zhang W H. 2009. Ethylene is involved in nitrate-dependent root growth and branching in Arabidopsis thaliana. New Phytol, 184: 918-931.

Tilman D, Cassman K G, Matson P A *et al*. 2002. Agricultural sustainability and intensive production practices. Nature, 418: 671-678.

Tisdale S L, Nelson W L, Beaton J D. 1985. Soil fertility and fertilizers. New York: Macmillan.

Tollenaar M, Wu J. 1999. Yield improvement in temperate maize is attributable to greater stress tolerance. Crop Sci., 39:1597-1604.

Tollenaar M, Lee E A. 2002. Yield potential, yield stability and stress tolerance in maize. Field Crop Res, 75: 161-169.

Tollenaar M, Lee E A. 2006. Dissection of physiological processes underlying grain yield in maize by examining genetic improvement and heterosis. Maydica, 51: 399-408.

Tsay Y F, Ho C H, Chen H Y, Lin S H. 2011. Integration of Nitrogen and Potassium Signaling. Annu. Rev. Plant Biol., 62:207-226.

Tuberosa R, Sanguineti M C, Landi P, Giuliani M M, Salvi S, Conti S. 2002. Identification of QTLs for root characteristics in maize grown in hydroponics and analysis of their overlap with QTLs for grain yield in the field at two water regimes. Plant Mol Biol., 48: 697-712.

Valentinuz O, Tollenaar M. 2004. Vertical profile of leaf senescence during the grain-filling period in older and newer maize hybrids. Crop Sci., 44:827-834.

van Oosterom E J, Borrell A K, Chapman S C, Broad I J, Hammer G L. 2010. Functional dynamics of the nitrogen balance of sorghum: I. N demand of vegetative plant parts. Field Crops Res., 115: 19-28.

van Vuuren M M I, Robinson D, Griffiths B S. 1996. Nutrient inflow and root proliferation during the exploitation of a temporally and spatially discrete source of nitrogen in soil. Plant Soil, 178: 185-192.

Vos J, Van Der Putten PEL, Birch C J. 2005. Effect of nitrogen supply on leaf appearance, leaf growth, leaf nitrogen economy and photosynthetic capacity in maize (*Zea mays* L.). Field Crops Res., 93: 64-73.

Walch-Liu P, Neumann G, Bangerth F, Engels C. 2000. Rapid effect of nitrogen form on leaf morphogenesis in tobacco. Journal of Experimental Botany, 51: 227-237.

Welcker C, Boussuge B, Bencivenni C, Ribaut J M, Tardieu F. 2007. Are source and sink strengths genetically linked in maize plants subjected to water deficit? A QTL study of the responses of leaf growth and of Anthesis-Silking Interval to water deficit. J Exp Bot., 58: 339-349.

Wiesler F, Horst W J. 1992. Differences between maize cultivars in field formation, nitrogen uptake and associated depletion of soil nitrate. J Agron Crop Sci., 168: 226-237.

Wiesler F, Horst W J. 1993. Differences among maize cultivars in the utilization of soil nitrate and the related losses of nitrate through leaching. Plant Soil, 151: 193-203.

Wiesler F, Horst W J. 1994. Root growth and nitrate utilization of maize cultivars under field conditions. Plant Soil, 163: 267-277.

Wiesler F, Behrens T, Horst W J. 2001. The role of N-efficient cultivars in sustainable agriculture. The Scientifi c World, Institute of Plant Nutrition, Hannover University, Germany.

Wissuwa M, Gamat G, Ismail A M. 2005. Is root growth under phosphorus deficiency affected by source or sink limitations? Journal of Experimental Botany, 56: 1943-1950.

Worku M, Banziger M, Erley G S A, Friesen D, Diallo A O, Horst W J. 2007. Nitrogen uptake and utilization in contrasting nitrogen efficient tropical maize hybrids. Crop Science, 47:519-528.

Wu Q P, Chen F J, Chen Y L, Yuan L X, Zhang F S, Mi G H. 2011. Root growth in response to nitrogen supply in Chinese maize hybrids released between 1973 and 2009. Science China Life Science, 54: 1-9.

Wu Y S, Liu W G, Li X H, Li M S, Zhang D G, Hao Z F, Weng J F, Xu Y B, Bai L, Zhang SH, Xie CX. 2011. Low-nitrogen stress tolerance and nitrogen agronomic efficiency among maize inbreds: comparison of multiple indices and evaluation of genetic variation. Euphytica, 180:281-290.

Yan J, Tang H, Huang Y, Shi Y, Li J, Zheng Y. 2003. Dynamic analysis of QTL for plant height at different developmental stages in maize (*Zea mays* L.). Chinese Sci. Bull, 48: 2601-2607.

Yuan L, Loqué D, Kojima S, Rauch S, Ishiyama K, Inoue E, Takahashi H, Von Wiréna N. 2007. The Organization of High-Affinity Ammonium Uptake in Arabidopsis Roots Depends on the Spatial Arrangement and Biochemical Properties of AMT1-Type Transporters. Plant Cell 19: 2636-2652.

Yuan S, Peng Z, Sha X, Wang Y. 2010. Physiological mechanism of maize hygrids in response to P deficiency and differences among cultivars. Sci Agric Sin., 43: 51-58.

Zhang Y L, Fan J B, Wang D S, Shen Q R. 2009. Genotypic differences in grain yield and physiological nitrogen use Effciency among rice cultivars. Pedosphere, 19: 681-691.

Zhao D Y, Tian Q Y, Li L H, Zhang W H. 2007. Nitric oxide is involved in nitrate-induced inhibition of root elongation in Zea mays L. Ann Bot 100: 497-503.

第2章

作物磷效率的生理基础与遗传改良

2.1 土壤-植物系统中的磷

磷是所有生物体的一种必需的大量元素，植物体的含磷量为干物重的 0.2%～1.1%，其中大部分是有机态磷，约占全磷量的 85%。在细胞中的无机磷主要分布于细胞质（$H_2PO_4^-$ 或 HPO_4^{2-}）或液泡（$H_2PO_4^-$）中。在种子中，植酸盐是磷的主要贮存形态。磷是核苷酸、磷脂和 ATP 的重要的结构组分，也是光合作用和氧化代谢过程的底物和调节因子，并且还参与了蛋白磷酸化和去磷酸化的信号转导过程。由于磷在这些重要的生物生化反应中起作用，磷可以影响植物生理过程的诸多方面，如光合作用、碳氮代谢、脂肪代谢、抗寒性、抗旱性等。磷在植物体内的移动性很强，在缺磷条件下磷能够从老叶向新生器官移动，所以老叶的缺磷症状更明显。

在岩石圈中磷的含量非常丰富。据美国地质调查局的资料，2007 年全球磷资源经济储量为 180 亿 t（标矿，30% P_2O_5）（指在一定成本下可开采的资源量，磷矿成本为 30 美元/t），基础储量为 500 亿 t（品质达到一定程度并且进一步提高成本可开采的资源量）。世界对磷的需求量每年递增 3%～4%（Maene，2007；FAO，2007）。据估计，全球磷资源可开挖年限为 50～100 年（IFA，2009）。但这一估计受世界各国提供的数据可靠性所影响，我国磷资源可利用年限估计在 80～130 年（刘毅，2006；陶俊发，2009）。自然土壤中的全磷含量决定于母质类型、风化程度和土壤中磷的淋失情况。耕地土壤中的全磷含量除去前述因素影响外，主要还受耕作与施肥的影响。

我国土壤的全磷含量大部分变化在 200～1 100 mg/kg（熊毅等，1987）。我国土壤耕层的全磷含量为 717 mg/kg。我国土壤的全磷含量随风化程度增加而有减少，北方风化程度小的风蚀漠境土（新疆）全磷含量为 1 000～1 100 mg/kg，而南方风化程度较高的砖红壤（广东、海南）全磷含量为 130～260 mg/kg，这表现出从北向南土壤全磷含量有减少的倾向。土壤全磷含量只是表明一个土壤的磷素贮备，它和土壤对作物的供磷能力相关不大。但当土壤全磷含量很低（如，低于 300 mg/kg），植物就有可能缺磷（鲁如坤等，1998）。土壤有效磷水平是直接决定土壤磷素供应能力的一项指标，也是土壤有效养分中最敏感的一个指标。它受耕作施肥的影响非常大。土壤有效磷（P）（Olsen 法）水平大于 20 mg/kg 的土壤称之为有效磷丰富的土壤（鲁如坤等，1998）。土壤有效磷（P）（Olsen 法）少于 10 mg/kg 的土壤被称之为缺磷土壤。土壤有效磷（P）（Olsen 法）少于 5 mg/kg 的土壤被称之为严重缺磷土壤。我国缺磷土壤面积约为 6 727 万 hm^2，主要是北方石灰性土壤、东北白浆土、红壤、紫色土和低产水稻土等（鲁如坤等，1998）。

磷在土壤中的有效性通常是限制作物生长的重要因子，在农田系统中，投入磷肥的当年利用率只有 10%～20%，累积利用率约为 50%（Holford，1997），因此，农场中磷投入与输出的比例约为 2∶1，土壤中磷趋于逐步增加（McLaughlin *et al.*，1991；Richardson *et al.*，2009）。在土壤溶液中，植物可以有效利用的磷一般不超过 10 μmol/L（Bieleski，1973）。在 pH 5～6 条件下，植物对磷有最大的吸收速率，此时磷的主要形态是 $H_2PO_4^-$。土壤中 80% 的磷被固定为植物难以吸收的各种形态的有机磷和无机磷（Marschner，1995；Holford，1997），磷在土壤中扩散系数很低，为 10^{-15}～10^{-12} m^2/s（Schachtman *et al.*，1998）（图 2.1）。缺磷土壤在世界各地都有分布，特别是极低或极高 pH 的土壤上，尤其是热带、亚热带的酸性土壤（acid soil）。在热带，多数土壤为氧化土（Oxisol）和老成土（Ultisol）（Rao *et al.*，1995；von Uexküll and Mutert，1995），这些土壤的重要特征是阳离子淋失严重，但富含铝氧化物和铁氧化物，随 pH 下降到 5 或以下，铝氧化物和铁氧化物的含量会迅速增加，这些化合物与土壤中的磷反应形成难溶性铝磷及铁磷化合物，极大地降低磷的生物有效性（Hinsinger，2001）。在较干旱的碱性土壤（Alkaline soil），尤其是石灰性土壤（Calcisol）中，碳酸钙含量很高。所以磷很容量被钙离子所沉淀，有时也被镁离子沉淀。其他因素，如土壤质地及结构、土壤水分状况、土壤温度等，也会影响到磷的有效性。比如在中国东北春玉米区，早春低温通常导致磷供应不足，即使在土壤并不缺磷的情况下，基肥中增加磷肥经常能促进幼苗的生长。伴随

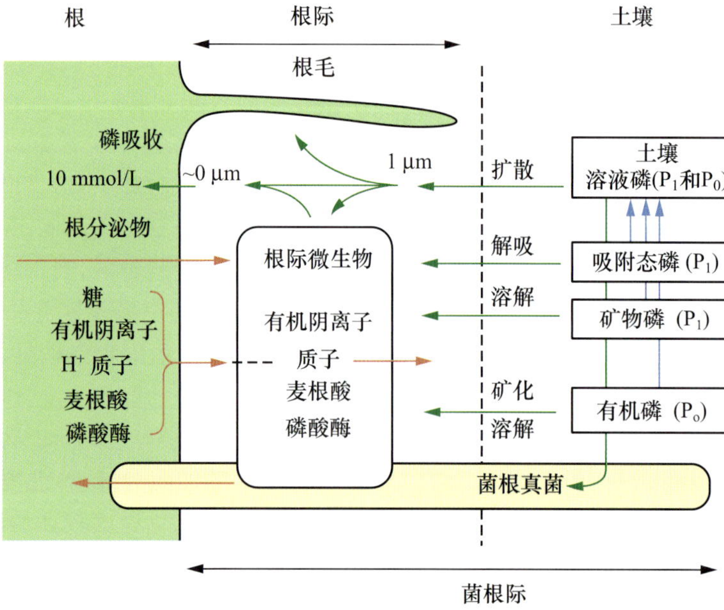

图 2.1　土壤-植物系统中的磷的行为（Richardson *et al.*，2009）

着磷有效性的降低，其他养分元素有效性也受到影响。在酸性土壤容易缺乏钙、镁、锌；在碱性土壤上容易缺铁和锌。而且，在酸性土壤还容易发生铝毒。在缺磷胁迫条件下，植物通过根际(rhizosphere)的生理生化反应增加磷的有效性，其中包括分泌有机酸根、氨基酸、糖类、质子、磷酸酶等。

2.2 植物对低磷胁迫的响应机制

2.2.1 根系生理反应

磷胁迫条件下，植物根系发生许多生理学变化以增加根际土壤中有效磷浓度及高效吸收磷。大量研究表明，根系对低磷胁迫所做出的生理学变化主要涉及合成和分泌大量的有机酸(Dinkelaker *et al.*, 1989; Johnson *et al.*, 1996)；酸性磷酸酶(Duff *et al.*, 1994; Gilbert *et al.*, 1999)；根际 pH 降低(Gahoonia and Nielsen, 1992)以及增强了磷酸盐转运蛋白表达等(Liu *et al.*, 1998a; Smith *et al.*, 1997)(图 2.2)。

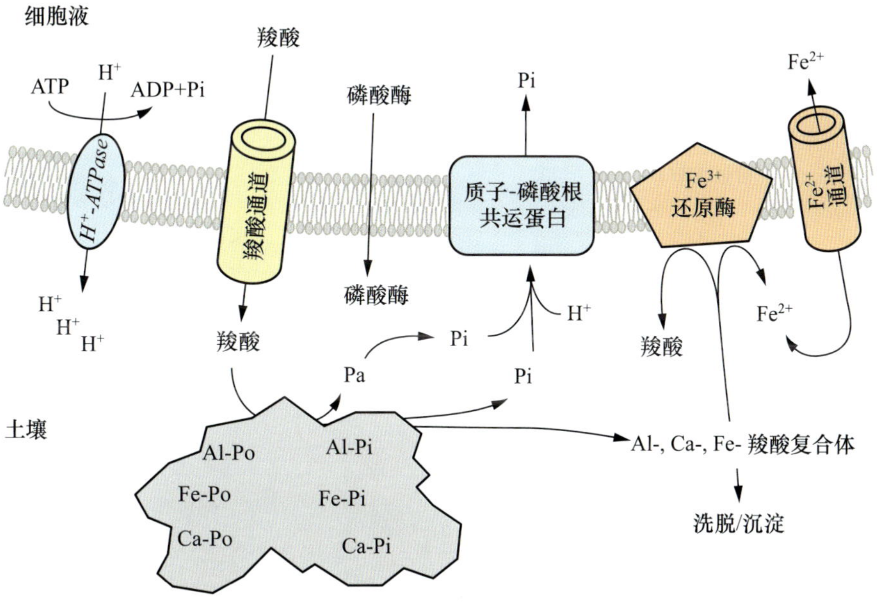

图 2.2 缺磷条件下根系的生理学反应(Lambers *et al.*, 2006)

2.2.1.1 Pi 转运蛋白

土壤中的无机磷(inorganic phosphate, Pi) 浓度很少超过 2 μmol/L，而植物细胞中的 Pi 浓度则相当高，通常在 2～20 mmol/L。根系为了吸收土壤中的 Pi 必须克服这个逆浓度梯度。生理学研究已经证明，根系从土壤中吸收 Pi 的过程是通过耦合 H^+-Pi 转运蛋白共运输过程完成的(Smith, 2001)(图 2.3)。到目前为止，编码 Pi 转运蛋白的基因已经从许多植物种类中分离出来，这些磷转运蛋白基因被分成 3 个家族，*Pht1*，*Pht2* 和 *Pht3* (Rausch and Bucher,

2002)。根据动力学数据,*Pht3* 家族成员是线粒体转运蛋白;*Pht2* 是低亲和转运蛋白;*Pht1* 家族成员被认为是高亲和 Pi 转运蛋白,在拟南芥中共鉴定了 9 个成员(Smith *et al.*, 2003)。组织表达和动力学分析显示这些基因的大部分受缺磷诱导,主要在根系中表达(Daram *et al.*, 1998; Kai *et al.*, 1997; Leggewie *et al.*, 1997; Liu *et al.*, 1998a, 1998b; Muchhal *et al.*, 1996; Okumura *et al.*, 1998; Smith *et al.*, 1997)。对拟南芥 *Pht1* 家族的启动子研究表明,9 个成员中有 4 个在缺磷根系的表皮细胞中大量表达,尤其是在磷吸收的最初位点——生毛细胞中强烈表达,而其余成员则在地上部组织和花粉粒中表达(Mudge *et al.*, 2002)。原位杂交分析也显示,番茄 *LePT1* 在根尖和根的表皮细胞中强烈表达(Daram *et al.*, 1998; Liu *et al.*, 1998a)。在水稻中,PHT1 家族有 13 个基因,其中的 *OsPT2* 是一个低亲和力磷酸盐转运蛋白,在磷的再转运过程中起作用(Ai *et al.*, 2009)。*OsPT8* 是高亲和力磷转运蛋白(Jia *et al.*, 2011)。超表达 *OsPT2* 和 *OsPT8* 导致水稻地上部磷的超量积累,该表现与超表达 *OsPHR2* 基本一致 (Liu *et al.*, 2010; Jia *et al.*, 2011)。最新研究表明,*OsPHF1*(Phophate transporter traffic facilitator)定位在内质网,控制高、低亲和力磷转运蛋白向质膜的定位,进而调节磷的吸收与转运(Chen *et al.*, 2011)。

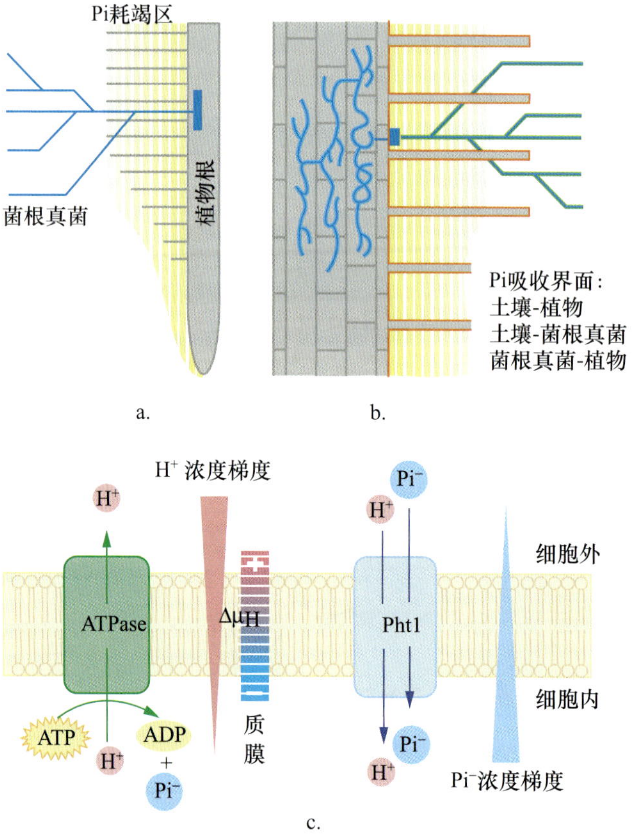

图 2.3 菌根植物对磷的吸收(Karandashov and Bucher, 2005)

在土壤中,绝大多数植物的根系是与菌根真菌共生。在菌根真菌中也存在两种磷吸收系统,K_m 值分别为 2~3 μmol/L 和 10~11 mmol/L(Thomson *et al.*, 1990)。已经从两种菌根真菌发现了磷转运蛋白，分别是 GvPT(Glomus versiforme)和 GiPT(Glomus intraradices)。真菌能有效的增加植物根系与土壤的接触面积，在植物吸收磷的过程中起着不可忽视的作用。研究表明，根中存在着菌根真菌特异诱导的磷酸盐转运蛋白，负责将菌根真菌吸收的磷转运至植物根中。已经分别从马铃薯(*StPT3*, *StPT4*)、水稻(*OsPht1*；*11*)、苜蓿(*MtPT4*)等植物根中克隆了菌根特异性诱导的磷转运蛋白基因。

2.2.1.2 **酸性磷酸酶**

很多研究表明，土壤有机磷的矿化与土壤磷酸酶活性密切相关（Tate and Salcedo 1988；Rojo *et al.*，1990；Trasar-Cepeda and Carballas 1991；George *et al.*，2002）。实验室条件下，土壤磷的矿化势为每天 1～4 mg/kg (Lopez-Hernandez *et al.*，1998；Oehl *et al.*，2001)。其中有机磷的矿化占主要部分。酸性磷酸酶催化单酯磷的分解，促进无机磷的产生、运输与再利用。Tadano (1991)通过研究发现，9 种植物在缺磷时其根系分泌酸性磷酸酶的能力都较不缺磷的对照高，提高范围从 Azuki bean 的 1.5 倍到白羽扇豆的 19.9 倍，且随营养液中磷浓度的降低，其活性继续增加。

在植物中，存在组织及细胞特异性磷酸酶，它们的生理生化特性可能有很大不同。拟南芥中可能含有 50 个编码酸性磷酸酶的基因，其中包括 10 个营养贮藏蛋白型酸性磷酸酶(vegetative storage protein type acid phosphatases)、4 个磷脂型酸性磷酸酶(phosphatidic acid phosphatase)、1 个组氨酸型酸性磷酸酶(histidine acid phosphatase)(Li *et al.*，2002)。细胞内酸性磷酸酶(IAP)和分泌型酸性磷酸酶(SAP)的诱导是植物磷胁迫反应中的一个重要方面。磷饥饿诱导的 IAPs 和 SAPs 似乎普遍存在于维管植物中，其活性测定已经为植物磷胁迫的确定提供了有用的生化标记(Duff *et al.*，1994)。IAPs 的可能功能是通过将植物细胞内有机磷酸脂库分解为 Pi 而被植物再吸收利用。在长期的磷胁迫期间，IAPs 的活性提高与细胞质磷代谢物的降低一致(Duff *et al.*，1989；Lauer *et al.*，1989；Lee and Ratcliffe，1993)。SAPs 是分泌型、受磷饥饿诱导磷酸水解酶。磷胁迫期间这种酶被强烈诱导，活化了细胞或根际环境中的有机磷库中的磷。由于土壤中有机磷库中的磷几乎占了土壤总磷量的 80%(Ticconi and Abel，2004)，因此分泌型的酸性磷酸酶在植物抵抗外界磷胁迫过程中起了非常重要的作用。缺磷诱导的酸性磷酸酶合成与分泌在不同的植物品种间表现不同。Yadav 和 Tarafdar(2001)对 3 种禾本科作物、3 种豆科作物和 3 种油料作物的研究表明，豆科作物根系分泌酸性磷酸酶的能力最强，其活性分别比油料作物和禾本科作物高出 22%和 72%。不同基因型大麦根际磷酸酶的活性不同，基因型 Etna 和 Digger 的根际磷酸酶活性较高，其根际有机磷亏缺区距根较远，这表明根细胞外磷酸酶的浓度高低可能对根际有机磷的矿化过程比较重要 (Asmar *et al.*，1995)。

已经从许多植物中分离到酸性磷酸酶，包括拟南芥、番茄、羽扇豆、马铃薯、菜豆、烟草等(Hammond *et al.*，2003；Wu *et al.*，2003；Bozzo *et al.*，2006；Zhang and McManus，2000；Zimmermann *et al.*，2004)。对这些基因的研究表明，磷饥饿诱导的酸性磷酸酶具有时间和组织特异性表达的特性。缺磷番茄根系中先检测到 IAP 的表达活性增强，大约 7 d 后根系中的 SAP 才大量合成(Bozzo *et al.*，2006)。这说明相较 IAP 来说，SAP 的合成意味着植物体内磷的进一步缺乏。

缺磷诱导的大量胞内及分泌型磷酸酶是紫色酸性磷酸酶(purple acid phosphatase)，这种酶在溶液中显示紫色或粉色，属于金属磷脂酶（metallophosphoesterase）超家族。包括磷蛋白磷酸酶（phosphoprotein phosphatase）和外切核酸酶（exonuclease）。这些酶均含有5簇保守的金属配基。不具有专一性，可以催化各种磷脂中磷的水解。拟南芥基因组中有29个编码紫色酸性磷酸酶的基因，这些酶分布于液泡（AtPAP26）、细胞壁（AtPAP10）及分泌体（secretome）（AtPAP10，AtPAP12，AtPAP26）中，其表达受发育阶段及环境因素的影响，其上游受转录因子 PHR1、WRKY75 和 ZAT6 的调控。其中，AtPAP12 和 AtPAP26 是主要的由根分泌的酸性磷酸酶，分解根际的磷脂供根吸收。AtPAP26 是主要的细胞内酸性磷酸酶，在缺磷胁迫时分解液泡中的磷脂，促进磷的再循环（Tran *et al.*，2010）（图 2.4）。

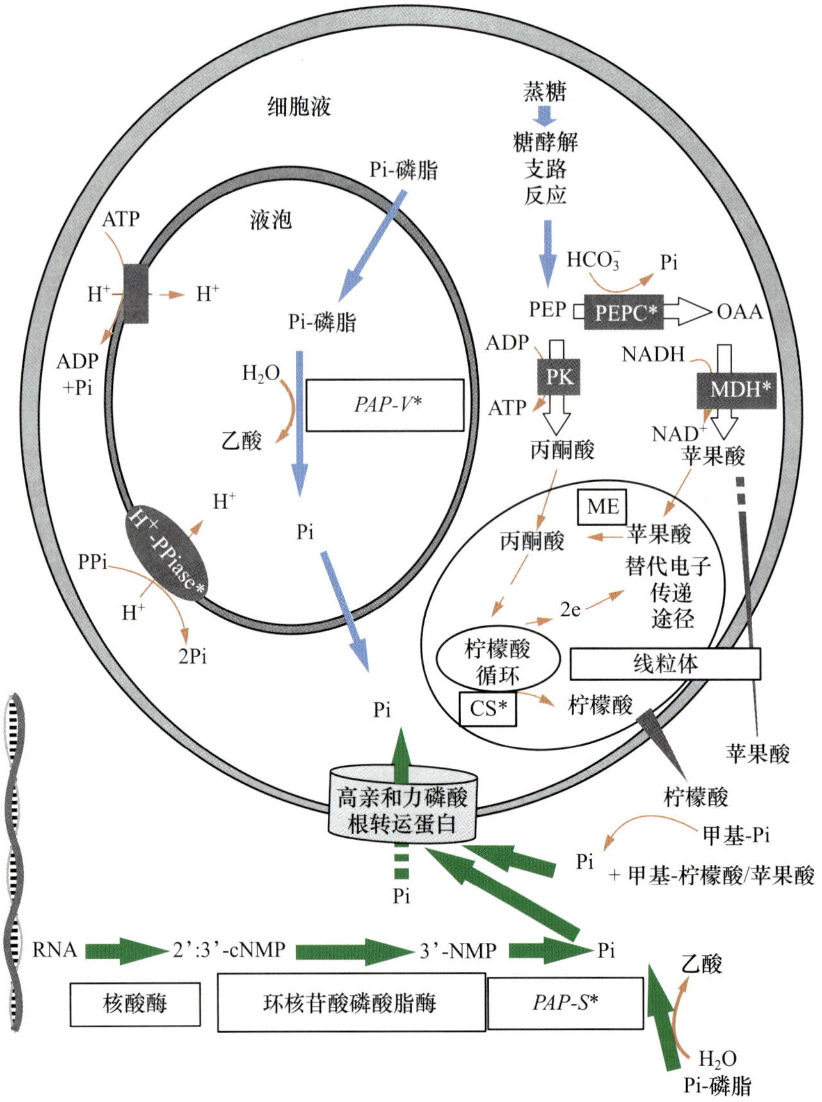

图 2.4 植物适应缺磷胁迫过程中液泡紫色酸性磷酸酶（PAP-V）和分泌紫色酸性磷酸酶（PAP-S）的作用模式图（Tran *et al.*，2010）

缺磷胁迫下,细胞质糖酵解替代途径、线粒体电子传递和液泡膜质子运输促进呼吸及液泡中 pH 的维持。通过羧化酶(PEPC)、苹果酸脱氢酶(MDH)和柠檬酸合成酶(CS)的作用而产生的有机酸大量向根外分泌,活化与钙、铁、铝等金属结合的难溶性无机磷。根系同时分泌紫色酸性磷酸酶分解根际的有机磷(单脂磷及土壤中核酸分解的片段)。液泡中的紫色酸性磷酸酶则分解细胞中的非必需的磷脂,促进无机磷的再循环。

2.2.1.3 有机酸

对许多植物的研究发现,缺磷后根系会向根际分泌有机酸(organic acid, OA),分泌到根际中的有机酸可以通过阴离子交换的形式将 Pi 从土壤中释放出来。虽然目前对有机酸缓解植物磷饥饿的作用还存在争议,例如对有机酸的释放量(根系释放多少有机酸才能释放土壤中的磷)、有机酸的种类(与其螯合能力有关)、有机酸在根际中发生的理化反应(这关系到最终多少有机酸用于活化土壤中的磷)等问题仍没有很好的解释(Jones, 1998)。但是对一些豆科作物,尤其是山龙眼科植物的研究,已确证了根系分泌的有机酸在这些作物适应磷胁迫中的关键作用(Skene, 2003)。缺磷的白羽扇豆根分泌的有机酸是供磷充足情况下的 65 倍,其中柠檬酸是主要分泌的有机酸,可以占到植株干重的 11%~23%(Neumann *et al.*, 1999; Gardner *et al.*, 1983; Dinkelaker *et al.*, 1989)。根有机酸阴离子的分泌速率为 610 nmol/(h · m)(Neumann *et al.*, 1999)至 1 400 nmol/(h · m) (Watt and Evans, 1999),这远高于一般农作物(Hocking, 2001)。分泌有机酸的部位主要是缺磷形成的排根,研究表明排根际土壤中柠檬酸的浓度接近 50~90 μmol/g 土(Neumann *et al.*, 1999),这个浓度足以溶解大量结合态的磷,如钙-磷、铝-磷和铁-磷等。缺磷条件下,木豆(pigeon pea) 根分泌丙二酸(malonate)和番石榴酸(piscidic acid),其主要作用是活化难溶性铁磷和铝磷(Ae *et al.*, 1991; Otani *et al.*, 1996)。鹰嘴豆(chickpea)主要分泌丙二酸和柠檬酸 (Veneklaas *et al.*, 2003; Wouterlood *et al.*, 2004)。但对于禾本科植物玉米而言,有机酸分泌似乎不是适应低磷胁迫的重要途径(Liu *et al.*, 2004)。不同植物对磷的吸收能力不同,可能与其分泌有机酸能力有一定关系。例如,Braum 和 Helmke (1995)以及 Hocking 等(1997)的研究表明,与油菜(canola)、大豆和小麦相比,白羽扇豆和木豆活化、利用难溶性磷的能力更高(表 2.1)。

表 2.1 不同物种对红壤难溶性磷的利用能力(Hocking *et al.*, 1997)

作物	地上部干物重 /(g/株)	磷累积量 /(mg/株)	土壤总有效磷* /(mg/kg)
白羽扇豆	0.77	1.26	1 051
木豆	0.22	0.27	481
大豆	0.91	0.86	185
小麦	0.12	0.12	254
向日葵	0.44	0.49	270
油菜	0.07	0.05	232

注:红壤,盆栽 42 d 结果。* 同位素可交换磷。

陈凯等 (1999)研究了 6 种植物根系在磷亏缺条件下分泌有机酸的种类和数量。结果表明不同植物种类分泌的有机酸的种类不同,肥田萝卜主要分泌丁二酸、苹果酸和酒石酸,印度豇豆主要分泌丁二酸和酒石酸,荞麦主要分泌草酸和酒石酸,玉米主要分泌丁二酸和酒石酸,白羽扇豆主要分泌丁二酸、酒石酸和柠檬酸，油菜主要分泌丁二酸、苹果酸和柠檬酸。其在低磷条件下分泌有机酸量增加的倍数可达 4～65 倍。可见，6 种适应性较强的植物种类或品系在磷亏缺下，分别增加 4 种有机酸的主动分泌，这对于植物根际的酸化、螯溶、解吸等作用均有促进，进而起到活化磷的作用。因此，低分子量有机酸的分泌作用是磷高效植物的适应性表现。

有机酸在植物体内的存在形式是阴离子形态，由阴离子通道被动的释放到根际。早期对缺磷诱导有机酸分泌调控的研究认为，有机酸的体内合成控制了它的分泌。例如，对羽扇豆、鹰嘴豆和番茄的研究证明，缺磷根系中柠檬酸积累的同时，PEP 羧化酶的活性增强了，而 PEP 羧化酶是柠檬酸合成需要的酶(Neumann and Römheld，1999)。对超表达线粒体柠檬酸合成酶基因的拟南芥研究表明，植株中柠檬酸合成酶活性和分泌到介质中的柠檬酸的量有很好的相关性(Koyama *et al.*，2000)。尽管这些研究表明，有机酸阴离子(oragnic acid anion，OAA)的分泌可能与内部 OAA 含量紧密相关，但是现在更多的事实说明细胞内浓度不可能是 OAA 分泌的主要调控因子(Delhaize *et al.*，2001；Ryan *et al.*，2001；Ma and Furukawa，2003)。相反，现在越来越被接受的一个观点是跨膜转运蛋白是许多代谢途径和过程的主要控制因素(Kunze *et al.*，2002)。缺磷后，拟南芥根系的阴离子通道迅速上调，而且这种通道仅能被磷饥饿激活，说明拟南芥阴离子通道活性严格的依赖于植物的磷状况(Diatloff *et al.*，2004)。Sasaki 等 (2004)首先从小麦中鉴定出一个铝毒害诱导的分泌苹果酸的植物有机酸阴离子通道 *ALMT*1，但是它与磷水平无关。这说明植物体内至少存在针对不同刺激因子和不同有机酸种类的有机阴离子通道。随后又分别在高粱(Magalhaes *et al.*，2007)和大麦(Furukawa *et al.*，2007)中克隆了受铝诱导的柠檬酸阴离子通道蛋白基因 MATE。高粱中的柠檬酸阴离子通道蛋白基因 Alt_{SB}可以通过促进柠檬酸分泌而提高耐铝性。

2.2.1.4 质子分泌

根际 pH 降低也是植物适应磷胁迫的一种根系诱导性机制。根际酸化能够提高土壤中难溶性磷，尤其是钙磷的溶解度(Riley and Barber，1971；Gahoonia and Nielsen，1992)。而且，酸性磷酸酶、植酸酶的活性在 pH 为 6 达到峰值，最有利于土壤有机磷的分解(图 2.5)。在所有缺磷诱导根际酸化的植物中，豆科作物特别是羽扇豆释放质子(H^+)的能力最强。研究表明羽扇豆分泌质子的部位主要是排根，在一个含钙 20%的土壤上，白羽扇豆排根分泌的质子能将根际土壤 pH 由 7.5 降低到 4.8(Dinkelaker *et al.*，1989)。虽然大量的研究证明缺磷根系释放质子酸化根际，并且由此也提高了植物对磷的吸收，但是对于缺磷诱导质子分泌酸化根际的机理还不清楚。目前知道的是 H^+ 是由 H^+-ATPase 泵出的，缺磷增强了 H^+-ATPase 在排根中的浓度和活性(Yan *et al.*，2002)。但是这并不等于缺磷植物根际酸化是 H^+-ATPase 活性增强的结果，因为缺磷同时导致了其他影响根际 pH 的生理生化反应，例如缺磷抑制了根系对 NO_3^- 的吸收(Schjorring，1986；Pilbeam *et al.*，1993)，可能在某种程度上减轻了由于吸收硝酸盐而产生的根际碱化；而缺磷诱导 Pi 转运蛋白的表达增强则由于 H^+-Pi 的共运输而促进了 H^+ 向植物体内的流入(Smith，2001)，这些都说明缺磷引起植物根际酸化的过程是一个复杂反应体系的综合结果。另外，对于是什么原因促使缺磷植物向根际释放大量的质子仍然需要进一步的研究。

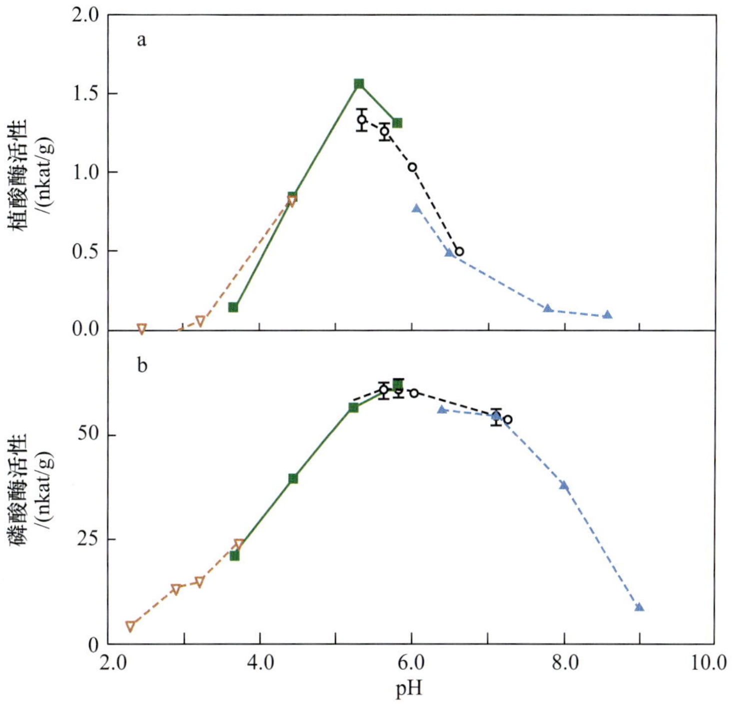

图 2.5 pH 对根系磷酸酶及植酸酶活性的影响(Hayes *et al.*, 1999)

▽glycine-HCl(pH2.3～4.4);■Na-acetate(pH3.6～5.8);○MES(pH5.2～7.3);▲Tris-HCl(pH6.1～9.0)

2.2.2 根系形态反应

磷在土壤中的移动性很小,其扩散距离只有 1～2 mm,扩散速率也很慢,在高肥力土壤中为 30 μm/h,在缺磷土壤上仅有 10 μm/h (Barber and Mackay, 1986)。植物一般仅能吸收距根表面 1～4 mm 根际土壤中的磷(李庆逵,1986)。它主要借助扩散方式迁移到根表,这样,根系的形态发育必然影响着作物的生长及对磷的吸收。而植物根系在发育过程中也具有很高的可塑性,这种可塑性使它们能感受外界环境条件例如水分和养分有效性并对其作出适应性反应,即发生了根系形态上的变化。

2.2.2.1 根形态与根构型

根系对缺磷最典型的反应是通过向根系分配更多的碳水化合物,提高根冠比。Nielsen 等(2001)的研究表明,在低磷胁迫下保持较大根冠比的菜豆品种,其减产幅度较小。为了适应土壤中含量低且分布不平衡的磷,根系形态或根构型也发生改变,以提高根表/土壤面积比,提高植物获得土壤磷的能力。植物根构型是指同一根系中不同类型的根 (直根系)或不定根 (须根系)在生长介质中的空间造型和分布 (Lynch,1995)。具体来说,根构型包括立体几何构型和平面几何构型。立体几何构型是指不同类型的根或不定根在生长介质中的三维空间分布;平面几何构型则为同一根系的各种根沿根轴二维平面上的分布。

不同植物主根及侧根生长对缺磷的反应可能不同,生长条件也有一定的影响。在拟南芥琼脂培养体系中,缺磷抑制主根的伸长,相应侧根的伸长受到促进(Sánchez-Calderón *et al.*,

2005)。在菜豆中,主根生长受缺磷影响较小,而侧根的发生受到抑制,因此侧根密度下降(Borch *et al.*, 1999)。在其他植物中,缺磷并不抑制、甚至促进根的伸长,比如,Anuradha 和 Narayanan(1991) 对双花扁豆研究发现,液培条件下,缺磷处理可以增加初生根和次生根的伸长速率。他们同时发现,马齿苋在缺磷条件下,其主根长度是正常供磷处理的 1.7 倍。在玉米中,低磷对轴根(种子根及节根)的伸长也影响较小,短期低磷甚至促进轴根的伸长及侧根的伸长,但轴根的发生会受抑制((Mollier and Pellerin, 1999;Liu *et al.*, 2004)。

短期缺磷会促进侧根数量、长度以及根毛数量和长度(Bates and Lynch, 1996; López-Bucio *et al.*, 2002; Ma *et al.*, 2001; Williamson *et al.*, 2001)。Föhse (1991)对吸收磷存在差异的 7 个物种进行研究的结果表明,根的半径与磷的吸收效率成反比,即在根重相同的情况下,根越细,其吸收磷的效率越高。

土壤磷的分布可能存在极大的异质性。在土壤磷的富集区,植物能通过促进这部分土壤中的侧根生长而抑制低磷区侧根的生长来提高磷的获取(Drew, 1975; Robinson, 1994)。

对一些豆科作物的研究发现,根系空间构型的改变也是提高植物磷饥饿适应能力的一个重要性状,通过改变基根(basal root)的生长角度(水平生长角度变小)以及增加表层土壤中不定根的发生,使大量根系集中在相对磷含量较高的表土层,促进了根系磷的吸收,那些根系构型对磷反应敏感的基因型具有更好的耐低磷特性(Liao *et al.*, 2001; Lynch and Brown, 2001; Lynch, 2008)(图 2.6)。

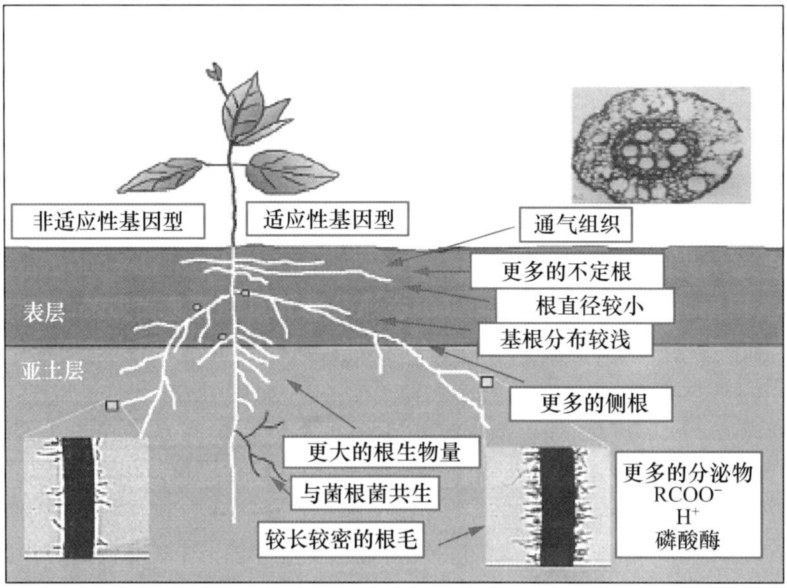

图 2.6 缺磷条件下菜豆根系的形态与生理学反应(Lynch, 2008)

虽然根系的更替(turnover)可能提高养分的再利用,但在菜豆中的研究表明,缺磷似乎并不影响根的衰亡或更新(Snapp and Lynch, 1996)。农田中根系寿命的变化可能有主要受一些生物与非生物胁迫影响的结果,而与细胞程序化死亡无关(Eissenstat and Yanai 1997; Fisher *et al.*, 2002)。

2.2.2.2 根毛

大量研究表明,根毛对磷的吸收有重要作用。Itoh 和 Barber (1983)发现根毛对磷吸收具有显著作用。Föhse 等 (1991)指出不同植物种的根毛长度与密度有很大差异。菠菜有长而密的根毛,使根毛表面积比其根系表面积还大两倍,因此它的吸收磷效率最高,在土壤含磷量很低的情况下,其根毛吸磷量可达根系总吸磷量的 90%。且有根毛菠菜的根系 1 d 吸磷量相当于无根毛菠菜 10 d 的吸磷量。由此可见根毛对吸收磷的重要性。当磷供应量减少时,根毛数量会增加 (Bates and Lynch,1996)。在低磷条件下,不同小麦品种和春大麦品种的根毛长度和根际磷的亏缺量极其相关,因此,在低磷条件下,具有较长、较密根毛的小麦品种和春大麦品种吸磷量较多,这是由于根毛的存在增加了根表面积 (Gahoonia *et al.*,1997; Gahoonia and Nielsen, 1997)(图 2.7)。拟南芥及大麦根毛突变体的吸磷能力显著减弱(Bates and Lynch, 2000a,b; Gahoonia and Nielsen,2003)。Gahoonia 和 Nielsen (1998)通过^{32}P同位素标记试验证明,当黑麦 70%的根毛伸进^{32}P标记的土壤中时,其吸收的^{32}P的量占总吸^{32}P量的 63%,当减少进入^{32}P标记过的土壤中根毛的数量后,植物茎中^{32}P的量减少。可见,根毛确能为植物提供磷素营养。Gahoonia 等(1999)认为,在低磷条件下,无论是液培还是种在田间,大麦品种间吸磷量之间的差异与根毛的变异密切相关。

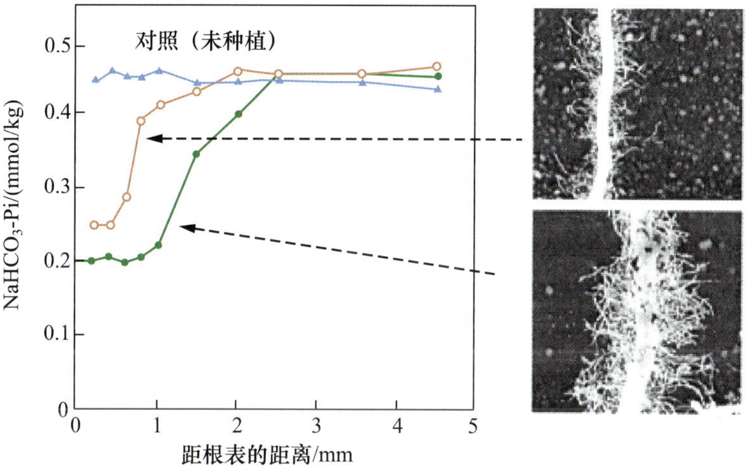

图 2.7 两个根毛长度不同的大麦品种(Zita 和 Salka)根际磷的耗竭(Gahoonia and Nielsen, 1997)

2.2.2.3 排根

有些植物(如羽扇豆、葫芦科植物)能通过在侧根上形成排根来增加磷吸收能力 (图 2.8)。这些排根可以大量释放质子、有机酸及磷酸酶,从而可以使根系高效获助土壤微域中的各种磷源。在这些植物中,光合产物的 50%用于排根的形成及根分泌物(Lambers *et al.*, 2006)。Dinkelaker 等 (1989)指出,在缺磷的石灰性土壤中 (20% $CaCO_3$、pH=7.5),在低磷胁迫下可诱导生长 13 周的白羽扇豆形成大量簇生根 (排根),光合作用同化碳的 23%以柠檬酸的形式从排根区分泌进入根际,使根际 pH 下降至 4.8。柠檬酸不但能降低 pH,溶解土壤中难溶性磷化合物,而且柠檬酸根阴离子还能与铁、铝、钙等固磷基质形成稳定的螯合物以及在固磷基质的吸收位点上同磷酸根离子进行阴离子交换或竞争吸附反应,从而使根际难溶性磷从铝-

磷、铁-磷和钙-磷及其他固磷基质中释放出来，从而大大提高了有效磷浓度。这是一个专一性的适应性反应，当供磷正常时，这一过程就停止。在低磷条件下白羽扇豆排根区的 PEP 羧化酶的量和专一酶活性均增加，与柠檬酸和苹果酸生物合成有关的柠檬酸合酶和苹果酸脱氢酶的活性也增加，这样排根区根际柠檬酸和苹果酸的分泌量增加，有利于白羽扇豆活化利用土壤中难溶性磷（Johnson et，al.，1996）。

图 2.8　缺磷(右图)刺激白羽扇豆排根形成(Shen *et al.*, 2009)

2.2.2.4　菌根共生

与菌根真菌建立共生关系也是高效获取土壤磷的一种重要途径。地球上绝大多数(70%～80%)的植物种类的根系可与菌根真菌共生(Smith *et al.*, 2011)。菌丝的直径很细，长度可达几厘米，因而可以极大地扩大根际磷的吸收范围。菌根真菌可以分泌质子、有机酸及磷酸酶，具有极强的吸磷能力(Grant *et al.*, 2005；Hinsinger, 2001)。菌根的作用大小可能依赖于寄主植物的根系性状，比如根毛数量与长度。一般而言，当植物的根冠比小、根系发育不良时，菌根的作用增强(Smith *et al.*, 2011)。在小麦中发现，尽管接种菌根没有促进植株生长，但却使磷(^{32}P)的吸收增加 50%(Li *et al.*, 2006)。这说明在自然条件下，大量的磷是通过菌根途径吸收的(图 2.9)。

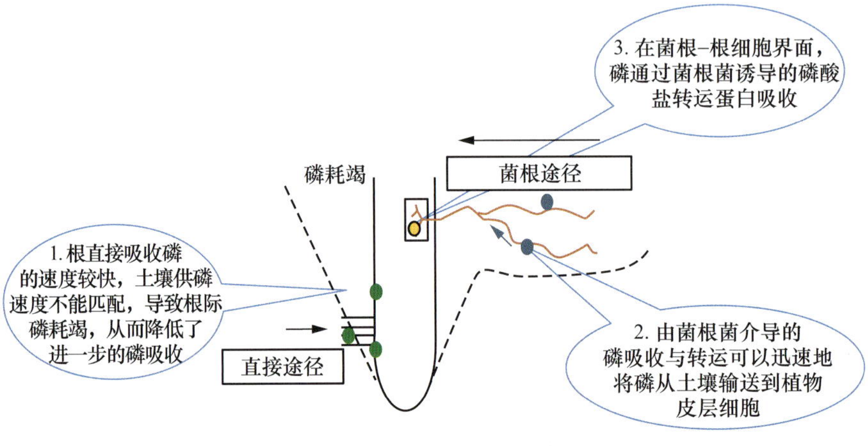

图 2.9　菌根真菌侵染条件下根中磷的吸收与转运(Smith *et al.*, 2011)

植物根中存在菌根特异性诱导的磷酸盐转运蛋白，它们负责将菌根真菌中磷的运输到根内。与此同时，菌丝从植物根中获得碳水化合物维持自身生长，这要消耗植物 4%～20%的光合产物(Koch and Johnson, 1984；Harris and Paul, 1987；Douds *et al.*, 1988；Jakobsen and Rosendahl, 1990；Eissenstat *et al.*, 1993；Nielsen *et al.*, 1998)。菌丝的存在可以极大地扩大植物根系对磷的吸收范围，增加磷的空间有效性(Bucher, 2007)。然而，在玉米、菜豆及大豆中的研究表明，菌根浸染并不改变磷效率基因型差异的排序，这说明，菌根浸染对于促进磷高效吸收是一个普遍现象，对于磷高效遗传改良意义不大(Lynch，2008)。

2.2.3 植物体内磷的高效利用

除了根系形态与生理学反应，植物体内磷的高效利用也是适应缺磷胁迫的重要途径，在缺磷条件下，细胞内磷酸酶活性的增加可以活化贮存在液泡及其他细胞器中的磷(图 2.4)。另一方面，植物可以分解质膜上的磷脂以释放无机磷，用于维持细胞内正常的生化反应。而磷脂的功能由硫脂等代替以维持膜的功能(Hammond *et al.*，2004)。在器官水平上，缺磷条件下根内皮层组织分解，形成通气组织，可以节省根系建成过程中对磷的消耗(Fan *et al.*，2003)。

单位叶片磷的光合作物效率称为光合磷利用效率(photosynthetic P use efficiency，PPUE)。研究表明，在低磷条件下，不同植物之间 PPUE 存在显著差异，双子叶植物的 PPUE 要高于单子叶植物，但这种差异似乎与 C_3 与 C_4 植物无关(表 2.2 和表 2.3)(Halsted and Lynch，1996)。

表 2.2 单、双子叶植物的光合磷利用率(Halsted and Lynch，1996)

	供磷水平	单子叶植物	双子叶植物
总干物重/(g/株)	高*	12.5(3.0)	18.8(3.0)
	低**	2.0(0.3)	2.0(0.2)
地上部干物重/(g/株)	高	11.0(2.8)	15.4(2.8)
	低	1.2(0.2)	1.0(0.1)
根系干物重/(g/株)	高	2.0(0.4)	3.3(0.5)
	低	0.77(0.16)	0.91(0.11)
根冠比	高	0.25(0.04)	0.27(0.03)
	低	0.9(0.2)	1.2(0.3)
光合速率/[(μmol/(m² · s)]	高	23.5(3.0)	26.3(2.9)
	低	14.8(1.3)	17.6(1.6)
光合磷利用效率/[μmol /(g · s)]	低	251(28)	188(17)

*：15 μmol/L；**：1 μmol/L。培养 7.5 周。

表 2.3 缺磷条件下 C_3、C_4 植物的光合磷利用率(Halsted and Lynch，1996)

物种	光合速率/[μmol/(m² · s)]		吸磷量/(g/m²)		光合磷利用效率(低磷)/
	高磷*	低磷**	高磷	低磷	[μmol /(g · s)]
Alloteropsis semlalata eikloniana (C_3)	17.0	15.0	0.310	0.066	273
Alloteropsis semlalata semialata (C_4)	21.1	13.5	0.333	0.124	144
Amaranthus tricolor (C_4)	25.0	22.9	0.283	0.143	182
Brachiaria dictyoneura (C_4)	29.4	19.4	0.302	0.055	374
Flaveria folridana (C_3-C_4)	37.7	22.4	0.295	0.149	154
Flaveria pringlei (C_3)	25.9	14.2	0.219	0.056	260
Flaveria trinerva (C_4)	5.4	7.7	0.188	0.138	54

续表 2.3

物种	光合速率/[μmol/(m²·s)]		吸磷量/(g/m²)		光合磷利用效率(低磷)/
	高磷*	低磷**	高磷	低磷	[μmol/(g·s)]
Panicum laxum (C_3)	20.3	11.3	0.193	0.063	193
Panicum milloldes (C_3-C_4)	32.8	17.7	0.185	0.095	236
Phaseolus vulgaris(菜豆)(C_3)	21.8	11.9	0.157	0.056	209

*：15 μmol/L；**：1 μmol/L。培养 7.5 周。

2.2.4 磷饥饿响应的分子机制

2.2.4.1 磷饥饿诱导的基因表达

缺磷引起大量基因的表达发生变化(Uhde-Stone *et al.*，2003；Wasaki *et al.*，2003b；Wu *et al.*，2003)。根据缺磷时间的长短，这些基因可以被粗略地划分为两个大组(Hammond *et al.*，2004)：一个是"早期"反应的基因，这一类基因对缺磷反应非常迅速，往往在缺磷几小时内即表达，包括一些起调节作用的基因，例如转录因子 AtPHR1(Rubio *et al.*，2001)，可能的 PHO 调节子(Hammond *et al.*，2003)等，除此之外，通常也包括一些非缺磷特异诱导基因(Hammond *et al.*，2004)；另一个是"后期"反应的基因，这类基因指的是那些由于长时间缺磷而导致植物形态、生理或者代谢发生变化的基因，大部分是缺磷特异性诱导的基因。这些基因通常提高了磷的吸收或者体内磷的利用率(Vance *et al.*，2003)，比如一些磷酸盐转运蛋白(Liu *et al.*，1998a；Smith *et al.*，1997)，酸性磷酸酶(Haran *et al.*，2000；Li *et al.*，2002)，有机酸合成过程中的酶(Wu *et al.*，2003)，还有参与植物激素信号传导路径中的基因(Al-Ghazi *et al.*，2003；Casimiro *et al.*，2003；Uhde-Stone *et al.*，2003；Wu *et al.*，2003)等。图 2.10 显示了这些磷调控基因的分类(Hammond *et al.*，2004)。

在拟南芥、水稻、菜豆、大豆、玉米、油菜等植物中已积累了大量有关缺磷胁迫的遗传信息(Calderón-Vázquez *et al.*，2008，2011；Hernandez *et al.*，2007；Li *et al.*，2007；Misson *et al.*，2005；Morcuende *et al.*，2007；Guo *et al.*，2008；Tian *et al.*，2007；Uhde-Stone *et al.*，2003；Wasaki *et al.*，2003，2006；Wu *et al.*，2003)。Calderón-Vázquez 等(2009)总结了缺磷条件下玉米的分子与生物化学机制(图 2.11)。其中涉及磷的吸收与再循环、碳氮代谢、激素信号、脂代谢、次级代谢、转录因子等。玉米基因组中至少包括 5 个 PHR1-like 和 4 个 PHO2-like 序列。缺磷胁迫下，有 43 个转录因子受到调节，包括与根系发育密切相关的 bHLH、锌指蛋白、Leucine Zipper、SHORT-ROOT、SCARECROW，NAC，AP1，AP2 家族转录因子(Calderón-Vázquez *et al.*，2009)。在水稻中，低磷胁迫诱导 bHLH 转录因子 *OsPTF* 的表达(Yi *et al.*，2005)．其他在拟南芥中发现的转录因子及其调节基因(*WRKY75*，*miR399*、*PHF1*、*SIZ1* 等)在作物中的研究比较缺乏。我国浙江大学吴平小组多年来从事水稻中的磷营养信号系统研究，克隆了水稻中的 *OsPHF1*、*OsPHF2*(Zhou *et al.*，2008)以及 *OsSPX1*(Wang *et al.*，2009)基因，并明确了其功能。其中超表达 *OsPHF2* 可以使水稻地上部超积累磷，并且依然表现缺磷的某些生理特征，如根的伸长及根毛生长得到促进。

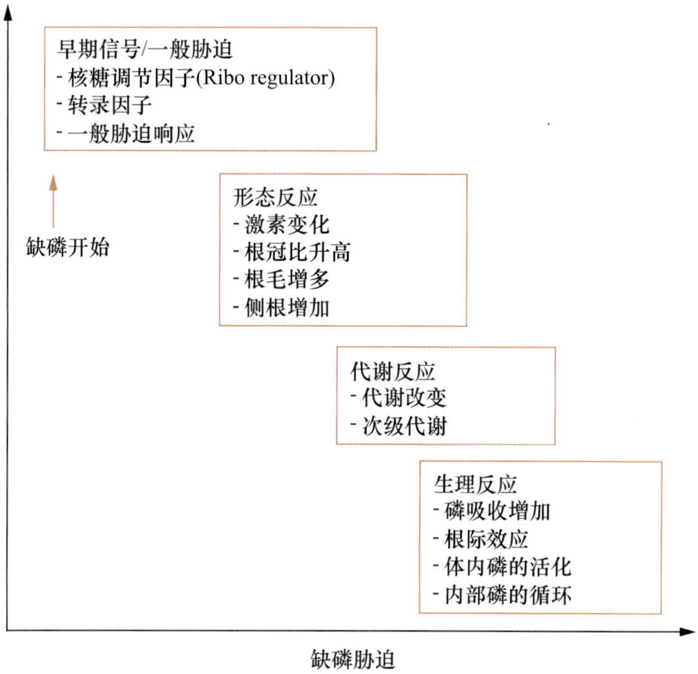

图 2.10 缺磷后的基因表达(Hammond *et al.*, 2004)

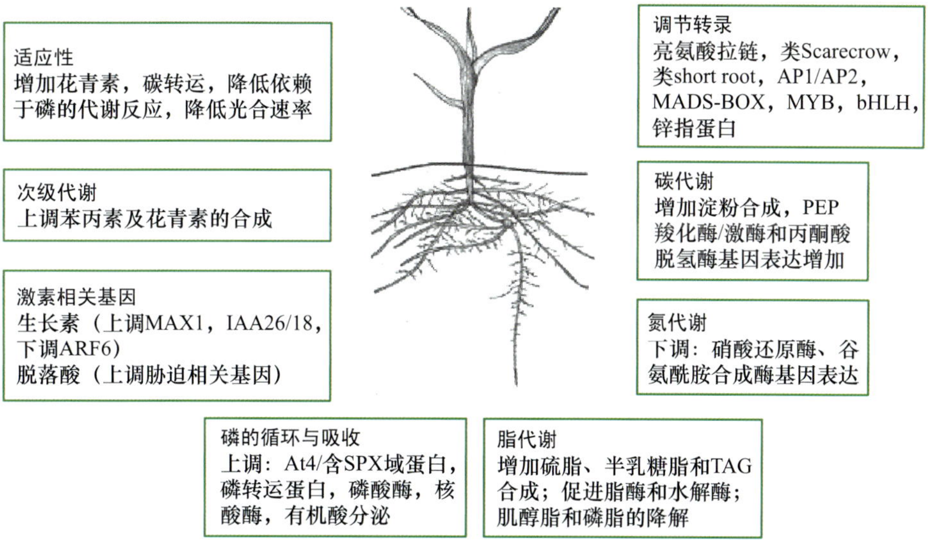

图 2.11 玉米适应缺磷胁迫的生理生化机制(Calderón-Vázquez *et al.*, 2009)

在缺磷条件下，叶片及根中的有关糖代谢的基因表达受到调节，其中根中蔗糖磷酸合成酶基因 *SPS1* 表达增加大约 100 倍(Li *et al.*, 2011)。这说明，磷胁迫条件下根中碳水化合物的高效利用对于根系形态反应至关重要。

在蛋白质水平下，刘燕(2006)和 Li 等(2007b)分别研究了外界磷水平变化改变了玉米根系蛋白质组表达。刘燕(2006)发现缺磷诱导 6 个蛋白表达上调，这些蛋白主要参与了代谢(可能的亮氨酸氨基肽酶)、能量合成(二磷酸果糖醛羧酶和类似线粒体 ATP 合成酶)、信号传递(蛋白激酶 C 抑制剂)和细胞运输(小 G 蛋白 Rab2 和 ADP 核糖基化因子)等过程。缺磷诱导下调的蛋白是 Type2 型的异戊烯基二磷酸异构酶,参与了调控根系结构变化的细胞分裂素的合成。Li 等(2007b)鉴定出 108 个上调的基因,分别参与激素合成、碳及能量代谢、蛋白质合成、信号转导、细胞周期、细胞组成、防卫反应、次级代谢等。

2.2.4.2 磷饥饿信号及其传递

从分子水平上揭示根系对磷饥饿的响应过程可以分为 3 个反应步骤:①根系对缺磷信号的感应;②缺磷信号传递,引起大量基因协同作用;③根系发生形态和生理上的变化以适应磷胁迫。如同氮素一样,磷养分信号来源于两个方面:一个是来源于根际磷浓度变化的局部磷信号,另一个来源于地上部植株磷营养状况的长距离系统磷信号(Thibaud *et al.*, 2010)。

近 10 年来,对根系如何感知磷缺乏信号的机制已经积累了相当多的认识。Chiou and Lin (2011)总结了两种磷信号的感应、传递与功能(图 2.12)。

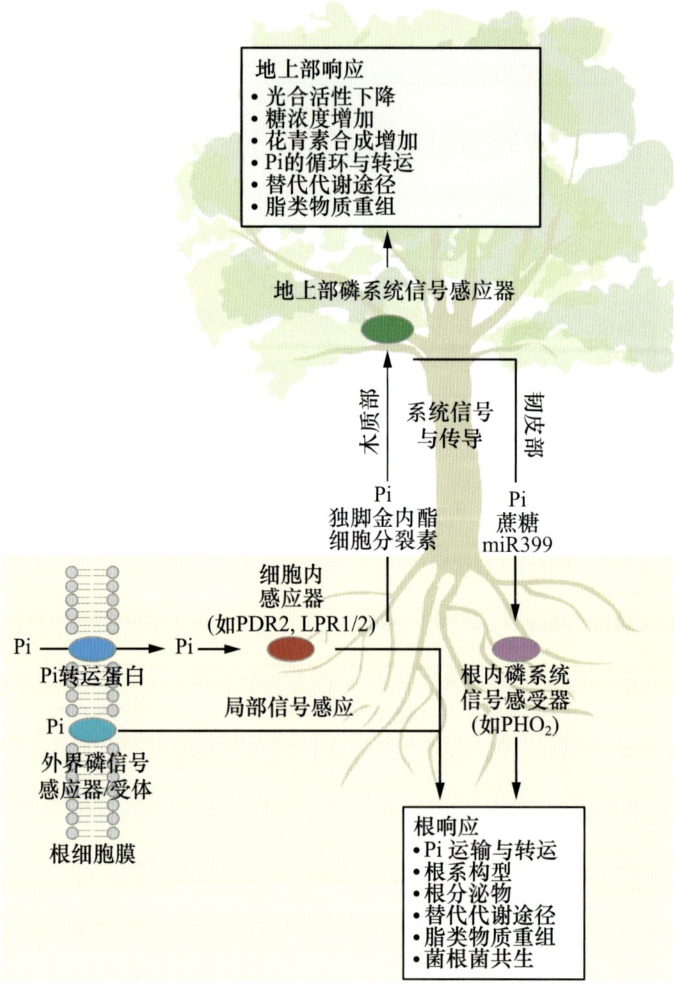

图 2.12 植物对局部磷信号(local signal)与系统信号(systemic signal)的感应、传递与功能(Chiou and Lin, 2011)

在低磷诱导植物根系形态变化方面，在拟南芥中琼脂培养体系中，缺磷抑制主根的伸长，相应侧根伸长受到促进(Sánchez-Calderón *et al.*, 2005)。Svistoonoff 等(2007)图位克隆了一个控制上述缺磷反应基因 *LPR*1，发现该基因编码一个多铜氧化酶，在根尖表达。在缺磷条件下，对低磷敏感的基因型中，该基因表达更强。但其抑制主根伸长的生理机制并不清楚。研究表明，这种反应可能与缺磷促进铁的吸收进而造成铁中毒有直接关系。减少铁供应浓度后，缺磷并不抑制主根的伸长，甚至有些促进作用(Ward *et al.*, 2008)。而且，如果将培养基的 pH 由 5.6 提高到 6.5，则缺磷也不能抑制主根的伸长(Svistoonoff *et al.*, 2007)。其原因尚不清楚，也许与铁的有效性降低有关。

拟南芥 *pdr2* (inorganic phosphate deficiency response)突变体对低磷产生超反应感应(Ticconi *et al.*, 2004)。当外部磷浓度低于 0.1 mmol/L 时 *pdr2* 的初生根分生组织受到更强烈抑制，且这种反应与介质中的铁浓度无关(Ticconi *et al.*, 2009)。转基因植物中超表达 *PDR2* 可以减轻低磷对初生根的抑制作用，提高供磷水平或者供应非代谢的亚磷酸盐(> 0.1 mmol/L)可以恢复低磷对分生组织的抑制，这说明初生根的分生组织活性受环境磷浓度的控制，*PDR2* 可能编码了根系对环境磷感应机制中的一个元件。Ticconi 等(2009)的进一步研究表明，*PDR2* 编码一个 P5 类型 ATP 酶(P5-type ATPase)，定位于内质网，是控制根系发育的 *SCARECROW*(*SCR*)基因表达所必需的。SCR 是控制根尖细胞排列、维持干细胞的重要调节因子。多铜氧化酶 LPR1 也在内质网上起作用，PDR2 与 LPR1 相互作用调节根尖分生组织对外界磷浓度反应(图 2.13)。

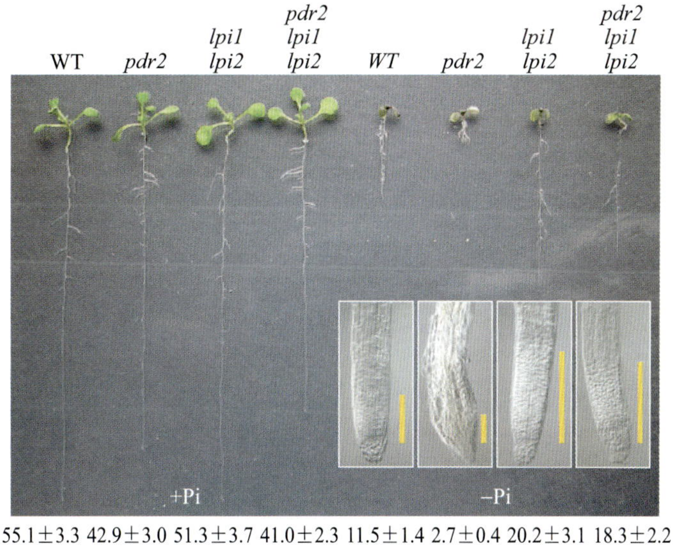

图 2.13 PDR2 与 LPR1 基因突变对低磷抑制拟南芥初生根伸长的影响(Ticconi *et al.*, 2009)

lpi(low phosphorus insensitive)突变体初生根生长不被低磷抑制(Sánchez-Calderón *et al.*, 2006)，在低磷条件下，*lpi1* 和 *lpi2* 初生根细胞伸长和根伸长区细胞数量都没有明显降低，并且发现低磷增加了 *lpi1* 突变体侧根数量，但 *lpi2* 没有这种现象，所有这些结果说明 *lpi* 是控制初生根分生组织活性的一个关键基因，其中 *LPI2* 不仅调控初生根的生长，也调控

侧根的形成，而 *LPI1* 仅在初生根生长中起作用。此外，最近发现 *TPSI1* /*Mt4* 家族的 *At4* 功能控制了缺磷期间磷酸盐在根系和地上部的分配，从而引起根系结构的变化(Shin *et al.*，2006)。

植物激素对根系生长有多方面的调控作用。例如，外源乙烯和生长素处理根毛密度和长度都增加(Himanen *et al.*，2002；Lynch and Brown，1997)。这些现象与低磷导致的植物根系结构上发生的变化相似，因此有人认为根系结构对低磷的响应可能源于低磷改变了激素信号转导过程引起的。在拟南芥上的试验结果表明，应用生长素、生长素拮抗剂和生长素反应突变体能够促进或者阻止由于磷饥饿而引起的侧根生长的变化(López-Bucio *et al.*，2002；Al-Ghazi *et al.*，2003)。Nacry 等(2005)等的研究认为，生长素在根系中的再分配能够解释低磷调控的根系结构变化的许多方面，根尖生长素抑制初生根伸长，侧根伸长区生长素增加则促进侧根的伸长。但是，也有一些报道认为生长素没有参与根系磷饥饿响应途径。Williamson 等(2001)的研究中，*axr-1*、*axr4-2* 和 *aux1-7* 突变体的根系没有改变对缺磷的响应，即低磷促进了侧根的生长而抑制了初生根的伸长。López-Bucio 等(2005)提出在根系结构响应低磷变化过程中，仅有一些方面受到生长素的调控，例如生长素在低磷促进根分支增多过程中起作用，而低磷对初生根生长的抑制则与生长素信号路径无关。总结上述结果，低磷抑制拟南芥初生根伸长的机制可能如图 2.14 所示。

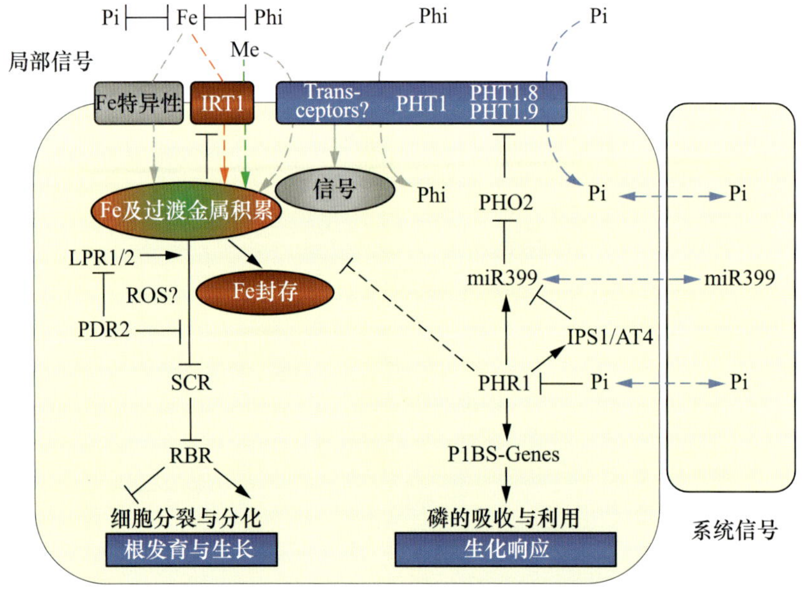

图 2.14　低磷抑制拟南芥初生根伸长的可能机制(Abel，2011)

在过去的十几年里，已经发现了一些磷缺乏特异诱导的基因，例如 *TPSI1* /*Mt4* 家族的成员 *Mt4*，*At4*，*AtIPS1* 和 *OsPI1* (Burleigh and Harrison，1997；Liu *et al.*，1997；Martíin *et al.*，2000；Wasaki *et al.*，2003a)，因为这些基因受到缺磷特异和显著性影响，使它们成为研究植物磷感应和信号转导路径的有用标记基因。利用分根试验研究拟南芥 *pho1* 突变体根系中 *Mt4* 和 *At4* 基因对缺磷的反应，结果显示这些基因在根中的表达受到来自地上部信号的系统抑制(Rubio *et al.*，2001)。这说明植物整体磷状况也是被感应的，即存在一个对植物体内磷浓度的感应机制(Abel *et al.*, 2002)。拟南芥 *pho2* 突变体地上部积累的磷是野生型的 5 倍还多(Delhaize and Randall, 1995; Dong *et al.*, 1998),因此认为 *PHO2* 可能编码了地上部磷感应系统中的元件,或者可能编码了一个控制磷酸盐在地上部和根系间分配系统组件中的一个成员。

PHO2 基因的克隆和功能鉴定表明,*PHO2* 与 *miR399* 一起控制着磷在根系和地上部的分配(Bari *et al.*, 2006)。除了磷感应机制外,局部和系统信号转导路径中的信号分子也一直没有确定。生长素和蔗糖被认为可能是磷营养状况调控根系发育的长距离调节子,但是一项研究表明地上部磷状况调控根系结构变化与蔗糖的供应和生长素信号路径无关(Williamson *et al.*, 2001)。在拟南芥 *pho1* 突变体分根试验中没有发现磷饥饿诱导基因表达变化与根系中磷浓度之间存在相关性,这证明磷酸盐本身也不可能是长距离信号(Burleigh and Harrison, 1999)。拟南芥中的 MYB 转录因子 *AtPHR1* 可能是各系统磷信号途径的第一个元件。它能与许多缺磷诱导表达基因的启动子区域的特异序列(GNATATNC)相结合,从而调节这些基因的表达,其中包括一些转录因子、蛋白激酶、磷转运蛋白、核酸酶、磷酸酶、以及硫脂代谢等代谢酶等(Rubio *et al.*, 2001; Hammond *et al.*, 2003; Franco-Zorrilla *et al.*, 2004; Misson *et al.*, 2005; Jain *et al.*, 2007b; Fang *et al.*, 2009; Lin *et al.*, 2009; Bustos *et al.*, 2010)。比如,在 *AtPHR1* 的下游,*TPSI1* /*Mt4* 家族的 *At4* 控制缺磷条件下磷酸盐在根系和地上部的分配,从而引起根系结构的变化(Shin *et al.*, 2006)。酵母中磷营养状况的感应器是 *PHO81*,植物中的 SPX 蛋白中含有与 PHO81 相似的结构。该类基因(*SPX1* - *SPX3*)的表达也受 *PHR*1 的调节。在水稻发现了两个与 *AtPHR1* 的同源基因 *OsPHR1* 和 *OsPHR2* (Zhou *et al.*, 2008a). 这两个基因突变后,很多低磷诱导的基因的表达均下调。另一个 MYB 转录因子 *AtMYB62* 也是磷信号途径的上游元件,它主要在缺磷植株叶片中表达,调控根构型、磷吸收及磷酸酶活性等 (Devaiah *et al.*, 2009)。

植物激素,包括生长素、细胞分裂素、乙烯、赤霉素及独脚金萌发素内酯(strigolactone),均在磷信号系统中起重要调节作用。生长素通过调节 SUMO E3 ligase SIZ1 抑制缺磷条件下根系的反应 (Miura *et al.*, 2011)。缺磷使植物体内细胞分裂素的浓度降低(Salama and Wareing, 1979),外源细胞分裂素抑制了一些磷饥饿诱导基因的表达,并且发现细胞分裂素受体 CRE1(Cytokinin Resistant 1)是细胞分裂素抑制反应的必需元件(Franco-Zorrilla *et al.*, 2002)。Martin 等(2002)报道,外源供应细胞分裂素抑制了缺磷诱导的 *AtIPS1* 和其他一些基因的表达,由于这些基因是受到整株磷水平的系统调控,因此认为细胞分裂素参与了长距离信号系统控制磷缺乏反应的负调控。此外,缺磷导致根系通气组织形成,这期间根中乙烯的产生降低了,而根系对乙烯的反应更加敏感,这说明乙烯可能在植物对缺磷反应中起了作用(Drew *et al.*, 1989)。拟南芥 *hsp2* 突变体中乙烯受体基因 *CTR1* 缺失,其中磷转运蛋白表达、磷酸酶活性增加(Lei *et al.*, 2011b)。外源供应 GA 也抑制植物对缺磷的反应(Jiang *et al.*, 2007)。缺磷增加拟南芥根中独脚金萌发素内酯根中含量,进而对地上部的生长产生影响(Kohlen *et al.*, 2011)。

近几年来,miRNA 在磷养分信号传递中的作用得到了深入研究,发现了很多参与磷信号传递的 miRNA。其中,miR399s 受缺磷特异性诱导,它的上游是 *PHR1*,下游则控制 *AtUBC24* / *PHO2* 的转录本水平。最近,Chiou 和 Lin(2011)、Hammond 和 White(2011)分别综述了植物磷养分信号的传导途径(图 2.15)。从中可以看出,磷信号的控制非常复杂而精细。

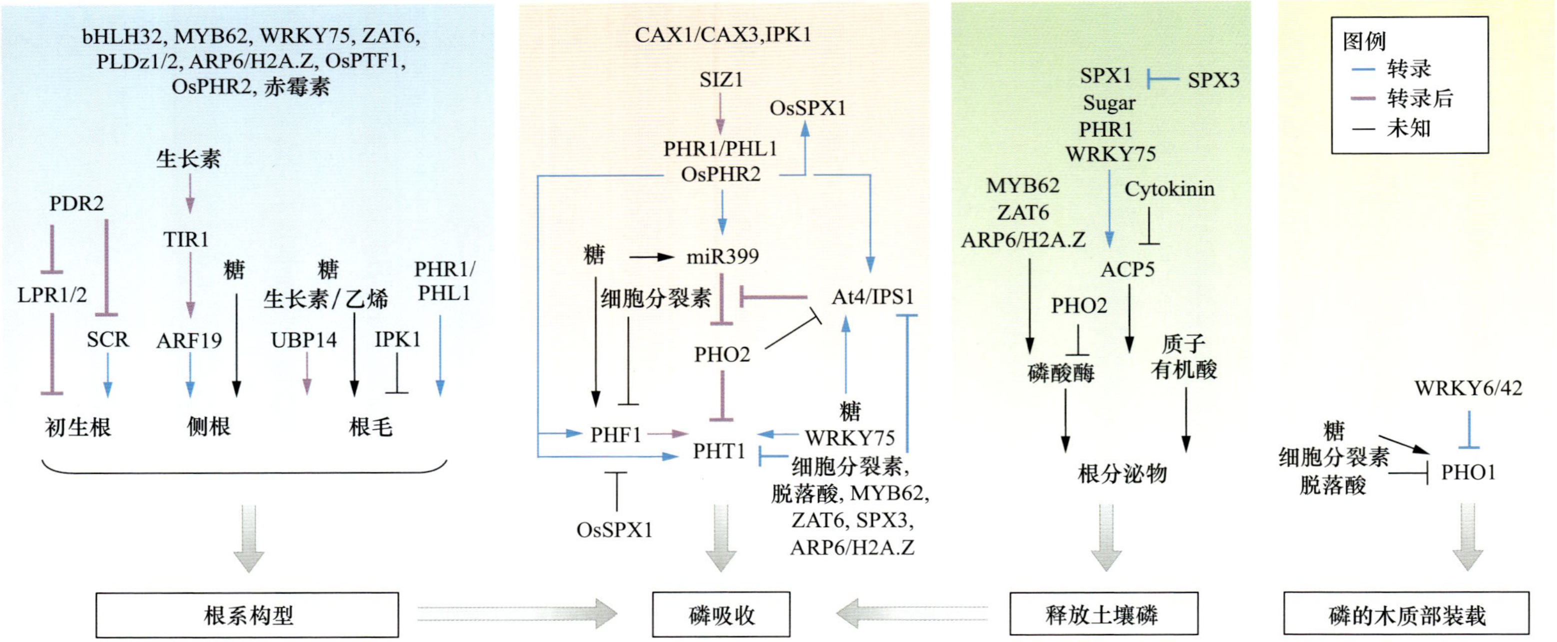

图 2.15　磷高效获取的信号途径及其对根生理及形态的调节（**Chiou and Lin, 2011**）

地上部光合作用合成的同化产物，除了直接作用于作物生长外，其中的己糖等物质可以作为信号影响诸多生理学过程，如氮吸收代谢、叶片衰老等。光合产生向根的运输的蔗糖，除了为根的生长提供碳源外，同样会对根中的生理学反应产生信号调节作用。缺磷抑制地上部生长的同时，使碳水化合物大量积累，其中蔗糖的积累可以抑制光合作用进行，并转而通过调节转录因子TTG1-TT8/EGL3-PAP1/PAP2而促进花青素的合成(Lloyd and Zakhleniuk, 2004; Teng *et al.*, 2005; Amtmann *et al.*, 2006; Solfanelli *et al.*, 2006)。增加蔗糖会加剧植物根对缺磷反应(Hammond and White,2008)。在白羽扇豆(*Lupinus albus*)中，即使在不缺磷条件下，增施蔗糖可以诱导排根的形成(Zhou *et al.*, 2008b)。缺磷增加蔗糖向根的运输，在增加根/冠比的同时，也上调很多基因的表达，如磷转运蛋白、核酸酶(Rnases)、磷酸酶(phosphatases)等，并通过与生长素、细胞分裂素、乙烯的互作调节侧根与根毛发育(Franco-Zorrilla *et al.*, 2005;Jain *et al.*, 2007; Pe′rez-Torres *et al.*, 2008)(图2.16)。利用分根系统，Liu等(2010)在菜豆中发现，局部磷供应诱导*PvHAD1*表达，这个过程受来自地上部的光合产物的影响。

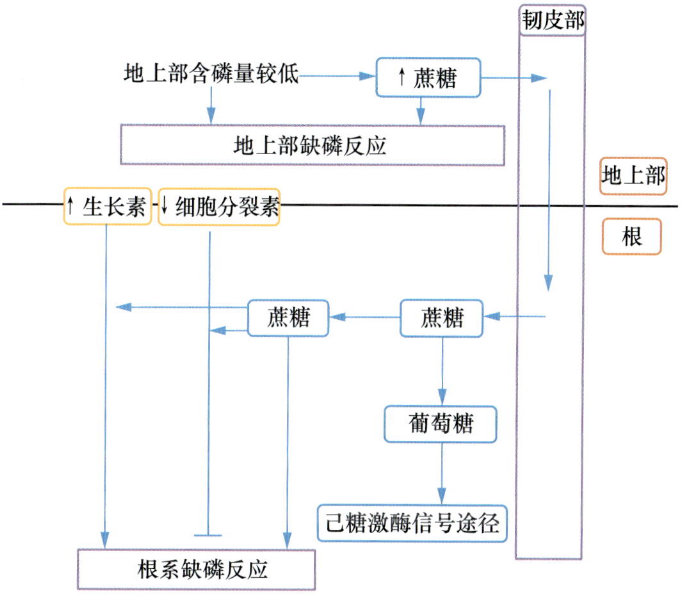

图2.16 由地上部向根系通过韧皮部的蔗糖运输及其对缺磷信号的影响(Hammond and White, 2011)

上述信号系统基本上是基于拟南芥中的认识。Fang等(2009)比较拟南芥与水稻中的磷营养信号系统，这有助于认识作物中的磷吸收利用的调节过程。

2.3 作物对低磷的生理与形态学反应

2.3.1 生理生化反应

缺磷显著降低植物的光合作用强度(Jacob and Lawlor, 1991; Natr, 1992; Poirier and

Bucher, 2002),其原因可能与 Pi 在 ATP 循环中起重要作用有关。光合作用过程中,磷酸三糖(triose-P)是卡尔文循环的净产物。磷酸三糖输出到细胞质中转化为蔗糖及氨基酸。但如果输出受阻,则在叶绿体内磷酸三糖参与淀粉和脂类物质的合成。磷酸三糖的转运依靠叶绿体内膜上磷酸三糖转运蛋白(triose phosphate translocator, TPT)。该蛋白介导叶绿体内 3-磷酸甘油酸与细胞质中 Pi 的反向运输。如果细胞质中 Pi 浓度不足,则叶绿体内磷酸三糖的输出受阻,转而参与淀粉的合成,降低光合作用效率(Jacob and Lawlor, 1991; Weber *et al.*, 2004)(图 2.17)。

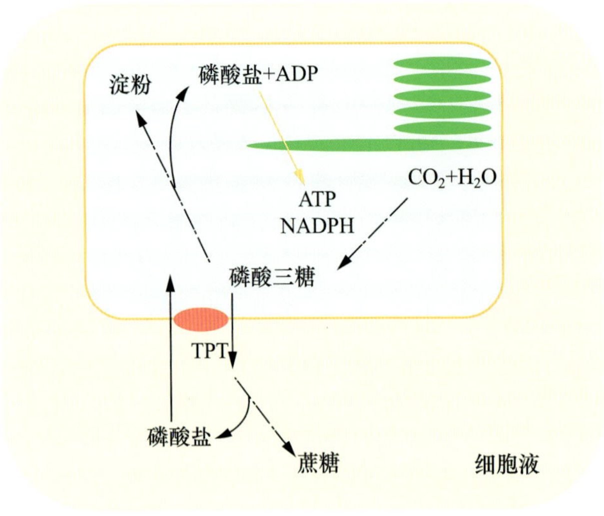

图 2.17 磷酸三糖/磷酸逆向转运蛋白(Weber *et al.*, 2004)

Riesmeier 等(1993)利用反义 RNA 技术,将马铃薯磷酸三糖转运蛋白基因 *pTP2* 转化马铃薯植株,转基因植株的 *TPT* 表达在 RNA 和蛋白质水平上均受到抑制。在离体叶绿体条件下,转基因植株中 TPT 转运 Pi 的能力下降了 20%～30%,结果导致光合效率下降 40%～60%(表 2.4),同时,叶内淀粉含量增加大约 3 倍,蔗糖和氨基酸含量则相应下降。另外,转基因植株前期生长受阻,但到后期表现不明显,块茎产量不受影响。这一方面说明了磷在光合作用过程中的重要调节作用,另一方面也表明,正常植株中 TPT mRNA 合成可能超过维持生长所需的 TPT 合成。

表 2.4 反义表达 TPT 对马铃薯叶绿体内 ^{32}P 的吸收及叶片最大光合效率的影响

	野生植株	转基因植株			
		1	9	39	43
[^{32}P]Pi 转入叶绿体速率/(%, V_{max})	100	72±3	69±5	83±4	72±4
最大光合效率/[mmol/(m^2·h)O_2]	113.0±17.0	44.3±11.1	51.1±5.1	51.9±4.3	52.8±11.1

Riesmeier *et al.*, 1993

缺磷导致光合强度下降也可能因为 1,5-二磷酸核酮糖(ribulose-1,5-bisphosphate, RuBP)再生效率的下降。在正常磷条件下,RuBP 供应充足,核酮糖-1,5-二磷酸羧化酶/加氧酶(ribulose 1,5-bisphosphate carboxylase/oxygenase, rubisco)是决定羧化效率的限制因素。而在缺磷条件下,RuBP 供应不足,而 Rubisco 活性仍得以维持,说明 RuBP 再生是限制光合的重要因素(Jacob and Lawlor, 1991)。ATP 的供应可能限制 RuBP 的再生,因为缺磷会减少光合电子传递能力,并降低 ADP 向 ATP 的转化。缺磷条件下降低单位叶面积的磷浓度,同时 ATP 减少 75%,ADP 减少 40%,AMP 减少 3% (Jacob and Lawlor, 1993). 在玉米中气孔功能不受缺磷的影响,因为缺磷并不改变 CO_2 的扩散(Jacob *et al.*, 1991; Usuda *et al.*, 1991)(表 2.5)。

表 2.5 缺磷对玉米和向日葵光合作用的影响(Jacob and Lawlor, 1991)

营养液中 Pi 的含量 /(mmol/L)	向日葵			玉米		
	A	A_{max}	dA/dCi	A	A_{max}	dA/dCi
10.0	28.2	41.2	2.09	23.7	26.2	7.81
0.5	15.3	26.5	1.03	14.1	15.1	4.03
0.0	5.2	8.4	0.79	3.2	4.5	1.66
$LSD_{(P=0.05)}$	3.7	4.1	0.21	2.8	2.6	0.63

A:大气 CO_2 浓度下的光合速率,μmol/(m^2 · s);A_{max}:最大光合速率,μmol/(m^2 · s);dA/dCi:羧化效率,μmol/(m^2 · s · Pa).

在玉米中报道了 6 个磷酸盐转运蛋白基因,但 *ZmPht1.2* 和 *ZmPht1.4* 是等位变异(Nagy *et al.*, 2006),其功能可能涉及磷的吸收、转运和菌根共生系统中磷的运输。*ZmPht1.1* 和 *ZmPht1.2* /*ZmPht1.4* 的 cDNA 序列非常接近,用 Nortern 技术很难区分其表达。它们在所有器官中均表达,在根中有最大表达量,且受缺磷和低磷(100 μmol/L)诱导,但在缺磷 3 d 后才显著增强。*ZmPht1.3* 在所有器官中均表达,在花药及花粉粒中表达量最大,在根内的表达量居中,在缺磷 24 h 内其表达即上调(雄穗中除外)。但表达所要求的低磷浓度为 50 μmol/L。*Pht1.5* 的表达量很低,几乎检测不到。*ZmPht1.6* 在正常根中没有表达,但在田间土壤中受菌根侵染的根中有强烈表达,它与水稻、苜蓿、马铃薯、番茄等植物中菌根诱导表达的 Pht1 转运蛋白的同源性较高,可能是一个低亲和力磷转运蛋白。有趣的是,在缺磷条件下,该基因在叶片中的表达增加。

在缺磷条件下,玉米能高效分泌酸性磷酸酶,以活化土壤中的有机磷(Gaume *et al.*, 2001; Sachay *et al.*, 1991)。有报道表明,磷高效玉米基因型可能增加柠檬酸及苹果酸的分泌(Corrales *et al.*, 2007; Gaume *et al.*, 2001; Liu *et al.*, 2004),但后来的研究表明,缺磷条件下有机酸分泌下降(Liu *et al.*, 2004),磷高效品种的根系具有较强的质子分泌能力(Liu *et al.*, 2004).

在玉米中也发现,缺磷使根质膜上主要磷脂组分(phosphatidylglycerol, phosphatidylethanolamine, phosphatidylcholine)降低 30%~50%,相应地,其他脂类(sulfolipid *sulfoquinovosyldiacylglycerol*, galactolipids *monogalactosyldiacylglycerol*, *digalactosyldiacylglycerol*)则相应增加 2~4 倍(Calderón-Vázquez *et al.*, 2009)。

2.3.2 根系形态学反应

玉米根系对磷养分供应具有很强的可塑性生长反应。短期缺磷显著增加玉米的根冠比,表明光合产物优先向根系分配,根中碳水化合物的比例和糖浓度都增大(Ciereszko *et al.*, 1996; Khamis *et al.*, 1990),在水培体系中,短期缺磷增加玉米节根的伸长(Liu *et al.*, 2004)(图 2.18)。在水稻(Shimizu *et al.*, 2004; 2008)、小麦(孙海国等,2001;Li *et al.*, 2007,王兰珍和米国华,未发表)中也同样发现,缺磷会诱导根的伸长。缺磷还促进玉米侧根数量与长度、增加总根长、增加根毛(Alves *et al.*, 2001; Gaume *et al.*, 2001; Liu *et al.*, 2004; Li *et al.*, 2007; Zhu and Lynch, 2004)。由于磷在土壤中的移动性较差,所以较发达的侧根和根毛在磷高效吸收中更为重要。

但在长期供磷不足导致严重缺磷条件下,由于地上部光合作用下降严重、同化产物供应不足,根系生长会受到抑制。Mollier 和 Pellerin(1999)在一个营养液培养的试验中(磷浓度接近

10 μmol/L)研究了缺磷对玉米根系和发育的影响。研究发现,缺磷植株根/冠比增大,但仅刚缺磷后根系生长出现一个绝对增长趋势,表现在根的生物量增加,侧根较长。但随着缺磷时间增加,根系生物量明显降低。表现在形态学上就是各种根的数量、长度或密度的降低。玉米的根系可以简单地划分为轴根和轴根上伸出的侧根。轴根包括主胚根(primary root, radicle)、种子根(seminal roots)、地下节根(crown roots)、地上部节根(brace root)。节根构成了整个玉米根系的骨架,对玉米吸收土壤中的磷非常重要。Mollier 和 Pellerin(1999)的研究表明缺磷并没有明显降低轴根的长度,但却抑制了轴根的产生和侧根的伸长。Hajabbasi 和 Schumacher(1994)的研究也得出了相同的结论,他们发现土壤中磷有效性对玉米侧根密度没有影响,但对轴根出生速率有明显影响。

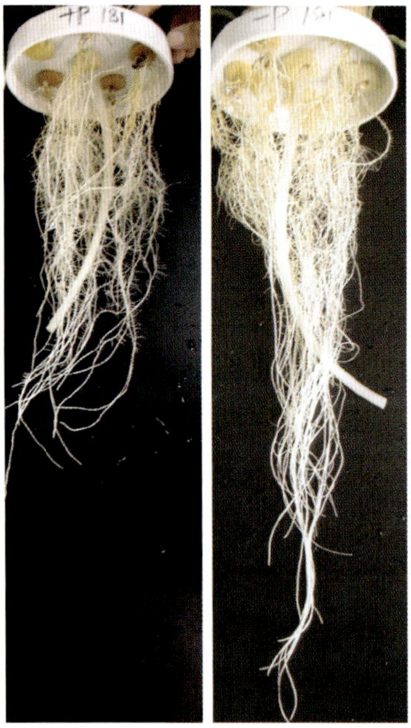

图 2.18 缺磷(右)刺激玉米根伸长

Pellerin 等(2000)在连续 3 年的大田玉米试验中研究了缺磷条件下玉米不定根的数量和生长速率。研究表明,缺磷延长了不定根的生长间隔期,主要降低了 4～7 节上的节根数。Hajabbasi 和 Schumacher(1994)的研究也得出相同结论。另外,Pellerin 等(2000)的研究也表明,缺磷对不定根的影响主要发生在生育早期,这就降低了以后植株对磷的吸收能力。

在小麦中的研究表明,缺磷轻微促进根的伸长,但减少单株总次生根的数量(图 2.19)。然而,由于低磷同时抑制分蘖发生,结果,每个单茎的次生根数反而相对增加,而且分蘖数少的品种,其单茎拥有更多的次生根(表 2.6)(王兰珍和米国华,未发表)。由于次生根是小麦吸收营养的重要部分,因而少分蘖类型的小麦与多分蘖类型的小麦相比,每一个单茎有机会获得更多的磷供其生长,因此,少分蘖类型的小麦对磷胁迫的敏感度(低磷下的相对生长能力)可能较小。

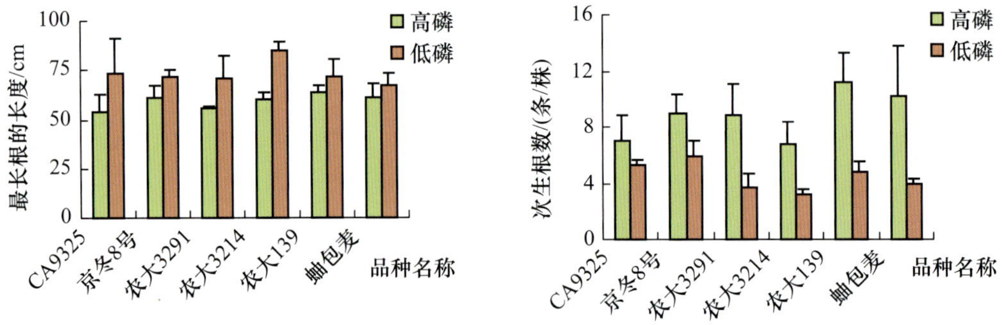

a. 培养24 d后各品种最长根的长度　　b. 培养24 d后各品种的次生根发生情况

图 2.19 缺磷对根伸长及单株次生根数的影响

营养液培养实验:低磷处理的磷浓度为 10 μmol/L,高磷处理的磷浓度为 200 μmol/L。培养 24 d。

表 2.6 小麦的单茎次生根数

	CA9325	京冬 8 号	农大 3291	农大 3214	农大 139	蚰包麦
高磷	3.11	2.48	1.93	1.31	2.06	1.16
低磷	5.00	5.22	2.73	2.08	2.00	1.40

营养液培养实验。低磷处理的磷浓度为 10 μmol/L，高磷处理的磷浓度为 200 μmol/L。培养 24 d。
分蘖能力 CA9325＜京冬 8 号＜农大 3291＜农大 3214＜农大 139＜蚰包麦(参见 2.7.2)

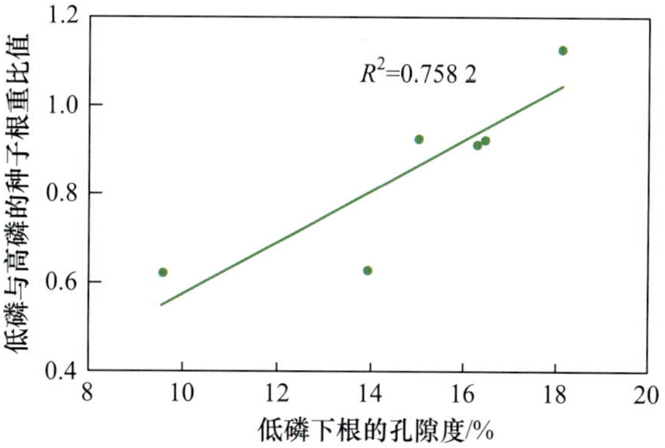

图 2.20 低磷胁迫下玉米根皮层组织中通气组织比例与根维持生长之间的关系(Lynch, 2008)

在磷胁迫下，如何高效利用有限的磷而维持根的生长，是一个重要的生理过程。研究表明，缺磷会导致根系皮层细胞分解，产生较多的通气组织(Aerenchyma)，释放的磷可以被用于维持根生长点的功能(图 2.20)。玉米及菜豆不同基因型间通气组织的产生能力存在显著差异，与不形成通气组织的根相比，根横切面上形成 20%的通气组织可以节省 50%的根系呼吸消耗(Fan *et al.*, 2003;Lynch, 2008)。根内产生较多通气组织的基因型通常更耐低磷 (Fan *et al.*, 2003; Lynch and Ho, 2005) 。但要注意的是，较细的根以及较多的通气组织可能不利于根系穿透土壤能力(Zhu *et al.*, 2005b;Fan *et al.*, 2007)。

根的构型显著影响磷的高效吸收。由于磷更多地分布在表层土壤，移动性又弱，所以在相同的同化物及磷供应条件下，将更多的根系分布于表层土壤，有利于更经济、高效地吸收磷(Lynch, 2005)。Lynch 和 Ho(2005)的研究表明，与增加根分泌物、菌根等缺磷反应相比，改变根构型最为经济。在农作物中，Lynch 小组及严小龙小组在菜豆、大豆上的工作均表明，浅根系的基因型能高效地吸收磷(图 2.21)。Zhu 等 (2005a)在玉米中发现有同样的规律。但值得注意的是，在土壤表层干旱条件下，浅根系的玉米可能不利于植株的生长(Ho *et al*, 2005)(图 2.22)。

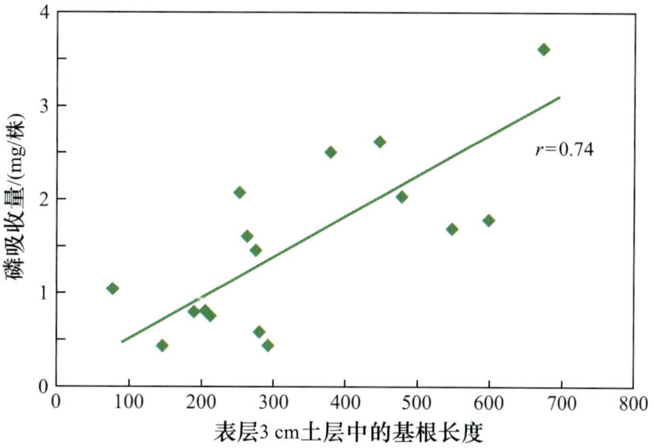

图 2.21 菜豆不同基因型浅根性与磷吸收量的关系(Liao *et al.*, 2001)

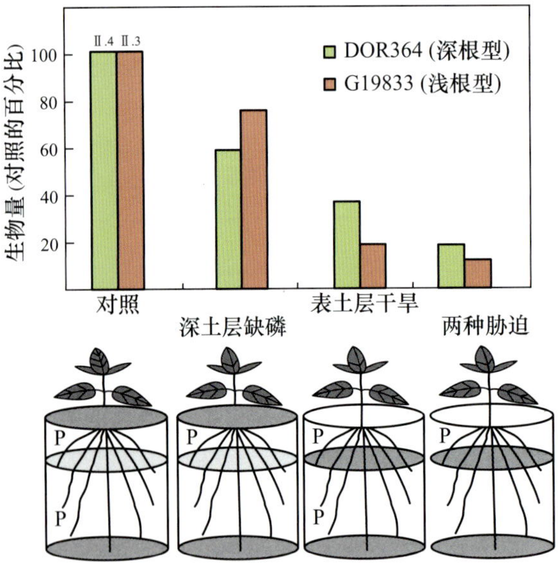

图 2.22 菜豆浅根性与磷吸收和抗旱性的关系(Ho *et al.*, 2005)

在缺磷条件下，玉米根毛长度可增加180%。QTL定位结果表明，在玉米中，根毛的遗传变异与磷高效吸收相关（Zhu *et al.*，2005b）。在玉米中已鉴定出3个根毛突变体 *rth1* ～ *rth3*（Wen and Schnable，1994）。但只有 *rth1* 对生长有影响，另两个突变体则生长正常。这说明，田间条件下，根毛在养分高效吸收中的作用仍值得探讨。

玉米是容易受菌根侵染的作物之一（Paszkowski and Boller，2002）。多项研究表明，在缺磷条件下接种菌根可以显著地促进玉米生长（Gavito and Varela，1995；Kaeppler *et al.*，2000；Kothari *et al.*，1990；Wright *et al.*，2005）。在菌根浸染条件下，玉米侧根突变体 lateral rootless 1（*lrt1*）可以正常生长（Paszkowski and Boller，2002）。一项研究表明，欧洲与非洲的玉米品种之间菌根浸染程度有差异，欧洲玉米品种（River）在低磷下生产较差，但对菌根的响应程度高，非洲品种（H511）具有较大的根冠比，更耐低磷，但对菌根接种的响应低（依赖性较低）（Wright *et al.*，2005）。总体来看，尚没有文献证明玉米耐低磷的基因型差异与被菌根浸染能力有直接关系。

2.3.3 植株水平上对缺磷的反应

缺磷对玉米生长的影响包括降低株高、推迟叶片的出生、减少叶面积、抑制穗分化、推迟开花与抽丝、增加败育率（秃尖数较高），最终减少穗数、穗粒数、粒重和产量（Plénet *et al.*，2000a，2000b；Sierra *et al.*，2003，刘向生，2005，张丽梅等，2006）。缺磷条件下，玉米株间对土壤中有限磷的竞争加剧，处于竞争劣势的植株经常不能完成穗的正常生长发育，发生“空秆”现象。

在小麦和水稻等分蘖作物中，缺磷可以显著减少分蘖的发生及生长，最终成穗数下降（图2.23）。株高降低也是很显著的特征。在冬小麦越冬过程中，缺磷严重降低小麦对低温的抗性，早春会发现，麦苗的越冬死亡显著上升，这是缺磷减少冬小麦成穗数的重要原因。缺磷抑制细胞的伸展，因此，叶面积小，而且叶色变得暗绿。

作物冠层吸收的光合有效辐射主要取决于叶面积指数和作物的几何构型。Plenet 等（2000）从影响叶面积指数的几个方面来研究缺磷条件下的大田玉米对光合有效辐射的吸收。结果表明，缺磷条件下，出叶间隔期明显延长，尤其是在8～14叶期；叶片的伸长速率严重降低，并由此引起叶面积变小，所有这些症状在下部叶片表现得更为明显。对此，一些研究者在向日葵、小麦、大豆等作物上进行的研究也得出了相同的结论（Rodriguez *et al.*，1998c；Rodriguez *et al.*，1998a-b；Qiu and Isral，1994）。按积温值计算，叶片衰老大约开始于玉米播种后 400 ℃,但直到开花期它对叶面积指数没有实质性的影响,开花后衰老逐渐加速。这说明,叶面积指数的降低主要是由于缺磷延长了叶片的出现和降低了叶面积的大小。直到 7 叶期,叶面积大小的降低始终是叶面积指数下降的主要原因,到第 9 叶时 P_0 处理中叶面积指数比供磷充足时降低了 60%,其中一半源自叶面积的降低,另一半则是出叶间隔延长所致。而此后出叶间隔期延长是叶面积指数下降的主要原因。

图 2.23 缺磷抑制小麦株高及分蘖
(两个品种,左边正常供磷,右边缺磷)

植物将吸收的光合有效辐射转化成干物质的效率,亦即光能利用率(RUE),它通常用地上部生物量与吸收的光合有效辐射的线性关系的斜率来表示。理论上,二氧化碳同化率与光能利用率间存在关系。Sinclair 和 Horie(1989)研究表明:增强叶片光合速率也非线性地提高了光能利用率,并且光合速率最大时光能利用率已经达到最大值。研究表明,缺磷影响了单位叶面积的光合作用(Jacob and Lawlor,1991;Qiu and Isral,1994;Rudriguez *et al.*,1998)。这说明缺磷对光能利用率有影响。但是,也有报道说缺磷在影响单位叶面积之前已经抑制了作物生长(Jacob and Lawlor,1991;Qiu and Isral,1994),这说明缺磷对光能利用率的影响并不是抑制生长的主要原因,至少在缺磷初期是这样。Plenet(2000)研究了缺磷对大田玉米光能利用率的影响。结果同样表明,在此试验的缺磷范围内,缺磷对光能利用率几乎无影响。开花前期光能利用率受生育期的影响,生育早期低。而开花后期,积温及整个生育期的日平均气温对光能利用率都无影响。这说明光能利用率与植物生育期有关,生育早期低。但不同处理中所有结论都未表明缺磷对光能利用率有明显影响,甚至在植物生长最受抑制的生育早期。

2.4 作物磷效率的基因型差异及生理学机制

从作物遗传改良的最终目标考虑,磷效率指低磷供应条件下作物的绝对产量。如前一章中有关氮效率所介绍的那样,磷效率也决定于两个构成因素:一个是磷的吸收效率(P uptake efficiency, PUpE),指的是植物根系对介质中磷的吸收利用能力,可以用磷积累量表示;另一个是植株体内磷的利用效率,即单位植株积累的磷所产生的产量(P utilization efficiency, PUtE)。但在不同的研究者之间,出于机理分析的需要,有很多其他的参数被加以利用,比如耐低磷系数、对低磷的敏感度等。

2.4.1 小麦

冬小麦对磷的吸收在拔节期达到 30%~40%,在开花期达到 70%~100%,其余的在开花后 20 d 内吸收完毕。成熟期籽粒中的磷约占地上部总磷量的 50%(党红凯,2007)。

中国科学院遗传与发育研究所李振声院士小组从 20 世纪 90 年代开始研究小麦磷高效遗传与改良。他们筛选出了太核 5025、洛夫林、9204-2-8-40、小偃 54、代 108 等“磷高效高产”型品种。冀 87-461 7、中国春、81(85)5-3-3-3 等为“磷中效中产”型品种，而京 411、91337-1-1-2 为“磷低效低产”型品种(李继云等，2000)。其中小偃 54 是他们利用小麦与偃麦草远缘杂交后，筛选出的磷高效品种。

王兰珍(2003)通过两年的田间试验，鉴定了 150 余份我国冬小麦种质的磷效率表现。2001 年，在低磷条件下的平均产量是高磷条件下平均产量 15%左右，属于严重磷胁迫。低磷条件下产量变异系数为 36.7%。根据低磷产量对冬小麦品种进行分组，共分为 5 组，组距为 29.4 g/m^2(表 2.7)。从分组结果可以看出大多数品种分布在第二、三组，约占所有品种的 64.6%，规定这些品种为磷中效品种，相应的第一组为低效品种，第四、五组为高效品种。

表 2.7 低磷条件下冬小麦品种在不同产量范围内的分布情况

产量分组/(g/m^2)	27.4～56.8	56.9～86.2	86.3～115.6	115.7～145.1	145.2～174.5
品种数/个	14	29	22	9	5

规定高磷产量高于所有品种平均产量 20%(674.8 g/m^2)的品种为高产品种，低于此标准为低产品种。综合考虑冬小麦品种的磷效率和充分供磷时的产量表现，将冬小麦分为高产高效、高产中效、高产低效、低产高效、低产中效、低产低效六类(表 2.8)。从表 2.8 可知，通过筛选得到了 10 个高产高效的品种，它们既可在生产中直接应用，又可作为改良小麦磷效率的育种材料，是最有价值的一类品种。低产高效品种可作为磷高效育种的原始材料，用来改良目标品种的磷效率。高产低效和低产低效品种可能在磷效率的生理遗传机制的研究中起重要作用。

表 2.8 冬小麦品种的产量潜力和磷效率分类(2000—2001 年)

品种类型	品种名称
高产高效	CA9325、冀麦 15、北京黑芒麦、农大 139、99250211-3、向阳 2 号、石家庄 4 号、北京 13、20120267、太核 5025
高产中效	晋麦 18、小偃 4 号、红良 4 号、九三红、北京 10 号、冀麦 25、冀麦 17、石家庄 34、丰抗 5 号、冀麦 6 号、科遗 29、京 9428、冀麦 33、晋麦 8 号、平阳 181、丰抗 9 号、石家庄 54、京冬
高产低效	晋麦 2 号、冀麦 14、20120223、革选 1 号、农大 45、8185
低产高效	中优 9507、94 冬 28、京花 1 号、临旱 6210
低产中效	晋麦 18、晋麦 7 号、晋麦 17、农大 3214、晋麦 9 号、丰抗 2 号、农大 152、京 411、20120164、小红麦、20120219、运 83-1、农大 3291、80-55、20120153、丰抗 1、冬协 1 号、20120166、京 437、晋麦 31、农大 2911、向阳 4 号、晋麦 13、20120248、石 65-848、北京 5 号、20120229、邢选 1 号、河北农大 3 号、丰抗 7 号
低产低效	太辐 23、农大 116、20120083、20120075、冀麦 23、20120171、蚰包麦

在 2001—2002 年，对上一年选出 37 个不同磷效率的品种(系)进行进一步鉴定试验。从图 2.24 可以看出不同磷水平之间冬小麦产量差异明显，低磷的平均产量为 262 g/m^2，是高磷

平均产量(464 g/m²)的57%左右,为重度胁迫。低磷产量的变异系数为25.9%,冬小麦磷效率的基因型差异非常大,适合进行冬小麦磷效率的筛选。

考虑到参加再鉴定的品种数目较少,为避免丢失有用的育种材料采用较为宽松的分类标准。冬小麦的产量能力和磷效率均采用不同品种的平均值作为分界线,从而将品种分为四类:高产高效、高产低效、低产高效、低产低效,分类结果见表2.9。

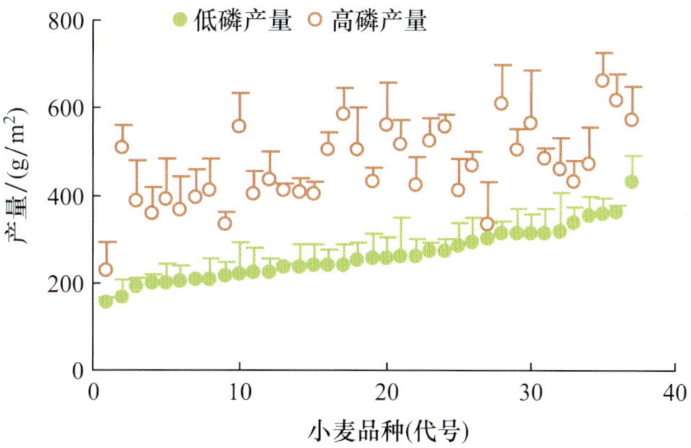

图2.24 冬小麦品种在不同磷水平的产量表现

表2.9 冬小麦品种的产量潜力和磷效率分类(2001—2002年)

品种类型	品种名称
高产高效	农大3214、晋麦9号、京411、京冬8号、晋麦2号、京9428、农大3291、临旱6210、丰抗9号、CA9325、农大45、农大139
高产低效	8185、太核5025、丰抗3号、蚰包麦、冬协2号、冀麦27、冀麦14
低产高效	向阳2号、石家庄4号、北京黑芒麦
低产低效	冀麦15、农大152、农大116、冀27、晋麦17、革选1号、冀麦23、20120223、丰抗4号、20120267、冀麦17、向阳4号、北京13

将两年的鉴定结果比较,选出两年内产量潜力和磷效率类型类似的品种,这些品种包括高产高效品种CA9325、农大139,高产低效品种冀麦14、8185,低产低效品种农大116、冀麦23等。由于第一年的筛选标准比较严格,因此这五个品种是产量能力和磷效率都比较稳定而且比较典型的品种。

在2001—2002年度试验条件下,冬小麦品种对低磷敏感度[(高磷产量－低磷产量)/高磷产量]的平均值为43%(图2.25),变异系数为26.2%。以平均敏感度为界,将所研究的品种分为敏感型和不敏感型型品种。再综合磷效率的分类结果,将冬小麦品种分为四种磷营养效率类型:高效不敏感型、高效敏感型、低效不敏感型、低效敏感型(表2.10)。

高效不敏感型品种包括10个品种,它们在磷供应不足的条件下可获得较高的产量,但增加磷肥的供应对其产量的提高较为有限,因此在生产上应用这些品种时,可适当降低磷肥的使用量,达到节肥的目的。高效敏感型品种包括5个,这类品种在磷素供应不足的条件下表现良好,改善土壤的供磷状况后,其产量水平会进一步增加,因此在生产上这类品种既可适用于低磷地区,也可适用于磷肥施用量高的地区。低效不敏感型品种包括6个,它们在磷素不足的情况下产量水平较低,增加磷素供应亦不能大幅度提高其产量,因此在生产上意义不大。低效敏感型品种包括15个,它们在磷素供应不足的条件下产量较低,但增加磷素供应后产量迅速增加,因此这类品种仅适用于磷肥施用量高的地区。

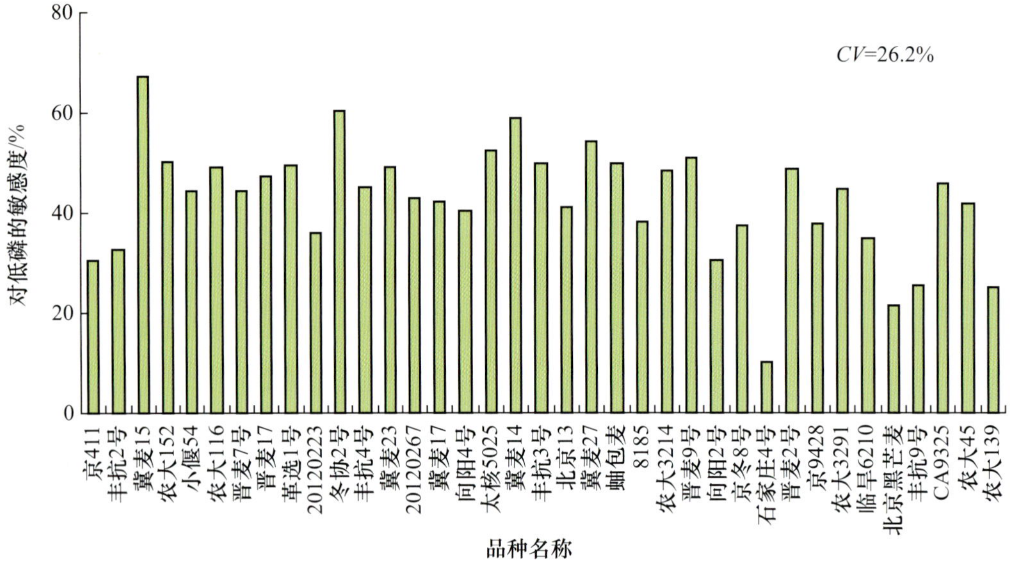

图 2.25 冬小麦对低磷敏感度的基因型差异

表 2.10 冬小麦品种磷营养效率的分类

磷营养效率	品种名称
高效不敏感	京 411、石家庄 4 号、北京黑芒麦、农大 139、丰抗 9 号、向阳 2 号、临旱 6210、京冬 8 号、京 9428、农大 45
高效敏感	农大 3214、晋麦 9 号、晋麦 2 号、农大 3291、CA9325
低效不敏感	8185、20120223、20120267、冀麦 17、向阳 4 号、北京 13
低效敏感	丰抗 3 号、蚰包麦、冬协 2 号、冀麦 27、冀麦 14、冀麦 15、农大 152、农大 116、冀 27、晋麦 17、革选 1 号、冀麦 23、丰抗 4 号、太核 5025

王兰珍(2003)的研究表明,小麦的株高、产量三因素组成特点以及由缺磷引起的抽穗期变化与小麦的磷营养效率有关,通过对有关农学性状的了解有助于更快更准的获得典型的磷效率材料。研究发现,缺磷条件下扬花期的生物量、光合叶面积和成熟期的成穗数、穗粒数与小麦的磷效率相关性较高,可能成为筛选磷高效材料的次级选择指标。

依产量构成因素的不同,小麦可分为大穗型、中间型和多穗型。Wang 等(2010)的结果表明,磷高效品种在缺磷条件能维持其独特的产量结构优势,总体而言,与磷低效品种相比,磷高效品种在缺磷条件下具有分蘖两极分化速度快,单穗发育好,扬花后合成光合产物能力强的特点。与此同时,产量结构不同的磷高效品种在适应低磷环境方面也表现出了各自不同的特点。磷缺乏条件下,大穗型的磷高效品种 CA9325 能更好地维持次生根在扬花后的发育,因而在扬花后可获得更多的磷用于籽粒的发育;多穗型的磷高效品种农大 139 能在扬花前累积较多的磷,在扬花后不再具备吸磷优势,但有较高的磷利用效率,因此最大限度地降低了缺磷对籽粒产量的不良影响。

孙岩等(2002)研究了 32 个春小麦品种对磷素的耐缺磷系数(低磷下的相对值),结果表明产量、成熟期的株高、穗长、小穗数和穗粒数的耐缺磷系数在不同品种间存在较大差异,且产量的耐缺磷系数与其他几项指标的耐缺磷系数均有较好的相关性。

Kozdoj 等(1998)在 比较了不同磷效率小麦的主茎穗的形态发生。高效基因型以高的干物重为特征，其穗分化的各个时期(二棱形成期、小穗发生与分化期、小花发生与分化期、小花生长期)比低效基因型提前了 10 d。高效基因型在抽穗期显示出有更多的小花原基和可育小花，在开花期有更多的成熟小花和更高的穗粒数。高效基因型有更高的穗粒重。黄亚群等(2001)通过对不同磷效率类型品种(系)性状表现的方差分析，发现耐缺磷的品种具有较高的穗分化和结实能力。

Barriga 等(1998)等在田间试验条件下研究两个供磷水平下(50 kg/hm^2 和 200 kg/hm^2) 12 个春小麦基因型的表现，发现在低磷条件下，磷效率比(P efficiency ratio, PE。即产量/植株磷浓度)存在较大的基因型差异，但 PE 与籽粒产量不相关。

在小麦磷高效吸收生理与形态这基础方面，Fageria 和 Baligar(1999)在温室条件下评价了 15 个小麦基因型的磷效率。结果表明地上部的磷吸收量是对磷缺乏最敏感的植物学指标。Jones 等(1992)的试验也表明，在低磷条件下，靠近成熟时磷累积量大的品种有更高的产量。有人认为根系形态和根系活力的不同是造成磷吸收效率不同的主要原因。Gahoonia 和 Nielsen (1996)的研究认为不同的冬小麦基因型从根际土壤中获得 Olsen-P 的效率不同，其原因是在根际中获得磷的范围不同，推测可能是根毛长度不同所致。黄亚群等(2001)研究表明，具有发达根系的品种吸磷能力强，耐缺磷程度高。

李继云等 (1995)研究表明，低磷处理时 4 个小麦品种的有机酸总量与产量呈正相关，而且达到显著水平，这说明在有效磷低的土壤条件下，不同品种根系分泌的有机酸量明显影响小麦产量的高低。他们用琼脂法的研究结果表明，磷胁迫条件下，磷高效小麦基因型冀 87-4617 根系区域的 pH 从供磷充足的 8.0 下降为 4.5，降低了 3.5 个单位，而磷低效小麦基因型硬粒小麦根系区域 pH 在高、低磷条件下变化不大。王庆仁等 (2000)发现无论是否施用磷肥或施用何种磷肥，磷高效小麦基因型的根际 pH 均明显降低，而磷素亏缺区则明显大于磷低效基因型，表现出磷高效基因型根际效应的显著优势。

孙海国等(2002)对 6 种基因型小麦的研究表明，根轴数量、根轴长度、根生长角度和根系长度之间存在着基因型差异，相关分析表明，小麦的相对产量与缺磷条件下的小麦苗期根系形态指标的交互作用之间具有显著的线性关系，这表明小麦苗期根系形态性状可作为早期有效地筛选磷高效小麦品种的指标。磷吸收动力学参数也可能是小麦磷效率基因型差异的原因，刘国栋等(1996)发现，在低磷条件下，磷高效基因型 85504-3-3-2D-7 的 K_m 值小于磷低效基因型 80-55，而前者的 I_{max} 值大于后者的 I_{max} 值，说明在吸收特征上，磷高效基因型的自适应或自拯救的能力比磷低效基因型强。

在磷高效利用生理机制方面，经磷饥饿后，小麦根系酸性磷酸单酯酶的表达和分泌都受到了显著的促进作用，磷高效基因型的这种表现更为突出，对磷的吸收利用能力更强 (刘国栋等，1996)。低磷营养胁迫导致小麦-长穗偃麦草附加系叶片与根系组织内酸性磷酸酶 (AcPh) 酶带加强或诱导产生新酶带，这些酶带的出现可能与磷胁迫条件下体内 PO_4^{3-} 的应急供应有关，提高体内磷素的再利用率 (李玉京等，1998)。郭程瑾等(2006)的研究则表明，磷高效小麦品种具有较高的叶片光合碳同化作用，其原因包括光合器官捕光能力较强、光合作用的气孔限制和非气孔限制程度较低、暗反应速率较高等。张建恒(2006)的研究进一步表明，缺磷条件下，各测定时期的叶绿素含量、气孔导度、叶肉导度、碳酸酐酶活性和光合速率以及可溶蛋白含量和 RuBPCase 活性，均大致以磷高效品种(阿勃、小偃 6 号、81(85))最高，中效品种(阿夫、烟中 144、欧柔)次之，低效品种(NC37、科遗 26、河农 670)最低；不同磷效率品种各测试时期的叶面积指数和作物生长率(CGR)、净同化率(NAR)和光合势(PP)也是相同趋势。磷高效品种是由于其具有较强的光反应活性、较强的 CO_2 传输能力和较高的暗反应效率综合作用的结果；其光合碳同化特性和物质生产能力的相对改善，主要是由于植株磷吸收数量较多，使细胞内部磷胁迫程度相对较低及由此导致的光合机构功能相对提高。

2.4.2 玉米

玉米全生育期均对磷有较高的需求，出苗到大喇叭口期约吸收 35%的磷，大喇叭口期到吐丝期约吸收 25%的磷，其余 40%的磷在吐丝至成熟期吸收(高炳德等，2000)。籽粒中磷占地上部磷总积累量的 70%～80%(常建智，2010)。

玉米对磷的吸收利用能力存在显著基因型差异。刘向生等(2003，2005)利用磷肥长期定位田鉴定了我国 100 份自交系对低磷胁迫的反应(表 2.11 和表 2.12)，以产量和苗期缺素症为指标，综合两年结果，选出部分磷高效玉米自交系，其中早熟型的有小白磁、早 27、陕综 3 号和原黄 81；中熟的有原引 1 号、许 1、辽旅群体和齐 205 等。他们的研究还表明，夏播玉米条件下，早熟型玉米自交系在高、低磷条件下的平均产量分别略高于中熟型玉米自交系，但彼此间差异不显著。不同株型之前，两个磷水平下，中间型玉米的产量要高于紧凑型和平展型。

表 2.11 两个磷水平下不同生育期及株型玉米自交系的产量和相对产量(2001 年)

早熟					中熟				
自交系	株型	低磷产量/(g/株)	高磷产量/(g/株)	相对产量	自交系	株型	低磷产量/(g/株)	高磷产量/(g/株)	相对产量
2-2	紧凑型	0.0	25.9	0.00	8112	紧凑型	0.0	22.8	0.00
1151	紧凑型	13.8	35.2	0.39	4-1	平展型	0.0	23.8	0.00
H99	平展型	17.9	33.6	0.53	Ono-2-1-3-1-3-1	紧凑型	0.0	35.3	0.00
综 31	紧凑型	24.2	34.6	0.70	许 1	紧凑型	0.0	49.8	0.00
992-2-2-2-1-1-01	紧凑型	30.7	86.3	0.36	8703-2	中间型	0.0	80.3	0.00
黄 219	紧凑型	30.9	57.5	0.54	武 314	中间型	7.2	24.9	0.29
陕 K12	紧凑型	33.9	44.4	0.76	79028	紧凑型	19.9	29.2	0.68
民黄	中间型	36.5	47.1	0.77	CA186	中间型	22.3	47.1	0.47
H21	紧凑型	37.0	55.6	0.67	齐 318	中间型	22.7	26.5	0.86
二黄	紧凑型	39.4	52.7	0.75	H9-21	中间型	23.3	47.7	0.49
获唐黄	中间型	48.0	61.7	0.78	齐 319	紧凑型	23.6	37.6	0.63
小白磁	平展型	61.9	70.5	0.88	B73	紧凑型	24.0	34.2	0.70
早 27	中间型	62.9	114.4	0.55	3189	紧凑型	25.5	113.7	0.22
CA170	中间型	64.7	66.2	0.98	辽综 AC3	中间型	26.0	23.8	1.09
97-42-1	紧凑型	67.1	80.8	0.83	河农 5	紧凑型	28.5	41.0	0.70
陕综 3 号	中间型	76.2	106.7	0.71	K303	紧凑型	29.9	23.5	1.27
					河农 7	中间型	34.8	116.7	0.30

续表 2.11

早熟					中熟				
自交系	株型	低磷产量/(g/株)	高磷产量/(g/株)	相对产量	自交系	株型	低磷产量/(g/株)	高磷产量/(g/株)	相对产量
					糯 5	紧凑型	34.8	26.8	1.30
					803	紧凑型	36.1	28.2	1.28
					齐 205	中间型	36.9	79.8	0.46
					武 313	中间型	37.1	37.8	0.98
					八道渠	中间型	38.2	94.4	0.40
					478	紧凑型	38.9	43.6	0.89
					CA270	中间型	39.7	29.4	1.35
					5003	紧凑型	41.9	48.4	0.87
					辽旅群体	平展型	44.1	40.5	1.09
					330	紧凑型	44.5	112.4	0.40
					选 46	紧凑型	45.4	45.6	1.00
					1104	紧凑型	47.5	121.7	0.39
					原引 1 号	紧凑型	48.8	79.5	0.61
					河农 9	中间型	52.6	49.9	1.05
					唐山白	中间型	58.0	44.0	1.32
平均值		40.3	60.8				29.1	51.9	

刘向生,2005

表 2.12　两个磷水平下不同生育期玉米自交系的产量和相对产量(2002 年)

自交系	生长期	株型	低磷产量/(g/株)	高磷产量/(g/株)	相对产量
8703-2	中熟	中间型	18.3	23.3	0.78
辽旅群体	中熟	平展型	8.7	25.3	0.34
陈 94-11	晚熟	中间型	1.7	27.7	0.06
428	晚熟	紧凑型	14.1	34.7	0.41
7922	晚熟	紧凑型	4.0	35.3	0.11
3189	中熟	紧凑型	13.3	37.2	0.36
原引 1 号	中熟	紧凑型	19.0	38.3	0.49
许 8	晚熟	紧凑型	10.9	40.2	0.27
早 27	早熟	中间型	19.2	40.6	0.47
488	晚熟	紧凑型	14.8	41.3	0.36
原黄 81	早熟	紧凑型	28.8	46.0	0.62
武 314	中熟	中间型	14.0	50.4	0.28
992-2-2-2-1-1-01	早熟	紧凑型	13.6	55.4	0.24
许 1	中熟	紧凑型	26.8	59.8	0.45
OH43	早熟	紧凑型	32.9	86.1	0.38
OH43-2	早熟	平展型	21.3	99.7	0.21
齐 205	中熟	中间型	46.4	109.2	0.43
2-3	早熟	紧凑型	38.6	124.0	0.31

刘向生,2005

在山西省，王艳等(2003)在田间评价了11份玉米自交系对磷的反应。发现产量最高的基因型(中宗2号)为产量最低基因型(忻9005)的5.15倍，将这些品种在二磷水平下以产量进行磷效率双向划分可以分为4种类型：双高效型(太411、KH12、58、中宗2号)；高磷高效型(187)；低磷高效型(冀257)；双低效型(478、冀35、XL12、忻9005、H21)。成熟期吸收、利用效率与磷效率的关系表明，在同一供磷条件下，11份自交系吸收、利用效率均有显著的差异。在两个供磷水平下，吸收效率与磷效率存在显著的正相关关系，而利用效率仅在高磷条件下与磷效率存在正相关性，表明在低磷水平下，成熟期磷效率主要由吸收效率决定，在高磷水平下，磷效率是吸收效率和利用效率共同作用的结果。但也有不同观点，刘向生(2005)的研究表明，磷高效与磷低效基因型具有相同的磷转运效率及磷收获指数。

在四川两个生态区(雅安和泸州)，张吉海等(2006)对76个玉米自交系进行了低磷胁迫筛选试验。大田种植条件下，通过对苗期部分性状耐低磷的变异系数、变异范围、平均值以及性状间的相关分析，结果表明：相对生物产量、相对株高、相对茎粗以及叶片缺素指数可作为耐低磷基因型筛选和评价的指标。根据上述指标，发现178、RP125、99S2052-1、99S2052-2、9809-1共5个自交系在两个试验点都表现出较好的耐低磷特性；9792-2、郑58、9508B等36个自交系在两个试验点都表现出低磷敏感特性。

在土壤盆栽试验中，陈俊意等(2008)利用主成分分析方法对32个玉米自交系进行了划分。第一类是磷吸收效率和磷利用效率都较大的玉米基因型，有178、7146、488、5003、黄C和7331。第二类磷吸收效率较大、磷利用效率偏小的玉米基因型，有贞367、8535、502196、木6、5311、52106、S37、082、48-2、7327和郑22。第三类磷吸收效率偏小、磷利用效率较大的玉米基因型，有77、B8金、3189、E28、95、286和自330。第四类磷吸收效率和磷利用效率都偏小的玉米基因型，有3H-2、Mo17、9195、掖107、7922、32、丹340和黄早四。

岳辉等(2010)在辽宁省开展研究，以375份东北三省常用玉米自交系为试材，以低磷/高磷下的缺素症、产量和百粒重的相对值为指标，筛选Mo3和掖107为耐低磷玉米自交系；典型不耐低磷自交系为丹9046、铁9206和旅9宽。

由于不同玉米品种的磷高效机理不同，或者因为磷高效吸收、或者因为磷高效利用，所以在玉米磷高效的生理基础方面，不同的基因型比较往往得出不同的结论。Clark和Brown(1974)发现，在磷胁迫条件下自交系Pa36比自交系WH有更高的磷浓度。当两者生长于同一容器中时，Pa36能产生更多的干物质。在不同的磷水平下，Pa36的完整根系比WH表现出更多的磷酸酶活性。Clark(1983)研究发现，低磷营养胁迫下，玉米根系分泌到生长介质中的酸性磷酸酶(AcPh)活性的增强提高了玉米对磷素的利用效率。Vegh等(1998)在条件可控的盆栽条件下，将两个玉米杂交种和它们的亲本种植在磷缺乏的沙土中，种植6～8周之后发现，根系发育好的基因型表现更好。Bayuelo-Jiménez等(2011)评价了242个墨西哥的玉米基因型的磷效率，发现磷高效品种具有较高的生物量、根冠比，节根数、节根长、节根上侧根数及根毛密度均较高。晚熟品种耐低磷性较高。Nielsen和Barber(1978)的研究结果表明，在营养液培养条件下，玉米近交种之间单株根长的差异达1.8～3.3倍。在米国华等(2004)的土壤盆栽试验中，低磷显著降低了玉米地上部干重、初生根及次生根重及磷累积量，但两个磷高效自交系(181和186)的降低幅度要小。在6叶期，磷高效自交系初生根的侧根及轴根均显著高于磷低效自交系，且侧根/轴根比、比根长值较高。章爱群等(2008)的研究也表明，耐低磷基因型适应低磷的能力较强，是因为它们具有较长的根系和较大的根干重。张可炜等(2007)比较了齐 319(对照)和来源于齐 319 的耐低磷突变体 99037 和 99106,自交系 99037 与齐 319 相比具有植株磷浓度低、磷素再利用能力强、磷利用效率和净吸收量高等特征。他们以齐 319 耐低磷突变体为亲本组配成杂交组合 SD-1、SD-2,发现这两个新杂交种有较强的磷吸收能力和利用效率。SD-1、SD-2 的根系干重、总根长、根总表面积、平均根尖数均明显增加,而平均直径减小。因此认为,SD-1、SD-2 对磷具有高的吸收效率是由于根系生长旺盛,根系吸收面积大、根系活力强和对磷亲和力高所致。

李志洪等 (1995)通过对 3 种基因型玉米的研究发现,在不同磷水平水培条件下,缺磷处理使得各品种间根总长差异相当大,白单 13 为 19.5 m,四单 8 为 11.2 m,而铁单 4 为 9.5 m,白单 13 根长是铁单 4 的 2 倍以上。磷营养效率较高的基因型玉米品种白单 13 在低磷条件下具有最低的 K_m值 (5.39 μmol/L)和 C_{min}(0.51 μmol/L),分别低于铁单 4 和四单 8 的 K_m值和 C_{min}。林翠兰等 (1991)结果也表明,在低磷胁迫条件下,磷高效玉米品种农大 60 的 K_m值和 C_{min}都比磷低效品种中单 2 号低,说明农大 60 是吸磷高效的基因型品种,能耐低磷的胁迫,在缺磷的石灰性土壤上适应能力较强。张可炜等(2007)的研究中也发现,除了根系形态学的优势外,磷高效基因型在磷吸收动力学上表现出较大的 I_{max}和较低的 K_m和 C_{min}。

2.4.3 水稻

水稻在抽穗期吸收约 75%的磷,其余的 25%在抽穗-成熟期吸收(孙永建等,2010)。水稻磷的收获指数约为 0.7(孙永建等,2010;王伟妮等,2010)。刘亚等(2005)以生物量、分蘖数及产量的低磷/高磷比值为指标,对 281 份不同的水稻品种(品系)进行了耐低磷筛选和鉴定。鉴定出农林 12、IRAT109、寒九和 IR20、02428/秦爱、02428/幸实和滇三型 7888-3A-/02428 为较好的耐低磷材料;越富、N22、Awsl70、CPS/秦爱、02428/Nebennet 等为磷敏感材料。研究发现,不同来源或类型的品种在耐低磷能力上表现出了广泛的差异,来源于非洲 IBAT 及 1TA 系列的耐低磷品种比例较高,早稻品种表现出了较好的耐低磷特性。磷敏感品种(品系)与耐低磷品种(品系)相比,在低磷条件下分蘖力减弱、植株矮小、穗发育迟缓,导致其产量下降。郭再华等(2006)对 2 472 个来自不同核心种质资源库的代表性水稻品种进行了苗期耐低磷筛选。

明凤等 (2000)的试验结果表明,水稻的磷吸收效率与磷效率显著相关,而利用效率与磷效率为负相关。潘晓华等 (2002)的研究也表明,高的磷利用效率不是磷高效水稻品种大粒稻和莲塘早 3 号能耐低磷胁迫的内在机制。Davalos(1985)认为,水稻在酸性土壤的条件下磷吸收能力不像磷利用能力那样重要。在碱性土壤中,磷吸收能力较强是干物质产量高的主要原因。曹黎明和潘晓华(2000)的研究表明耐低磷的水稻品种在低磷条件下其根长和根体积分别下降了 15%~22%和 22%~25%,而对低磷敏感的品种则下降了 73%~77%和 40%~49%,表明耐低磷品种的根在低磷条件下有较强的生长能力,为吸收更多的磷奠定了物质基础。实验结果还表明耐低磷水稻在低磷时的根系活力强,受胁迫伤害的程度较小,因而吸收磷能力较强。

缺磷时,水稻根毛明显更长、更密,耐低磷基因型品种大粒稻比敏感基因型新三百粒、泸占七具有更长的根系和更大的根体积 (曹黎明,1999)。

2.4.4 菜豆与大豆

在菜豆中，Yan 等(1995b)利用盆栽条件，在黑色火山土(andosol)、老成土(ultisol)、氧化土(oxisol soil)3 种土壤条件下比较了解 16 个品种苗期的磷效率性性状。结果表明，基因型的磷效率存在显著差异，但土壤类型并不影响地上部生物量、根生物量、根长及磷吸收量的品种排列顺序。这些指标也与根瘤菌或菌根侵染程度无关。大粒的 Andean 生态型品种比小粒的 Mesoamerican 生态型品种具有耐低磷，而 Mesoamerican 则对施磷更响应。他们又在田间比较了 12 个品种的产量性状及磷利用效率，在低磷下，Andean 种质的品种能获得更高的产量，但收获指数、生产量构成因素及磷在器官间的分配与耐低磷之间均没有相关。两个试验点也对评价结果没有影响。廖红和严小龙(2000)的研究表明菜豆根构型对低磷胁迫具有适应性反应，且此反应有显著的基因型差异。缺磷时 Gl9833 等基因型向地性明显减弱，基根向高磷剖面趋向生长的能力强，因而有较高的磷吸收效率。对菜豆根构型的一个重要性状(基根平均生长角度)进行 QTL 分析，结果表明该性状的某些 QTLs 与控制菜豆田间磷吸收效率的 QTL 连锁，由此证明磷吸收效率与根构型密切相关(廖红和严小龙，2000；Liao *et al.*，2004)。Lynch 等对于菜豆的一系列研究也证明了同样的结果(Lynch *et al.*，2001)。Yan 等(1996)等用石英砂培养的方法研究 6 个菜豆基因型在由不同磷源供磷的 4 个不同磷水平下磷吸收的差异。结果表明：6 个基因型从磷酸铝、磷酸铁和肌醇六磷酸中获取磷的能力无差异。但是发现 Andean 类型的菜豆比 Mesoamerican 类型的菜豆能从磷酸钙中吸收更多的磷，其原因是它们酸化根际土壤的能力优于其他基因型。菜豆磷高效基因型具有较发达的根毛(Yan *et al.*，2004)。

Miller 等(1998)发现菜豆在低磷胁迫下能通过调节根生物量在基根和不定根间的分配，增加在土壤表层的不定根数和不定根长，从而使整个根系变浅。廖红等(2000)利用营养袋纸培和分层式磷控释砂陪等根系生长系统结合计算机图像分析技术，以基根根长在生长介质各层的相对分布和基根平均生长角度（与水平线夹角)为指标，定量测定菜豆根构型在低磷胁迫下的适应性变化及其与磷效率的关系。结果表明，菜豆根构型对低磷胁迫具有适应性反应，在缺磷条件下基根向地性减弱，基根在生长介质表层相对分布增多，基根平均生长角度变小，从而导致整个根系较浅。由于在大多数土壤中有效磷的分布极不均匀，主要集中在土壤表层，并随着土壤剖面深度的增加而降低。因此，根系在低磷胁迫下变浅有利于提高植物的磷吸收效率。供试菜豆根构型对低磷胁迫的适应性反应具有显著基因型差异，缺磷时 Gl9833 等基因性向地性明显减弱，基根向高磷剖面趋向生长的能力较强，因而具有较高的磷吸收效率。曹爱琴等 (2002)利用分层隔网式土壤盆栽系统结合计算机图像分析技术，定量测定菜豆根构型在低磷胁迫下的适应性变化及其与磷效率的关系。结果表明：在低磷条件下，磷高效基因型 Gl9833 和 Gl9839 的基根根长、根表面积降低较少且在介质表层的相对分布量增加；而磷低效品种 DOR364 的根长、根表面积降低较多而在介质表层的相对分布量减少，说明菜豆根构型特征对低磷胁迫具有适应性变化，磷高效基因型在低磷条件下能保持一定的根长、根表面积，且根系向地性减弱而形成浅根式的根构型，使根系内竞争减少，从而能够利用更多的土壤磷。

在大豆中，根构型是造成田间磷吸收效率差异的主要原因。赵静等(2004)利用 308 份大豆磷效率应用核心种质库，通过田间高低磷处理试验，将供试大豆基因型划分为：磷低效低敏感型、磷低效高敏感型、磷高效低敏感型和磷高效高敏感型。其中磷高效高敏感型为在各种磷条件下均生长较好的基因型，并且大部分磷高效高敏感基因型均具有较好的根构型，说明根构型对大豆磷效率尤为重要。Liang 等(2010)利用大豆自交系在田间定位到 3 个将磷效率与根形态构型性状连锁的 QTL 簇，从遗传上证明根构型与大豆磷效率密切相关。Ao 等(2010)研究了大豆根系性状与磷高效的关系，他们利用一套来自 CN4 x XM6 的含 88 个系的重组自交系群体，通过微根室(minirhizotron)技术观察根系发育，发现根系性状(根长、根表面积等)与磷效率之间存在显著相关。最近，Guo 等(2011)通过抑制缩减杂交库筛选到一个控制大豆根构型响应磷营养的关键基因，*GmEXPB2*(β-细胞壁扩张蛋白)。*GmEXPB2* 不仅受低磷诱导，而且磷高效、大根系基因型表达更高。过量表达 *GmEXPB2* 导致转基因大豆毛根和拟南芥根系变大，磷效率提高。

此外，根分泌物可能也是造成大豆、菜豆磷效率基因型差异的重要因素。王美丽和严小龙通过土培和水培试验，对不同大豆品种的磷效率与根部形态和根分泌物的关系进行研究，结果表明品种间根形态指标的差异与其磷效率的关系不大，但耐低磷品种南雄 36 号在磷胁迫时总酸分泌量显著大于其他品种，表明该品种活化土壤中难溶性磷的能力较强，因而具有较高的磷效率(王美丽和严小龙，2001)。王美丽等 (2001)研究发现，磷胁迫时大豆总酸的分泌量较正常供磷条件下高，其中南雄 36 号在磷胁迫时总酸分泌量为 0.93 μmol/(g·h)，显著高于博罗 58 号 [0.60 μmol/(g·h)]和博罗 61 号 [0.63 μmol/(g·h)]。南雄 36 号在低磷胁迫下分泌草酸和乳酸的量均显著高于另外两个品种，此外，南雄 36 号在低磷胁迫时可分泌一定量的乳酸，而其他品种均未检测到乳酸的分泌。这表明南雄 36 号在低磷胁迫下能分泌一定种类的有机酸，从而活化土壤中难溶性磷，具有较高的磷效率。不同菜豆基因型的有机酸分泌能力有很大差异，磷高效菜豆具有更高的有机酸分泌能力(Yan *et al.*，1996；Yan *et al.*，2004)。Liang 等(2010)在菜豆中分离纯化到一个受低磷特异诱导的紫色酸性磷酸酶-PvPAP3。过表达 *PvPAP3* 能显著提高转基因毛根的对介质中有机磷的吸收。低磷条件下，不同品种大豆叶片酸性磷酸酶 (APA)与植株地上部干重、根干重、全氮量呈极显著相关，与全磷量显著相关 (Tian *et al.*，2003)。APA 升高，磷脂类化合物水解作用和磷的重复利用加快，在含磷量相同条件下能获得更多的有机物。此外，APA 提高还可促进植株对磷的吸收。Wang 等(2009)在大豆中过量表达一个编码拟南芥紫色酸性磷酸酶的基因 *AtPAP15*，不仅显著提高大豆对砂培中的有机磷和田间土壤磷的吸收，而且还提高了大豆体内磷的运转效率。可见，APA 与植物磷高效率的两种机制都有关，且与磷高效利用的关系可能更大 (丁洪等，1997)。

2.4.5 花生等豆科作物

在花生中，Wissuwa 等(1998)从 20 个基因型中选出 3 个基因型来研究磷吸收差异的可能机制，品种 Wasedairyu 有最高的磷吸收和 8 倍于其他基因型的豆荚数。在种植 85 d 后，基因型 Kintoki 的日吸收速率增加了 4 倍，Wasedairyu 增加了 8 倍，而 ICGV87358 仍维持在很低的水平。由于磷吸收的增加始于结荚期(pod setting)而且根部发育的差异无法解释所观察到的磷吸收上的变化，由此推测磷吸收的差异源于结实器官对磷的直接吸收。另外发现 Wasedairyu 的果针外有密集的根毛，而 Kintoki 仅有少量的根毛，ICGV87358 完全没有根毛。因此，他认为落花生磷吸收的基因型差异归因于结实器官对磷的直接吸收，而一些基因型果针上的根毛对此有促进的作用。

花生吸磷效率基因型差异可能是由于它们所具有的根毛长度和密度不同所致（Wissuwa and Ae，2001）。在缺磷条件下根毛对磷吸收的重要性主要表现在增加了根系的吸收面积；根毛具有较小的直径。根毛直径为根的1/30～1/20，因直径小而使单位吸收面积周围有较多的土体供磷，因此在低磷土壤中，有根毛的种或基因型较根毛少或无根毛的种或基因型更能吸收更多的磷。花生磷高效基因型在低磷条件下，其根/冠比分别为对照的467%和357%，其根长分别较对照增加了52%和32%，其根表面积分别较对照增加了166%和109%，由此可见，在低磷条件下，Al346和94-9可以通过根系的显著增加而广泛地吸收磷以改善自身的磷素营养。此外，在低磷条件下，Al346和94-9的根瘤数明显增多，说明这两个基因型材料通过其发达的根系从土壤中吸收磷素，促进花生根瘤的形成（张政勤，1998）。花生长至六叶期时，缺磷对根半径的影响不大，但较明显增加了根系总长度及根表面积，有利于提高花生在低磷土壤中吸收利用磷的能力（姚丽贤等，2000）。他们的试验还表明，在缺磷条件下，磷高效品种94-9、Al537的K_m值和C_{min}均小于磷低效品种Al542和Al306，I_{max}值则大于后两者。

在缺磷条件下，磷高效花生品种Wasedairyu为了维持荚果的生长，能以较高的速率将营养器官中的同化产物和磷重新转移到荚果中去，而磷低效花生品种ICGV87358无论外界磷水平如何都在一直长新叶和新根，最终导致荚果产量的锐减，而Wasedairyu仅减少10%。可见，Wasedairyu较ICGV87358对磷具有较高的利用效率（Wissuwa，2001）。张政勤等(1998)的结果也表明，在低磷条件下，各基因型花生的磷素利用效率都普遍提高，且磷高效基因型94-9和Al346的提高幅度均大于磷低效基因型Al542和A395，说明磷高效基因型的磷利用效率的适应力较强。

Gabelman和Gerloff (1983)在低磷条件下（2 mg/plant)筛选耐低磷的蚕豆基因型，从54个蚕豆品系中得到两个磷高效品系，发现磷高效品系根干重比磷低效品系高2～3倍。不同蚕豆品种干物质产量差异大72%，磷利用效率差异达77%，可见，不同蚕豆品种的磷利用效率不同。

据Lipton等（1987)报道苜蓿根在低磷条件下能分泌琥珀酸和柠檬酸，但显著少于白羽扇豆。

Adu-gyamfi等（1989)认为在不同磷水平下，木豆的生物量和体内磷累积量关系显著，而与磷利用效率之间关系不显著。

2.4.6 油菜

在油菜中，低磷条件下不同类型油菜品种苗期植物生长量和籽粒产量差异较大。无论是苗期的干物重和产量均表现为甘蓝型>芥菜型>白菜型。对于同一类型的油菜来说，不同品种间的差异也极为显著(李志玉等，2001)。Hoffland等(1989)用醇脂盘原位显色技术对油菜根系的研究表明，在缺磷条件下油菜根际酸化是由于分泌草酸和柠檬酸造成的。^{14}C标记结果证明，缺磷时油菜分泌有机酸的量是正常供磷植株的9倍。刘慧等(1999)对两种油菜品种进行研究认为，缺磷时磷低效品种和磷高效品种根冠比均增加，且磷高效品种增加幅度大于磷低效品种；缺磷时，磷高效品种较磷低效品种具有较长的根系，较大的根表面积、根活跃吸收表面积和根体积，而加磷时，两品种差异不大。在低磷条件下磷高效油菜品种HB的K_m值为10.5 μmol/L，低于磷低效油菜品种SH的K_m值（23.5 μmol/L)；而HB的I_{max}值［11.5 μmol/(g·h)]高于

SH 的 I_{max}值[10.5 μmol/(g·h)]。段海燕等(2002)采用营养液培养方法对甘蓝型油菜磷高效品种 97081 和磷低效品种 97029 苗期根系生长状况进行了比较。结果表明,磷高效品种的主根长,根体积、根/冠比和根系活力受低磷(0.01 μmol/L)影响均比磷低效品种分别降低 9.3、21.9、10.9 和 7.8 个百分点,表现出根系具有良好的适应性。

2.5 作物磷效率及其相关性状的遗传机制

2.5.1 磷效率的数量遗传学

2.5.1.1 玉米

玉米的磷效率虽然也受显性效应和非加性效应的控制,但加性效应在玉米磷效率的遗传控制中是最重要的。Da Silva 以 P-Al 缓冲培养体系筛选出的 6 个磷高效与 6 个磷低效的玉米自交系进行 6×6 完全双列杂交,对亲本、F1 以及衍生高代材料进行世代均值遗传分析。结果表明玉米苗期对低磷条件的耐性(地上部干重、根干重、根冠比)虽然也受显性效应的控制但主要受加性基因效应的控制。这暗示着与耐低磷特性有关的各种性状的表达可能受少数基因位点的控制(Da Silva *et al.*, 1992)。Furlani 等在低磷营养液中培养玉米,用 26 d 的幼苗评价磷营养效率。用来自双列交配设计的基因型(8 个亲本系,28 个单交系)进行遗传研究。结果发现在低磷营养液中玉米幼苗与磷效率有关的性状虽然也受非加性效应的控制,但主要受加性效应的控制(Furlani *et al.*, 1998)。Rakha 等的研究认为玉米的磷累积能力受到非等位基因互作和加性显性基因效应的控制。在该试验体系中高累积能力的自交系亲本有最好的一般配合力,而它与低累积能力亲本的杂种则表现出最好的特殊配合力(Rakha *et al.*, 1992)。

刘向生(2005)利用 9 个玉米自交系,高、低磷两个磷水平下开展了两年研究。结果表明,作物的各产量性状间存在着不同程度的相关。在高磷条件下(表 2.13),生物量、收获指数、穗数、穗粒数与产量的表型相关和遗传相关都达到显著或极显著水平,其中穗粒数受环境影响较大,其与产量的环境相关达到显著水平。生物量、收获指数、穗数和穗粒数各性状间的表型相关和遗传相关也都达到显著或极显著水平。百粒重和其余各性状的表型相关和遗传相关都不显著。

表 2.13 高磷条件下玉米自交系产量构成因素的相关分析

性状	相关系数类型	产量	生物量	收获指数	穗数	穗粒数
生物量	表型相关	0.997 2**				
	遗传相关	1.030 1**				
	环境相关	0.430 2				
收获指数	表型相关	0.829 1**	0.786 8*			
	遗传相关	1.018 7**	1.083 8**			
	环境相关	−0.131 1	−0.582 9			
穗数	表型相关	0.695 2*	0.674 7*	0.801 4**		
	遗传相关	0.724 5*	0.697 2*	1.136 6**		
	环境相关	0.476 6	0.495 9	−0.441 3		

续表 2.13

性状	相关系数类型	产量	生物量	收获指数	穗数	穗粒数
穗粒数	表型相关	0.917 2**	0.904 9**	0.860 3**	0.796 4*	
	遗传相关	0.924 6**	0.943 6**	1.058 9**	0.825 5**	
	环境相关	0.688 1*	0.240 9	−0.107 6	0.590 8	
百粒重	表型相关	0.544 4	0.555 9	0.315 8	0.132 3	0.175 1
	遗传相关	0.556 6	0.555 6	0.475 8	0.120 3	0.188 0
	环境相关	0.502 7	0.575 2	−0.315 0	0.218 8	0.021 5

注：*、** 分别表示 5%、1% 显著水平，$r_{0.05}=0.666$ $r_{0.01}=0.798$。

在低磷条件下（表 2.14），生物量、收获指数、穗数、穗粒数和百粒重的表型相关和遗传相关都达到显著或极显著水平，其中收获指数受环境影响较大，其与产量的环境相关达到显著水平。穗数和收获指数的表型相关达到显著水平，穗数和收获指数的遗传相关达到极显著水平，穗数和生物量的环境相关达到显著水平。穗粒数、生物量、收获指数和穗数各性状间的表型相关和遗传相关都达到显著或极显著水平。百粒重、收获指数和穗数各性状间的表型相关和遗传相关都达到显著或极显著水平，百粒重和穗粒数的遗传相关达到显著水平。

表 2.14　低磷条件下玉米自交系产量构成因素的相关分析

性状	相关系数类型	产量	生物量	收获指数	穗数	穗粒数
生物量	表型相关	0.829 5**				
	遗传相关	0.852 0**				
	环境相关	0.316 8				
收获指数	表型相关	0.670 7*	0.148 9			
	遗传相关	0.689 5*	0.178 7			
	环境相关	0.675 7*	-0.149 5			
穗数	表型相关	0.821 6**	0.549 8	0.758 4*		
	遗传相关	0.868 8**	0.544 9	0.847 0**		
	环境相关	0.593 4	0.674 8*	0.234 8		
穗粒数	表型相关	0.991 5**	0.818 1**	0.676 0*	0.832 9**	
	遗传相关	1.005 5**	0.852 5**	0.732 6*	0.907 1**	
	环境相关	0.350 9	0.015 9	0.007 1	0.181 0	
百粒重	表型相关	0.727 6*	0.416 3	0.703 9*	0.740 2*	0.663 2
	遗传相关	0.786 5*	0.500 2	0.735 7*	0.902 5**	0.760 3*
	环境相关	0.252 6	−0.294 0	0.519 9	−0.111 0	−0.409 1

注：*、** 分别表示 5%、1% 显著水平，$r_{0.05}=0.666$ $r_{0.01}=0.798$。

通径分析结果表明（表 2.15），在两个磷水平下，磷吸收量率及磷利用效率都与磷效率（籽粒产量）呈显著正相关。从直接通径系数来看，两年的结果表现不一致。2001 年，两个磷水平下都表现出磷吸收量对磷效率的直接作用大于磷利用效率。2002 年，在高磷条件下，磷吸收量对磷效率的直接作用大于磷利用效率对磷效率的直接作用，在低磷条件下，磷利用效率对磷效率的直接作用大于磷吸收量对磷效率的直接作用。其原因可能与两年磷胁迫程度不同有关，2001 年低磷导致的平均减产率为 16.2%，为中度胁迫。而 2002 年的低磷胁迫减产率为 60.2% 为重度胁迫，在这种条件下，各自交系的磷吸收量差异减少，磷利用效率的重要性增加。

表 2.15 两个磷水平下玉米自交系磷效率构成因素的遗传通径分析

通径	磷水平	2001 年			2002 年		
		直接通径系数	间接通径系数	遗传相关系数	直接通径系数	间接通径系数	遗传相关系数
磷吸收量对磷效率	高磷	0.683 8		0.858 3*	0.654 6		1.002 1*
	低磷	0.693 7		0.788 8*	0.542 1		0.769 5*
通过磷利用效率	高磷		0.174 5			0.347 5	
	低磷		0.095 1			0.227 4	
磷利用效率对磷效率	高磷	0.513 3		0.745 7*	0.335 9		1.013 1*
	低磷	0.606 8		0.715 5*	0.679 0		0.860 5*
通过磷吸收量	高磷		0.232 4			0.677 2	
	低磷		0.108 7			0.181 6	

注：$r_{0.05}=0.666$ $r_{0.01}=0.798$，*，多元决定系数 R^2，2001 年 $R^2=0.969\ 7$(HP)，$R^2=0.981\ 4$(LP)；2002 年 $R^2=0.996\ 3$ (HP)，$R^2=1.001\ 4$ (LP)。

张丽梅等(2004)以及王艳等(2003)通过多基因型玉米自交系的相关分析，均表明玉米自交系的耐低磷程度与磷吸收效率呈显著正相关，与磷利用效率相关不显著。张可炜等(2008)的研究进一步表明，低磷条件下，磷吸收效率是玉米苗期和籽粒成熟期耐低磷特性差异的主要来源。在低磷条件下，来自细胞工程的 4 份玉米自交系与对照齐 319 相比，籽粒产量和磷响应度均存在较大差异，其中自交系 SD-B 和 SD-C 产量较高，分别为齐 319 的 1.40 倍和 1.32 倍。低磷胁迫下，SD-B、SD-C 在不同生育期与其他 3 个自交系相比，均表现出磷吸收能力强的特点。

刘向生等(2005)进一步利用 6 个不同磷效率自交系，通过不完全双列杂交设计，研究了玉米效率的杂种优势、亲子相关及配合力效应。自交系 80(早 27)和 85(428)属于磷高效型；自交系 29(陈 94-11)和 33(8703-2)属于磷低效型；自交系 17(7922)和 20(原引 1 号)属于磷中效型。在高磷条件下，杂交组合中产量超过平均值的有 20×29、33×80、29×33、29×80、17×20、33×85 和 17×80，其组合类型分别为磷中效×磷低效、磷低效×磷高效、磷低效×磷低效、磷低效×磷高效、磷中效×磷中效、磷低效×磷高效和磷中效×磷高效，其中 17×80 和 33×85 的产量最高。产量超亲优势分析中，超亲优势超过平均值的杂交组合有 17×29、17×33、20×33、17×20、20×29 和 29×33，其中 29×33 的超亲优势最高。超亲优势最低的杂交组合为 17×85(表 2.16)。

在低磷条件下，杂交组合中产量超过平均值的有 17×20、17×80、20×85、33×85 和 33×80，其组合类型分别为磷低效×磷中效、磷低效×磷高效、磷中效×磷高效、磷中效×磷高效和磷中效×磷高效，其中 33×80 和 33×85 的产量最高。产量超亲优势分析中，超亲优势超过平均值的杂交组合仅有 17×29，另 17×33 和 29×33 的超亲优势也较高。超亲优势最低的杂交组合为 80×85。这说明，两个磷低效亲本组成的杂交组合，其杂种优势最高，这与亲本自身产量低有关。这也说明，磷低效自交系中也存在磷高效的基因，不同的磷低效自交系，通过磷高效基因的互补，可以使F1代杂交种的磷效率大幅度提高(图2.26)。

表2.16 两个磷水平下玉米杂交组合的产量和产量的超亲优势分析(刘向生，2005)

组合	施磷				不施磷			
	F1产量/(g/株)	母本产量/(g/株)	父本产量/(g/株)	超亲优势/%	F1产量/(g/株)	母本产量/(g/株)	父本产量/(g/株)	超亲优势/%
17×20	126.0	22.6	18.3	457.8	73.1	0.2	16.5	342.8
17×29	110.4	22.6	7.5	389.0	67.7	0.2	0.5	12 470.6
17×33	112.7	22.6	12.1	398.9	64.2	0.2	5.8	1 004.4
17×80	140.9	22.6	37.8	272.5	79.2	0.2	24.2	227.5
17×85	103.1	22.6	50.5	104.0	66.4	0.2	23.2	185.6
20×29	116.7	18.3	7.5	539.2	69.2	16.5	0.5	319.4
20×33	98.4	18.3	12.1	439.2	55.1	16.5	5.8	234.0
20×80	109.0	18.3	37.8	188.1	71.9	16.5	24.2	197.1
20×85	107.2	18.3	50.5	112.1	82.0	16.5	23.2	253.0
29×33	120.2	7.5	12.1	893.5	64.2	0.5	5.8	1 003.2
29×80	122.6	7.5	37.8	224.2	69.0	0.5	24.2	185.3
29×85	114.7	7.5	50.5	126.8	68.4	0.5	23.2	194.2
33×80	117.1	12.1	37.8	209.5	99.4	5.8	24.2	311.1
33×85	140.3	12.1	50.5	177.6	99.4	5.8	23.2	327.7
80×85	108.4	37.8	50.5	114.5	54.9	24.2	23.2	127.2

自交系17（父本）　　17×33（F1）　　自交系33（母本）

图2.26 缺磷土壤上玉米耐低磷的杂种优势

玉米杂交组合磷效率的亲子相关分析表明(表2.17)，高磷条件下，亲本的磷效率性状与F1代无相关；低磷条件下，父本的磷吸收量与F1代显著正相关。

高磷条件下，母本的产量与F1代呈负相关；低磷条件下，母本的产量和磷吸收量、父本的磷利用效率与F1代呈负相关。但均未达到显著水平。

表 2.17 两个磷水平下杂种F1代与亲本间磷效率性状的表型相关(刘向生,2005)

性状	施磷			不施磷		
	母本	父本	中亲值	母本	父本	中亲值
产量	−0.254 7	0.116 3	0.001 5	−0.185 8	0.434 2	0.199 7
磷吸收量	0.206 8	0.380 1	0.468 0	−0.245 2	0.691 8**	0.460 1
磷利用效率	0.005 9	0.308 0	0.235 1	0.126 2	−0.101 2	0.048 1

注:$r_{0.05}$=0.514 $r_{0.01}$=0.641。

配合力的方差分析表明(表2.18),一般配合力效应和特殊配合力效应在高低磷条件下表现不同。在高磷条件下产量的特殊配合力效应达到显著水平,显示产量受非加性基因控制;磷吸收量和磷利用效率的一般配合力效应达到显著或极显著水平,显示磷吸收量和磷利用效率受加性基因控制。在低磷条件下产量和磷吸收量的特殊配合力效应达到显著或极显著水平,显示产量和磷吸收量受非加性基因控制;磷利用效率的一般配合力效应达到极显著水平,显示磷利用效率受加性基因控制。

表 2.18 两个磷水平下6个玉米自交系双列杂交磷效率性状配合力分析的方差分析(刘向生,2005)

处理	变异来源	自由度	均方		
			产量(g/株)	磷吸收量(mg/株)	磷利用效率(g/g)
施磷	一般配合力	5	55.53	12 763.9*	3 925.35**
	特殊配合力	9	199.39*	6 141.52	1 434.12
	机误	28	87.10	3 599.18	813.70
不施磷	一般配合力	5	72.38	965.4	4 234.2**
	特殊配合力	9	230.29**	1 189.39*	407.92
	机误	28	70.51	443.77	474.53

注:*、**分别表示5%、1%显著水平。

2.5.1.2 小麦

关于小麦磷吸收效率和磷利用效率对磷效率的相对贡献研究结果有所不同。Horst等(1993)在温室条件下利用土壤盆栽的方法研究现代小麦品种"Cosir"和传统品种"Peragis"磷效率的基因型差异,结果表明"Cosir"比"Peragis"在低磷(施磷,12 mg/kg)和足磷(施磷,60 mg/kg)供应下籽粒产量更高,原因是前者的根直径小,根毛长可扩大磷吸收而且其产量构成(每株穗数低而穗粒数高)的需磷量低于后者。Egle等(2000)的研究认为,3个新品系在低磷条件下(OlsenP=3.7 mg/kg,不施磷)有更高的磷效率(产量)是由于有更高的磷吸收效率,其根系对土壤有效磷的变化有更好的适应能力,在低磷条件下磷效率高的基因型能产生更高的根长密度。孙海国等(1999)认为在低磷条件下磷高效和磷低效小麦的磷营养效率差异主要表现在磷吸收方面,而磷运输量及利用效率不是导致磷营养效率差异的主要原因。李继云等(2000)在小麦上的研究结果表明,在低磷土壤条件下,吸磷量是不同品种磷高效特性的重要指标，而在高磷土壤条件下，不同品种的吸磷量较高，故利用效率是影响产量增加的重要特性。

也有研究认为，能更好地利用吸收的磷产生干物质是造成磷效率差异的主要原因。Manske等(2000)进行了3次实验，结果表明在不施磷的条件下(Olsen P=2.8～4.1 mg/kg)磷吸收效率对籽粒产量的贡献分别为93%、47%和64%，在施磷的条件下(Olsen P=5.8～6.3 mg/kg)磷吸收效率对籽粒产量的贡献分别为85%、50%和46%，由此表明在大多数情况下磷吸收效率对籽粒产量的贡献大于磷利用效率。也有研究表明磷利用效率在磷效率中起主导作用，如Gardiner和Christensen(1990)在土培条件下研究了不同冬小麦基因型培养7 d、14 d、21 d的磷效率，结果发现在低磷条件下(OlsenP=4 mg/kg，土壤溶液中的磷为2 μmol/L)磷高效品种"Yamhill"的磷利用效率大于"Stenphens"，但磷吸收量无差异，因此他推测"Yamhill"的磷效率(低磷籽粒产量)大于"Stenphens"的原因是它的磷利用效率高。刘国栋等(1998)认为在低磷条件下磷高效基因型比磷低效基因型有更高的磷利用效率，而且发现小麦的光能利用率、保水能力、生物膜的抗衰老能力都与它的磷利用效率有关。王庆仁等的研究发现成熟期时磷高效基因型的磷累积量和磷利用效率都高于磷低效基因型，但不同基因型这两者的重要性不同，冀87-4617磷效率高的表现主要是磷利用效率高，而洛夫林则表现为对土壤磷的活化、吸收效率高。

王兰珍(2003)利用10个小麦品种，进一步比较了扬花期和成熟期磷吸收效率与磷利用效率的贡献。结果表明，在扬花期不同冬小麦基因型的磷吸收效率、磷利用效率、磷效率的变异系数分别为63%、9%、67%(表2.19)，这说明冬小麦的磷效率和磷吸收效率在不同基因型间存在广泛的差异，但磷利用效率在基因型间的差异较小，表明在营养生长阶段(出苗-扬花期)磷效率的基因型差异可能主要是由磷吸收效率的差异造成的，两者之间可能有比较密切的关系，而磷利用效率和磷效率可能关系不大。相关分析证明了这一点(图2.27)。扬花期磷利用效率与磷效率无相关性，而磷累积量与磷效率有极显著的线性关系。

表2.19 扬花期冬小麦地上部磷累积量、磷利用效率和磷效率

品种编号	品种名称	磷累积量/(mg/m^2)	磷利用效率/(g/g)	磷效率(干重)/(g/m^2)
1	革选1号	94±16	689±60	65±13
2	小偃54	225±129	651±55	143±70
3	8185	134±81	537±66	69±34
4	临旱6210	193±150	629±176	105±48
5	晋麦17	331±69	593±57	196±42
6	农大152	503±297	635±131	294±122
7	冀麦17	430±134	670±84	288±80
8	20120267	575±294	730±81	489±159
9	农大45	136±17	632±80	86±21
10	太核5025	515±207	589±74	296±84
11	京411	241±76	665±109	155±29
12	晋麦7号	204±62	605±65	123±10
	平均	282	639	190
	CV/%	63	9	67

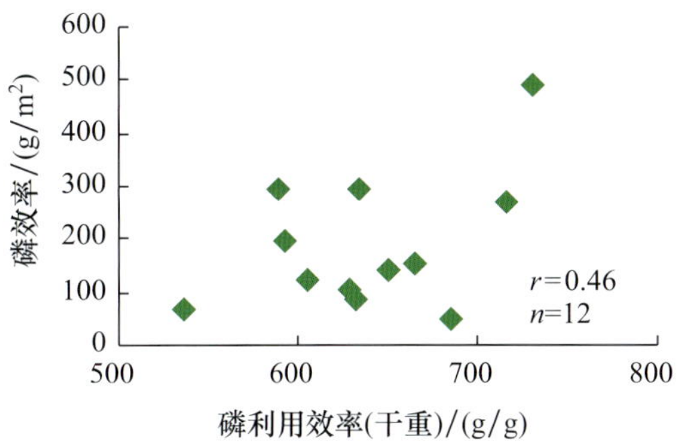

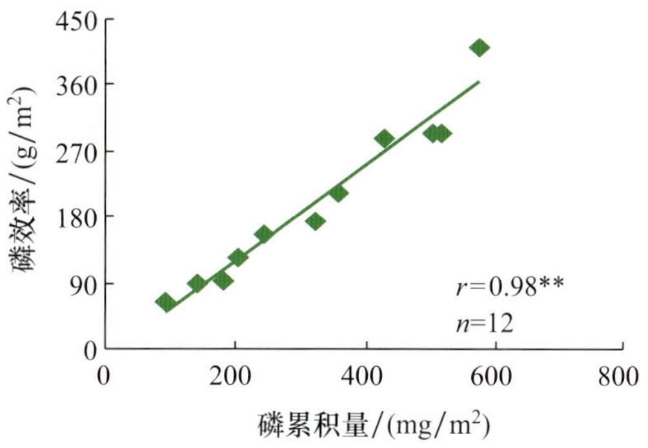

图 2.27 冬小麦扬花期磷利用效率(左)和磷累积能力(右)与磷效率(地上部干重)的相关关系

在成熟期冬小麦不同基因型的磷累积量、磷利用效率、地上部磷浓度和磷效率的变异系数分别为 41%、29%、15%、51%，磷营养效率及其构成因素在不同基因型间均存在广泛的变异(表 2.20)。

表 2.20 冬小麦磷累积量、磷利用效率、地上部磷浓度和磷效率的基因型差异

品种编号	品种	磷累积量/(mg/m²)	磷利用效率/(g/g)	地上部磷浓度/%	磷效率(产量)/(g/m²)
1	革选 1 号	346±98	147±42	0.21±0.02	48±3
2	小偃 54	492±30	130±24	0.24±0.03	63±8
3	8185	386±108	171±21	0.20±0.03	67±26
4	临旱 6210	856±639	170±44	0.27±0.05	161±85
5	晋麦 17	1 130±626	134±100	0.20±0.06	110±2
6	农大 152	1 208±320	104±22	0.31±0.06	125±41
7	冀麦 17	758±176	182±7	0.23±007	139±27
8	20120267	1 432±805	215±77	0.28±0.02	267±33
8	农大 45	830±174	77±2	0.25±0.05	64±15
10	太核 5025	1 369±1 067	221±106	0.25±0.02	227±29
11	京 411	823±228	230±78	0.31±0.13	178±9
12	晋麦 7 号	923±261	150±30	0.25±0.04	139±50
	平均值	879	161	0.25	132
	CV(%)	41	29	15	51

成熟期冬小麦的与磷利用效率和磷累积量与磷效率都有显著的正相关关系，而且相关程度较高(图 2.28)，表明在籽粒生产阶段磷吸收效率和利用效率与磷效率的高低均有密切的关系。磷效率受到两个构成因素的共同作用。

磷营养效率由吸收效率和利用效率共同作用形成，因此其中一个因素的作用会因另一个因素的变化而受影响，而相关分析仅是简单测定两性状间的相互关系，不能了解其中的相关原因和效应大小。因此要了解磷效率的各个构成因素对磷效率的作用大小，需对三者进行通径分析。通径分析可将相关系数剖解为直接作用和间接作用，并可估量各

分量对总决定度的相对贡献。表 2.21 表明磷吸收效率和磷利用效率对磷效率均有积极的作用。但相对而言，磷吸收效率对于磷效率的贡献大于磷利用效率，表明磷吸收效率的差异对磷效率的差异起主要的作用。磷吸收效率和磷利用效率对磷效率的直接效应均小于总效应，表明二者有一定的促进作用(表 2.21)。磷累积量和磷利用效率无相关关系，表明二者之间不存在紧密的连锁关系，因而有可能将优良的磷吸收效率和磷利用效率整合在同一个基因型内，获得磷效率更高的品种(品系)(图 2.29)。

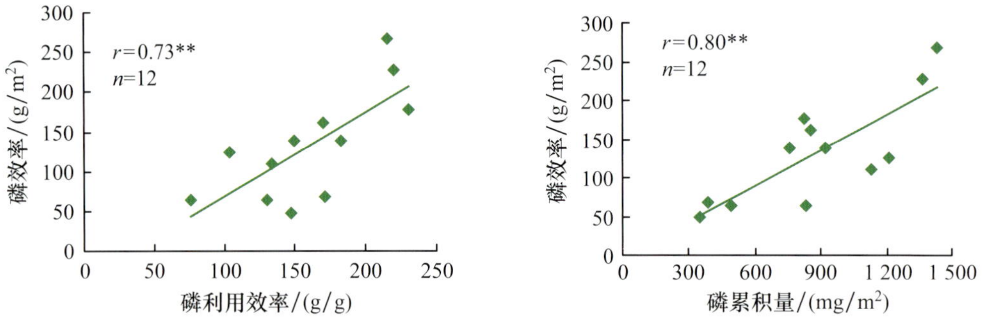

图 2.28　冬小麦成熟期磷利用效率(左)和磷累积能力(右)与磷效率(地上部干重)的相关关系

表 2.21　磷累积量和磷利用效率对磷效率的直接、间接效应和总效应

	直接效应	间接效应		总效应
		磷积累量	磷利用效率	
磷积累量	0.661 8(83%)	—	0.139 5(17%)	0.801 3
磷利用效率	0.570 7(78%)	0.161 8(22%)	—	0.732 5

注：环境的影响量 Pey=0.227 4，()内的数字为对总效应的相对贡献率。

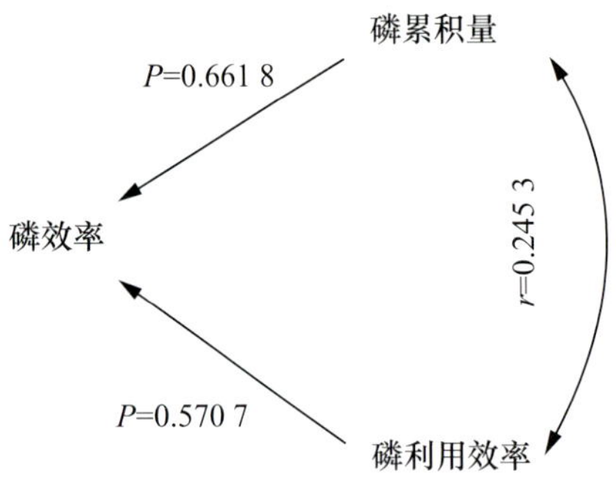

图 2.29　冬小麦磷效率与其构成因素的通径分析

从表 2.22 可以看出扬花期的磷效率和成熟期的磷效率相关性较高，表明在低磷条件下冬小麦扬花时营养体的大小对于最后籽粒产量的高低有很重要的作用，因此通过扬花期的表现来推测最终产量的高低有较高的准确性。扬花期的磷利用效率与成熟期磷利用效率无相关性，表明磷利用效率在籽粒形成过程中的作用远大于它在营养生长过程中的作用。对成熟期的地上部磷浓度地上部干重进行相关分析，结果表明地上部磷浓度与地上部干重无相关关系(r=0.001 3)，可见磷利用效率对籽粒产量的影响不是通过提高它利用体内的磷生产干物质的能力起作用的，而是直接与籽粒生产过程中磷的高效利用有关，如磷的转运等。

扬花期磷累积量和扬花后的磷累积量与成熟期的磷累积量都极有显著的正相关关系

(表 2.23)。但扬花期磷累积量与扬花-成熟期的磷累积量无显著的相关关系,表明扬花前的吸磷能力强的品种在扬花后的吸磷能力不一定强,反之亦然。扬花期磷累积量、扬花-成熟期磷累积量和成熟期的磷累积量与籽粒产量均有显著的正相关关系,表明在整个生育期内磷吸收能力的强弱均对磷效率有重要的作用。

表 2.22 扬花期磷效率和磷利用效率与成熟期相应性状的相关关系

	成熟期磷效率	成熟期磷利用效率
扬花期磷效率	0.789 4**	—
扬花期磷利用效率	0.167 7ns	0.201 1ns

表 2.23 不同生育期磷吸收量之间的关系及它们与籽粒产量的关系

	磷吸收量			籽粒产量
	扬花期	扬花-成熟	成熟期	
磷吸收量				
扬花期	1	0.567 2	0.832 9**	0.773 2**
扬花-成熟	0.567 2	1	0.928 2**	0.652 0*
成熟期	0.832 9**	0.928 2**	1	0.787 5*

通径分析也表明,扬花前和扬花后累积的磷对磷效率均有直接作用(表 2.24),但扬花前的磷累积量比扬花后的磷累积量对磷效率的直接作用大,因此在扬花期拥有相对高的磷累积量是获得磷高效的基础。

表 2.24 不同阶段的磷累积量对磷效率(籽粒产量)的通径分析

效应类型	通径系数		相对贡献/%	
	扬花前	扬花后	扬花前	扬花后
直接效应	0.59	0.31	77	48
间接作用				
通过扬花前的磷累积量	—	0.34	—	52
通过扬花-成熟的磷累积量	0.18	—	23	—
总效应	0.77	0.65	100	100

李文胜(1997)用 F1 花粉培养的方法获得不同磷效率组合的 DH 系群体,用土培条件下的苗期生物量为指标研究了冬小麦不同组合 DH 系群体的磷效率遗传力,结果表明各组合后代群体的遗传力较高(79.02%~87.05%)。黄亚群等利用 Hayman 双列分析法对春小麦的磷营养特性的遗传进行了研究,结果发现株高、单穗小穗数、单株干重的耐缺磷性、磷利用效率、吸磷能力的遗传表现为加性-显性模型。植株的含磷量、磷利用效率、吸磷量、株高和穗粒数的耐缺磷性表现出较高的广义遗传力(68.6%~95.8%),而狭义遗传力相对来说较低(27.4%~45.7%),其他性状的耐缺磷性的遗传力较低。在对加磷反应的敏感性上,多数性状的遗传力都较低(黄亚群等,1999)。王兰珍(2003)的研究认为,在品种群体中磷效率(籽粒产量)的广义遗传力比较高,在 F2 群体中磷效率的遗传力较低。

2.5.1.3 其他作物

大麦的磷效率同时受到非加性效应、加性效应和显性效应的共同作用，遗传力较低。Gorny 和 Sodkiewicz 在春大麦的双列杂交群体内研究了籽粒生产中 N、P 利用效率的遗传。发现磷利用效率的一般配合力占优势，表明主要受到加性基因体系的控制。但是在理想条件下相对高的狭义遗传力(0.33～0.81)随着水分和养分的亏缺却下降为 0～0.36。在养分降低的田间条件下，证明了非加性基因效应的重要性(Gorny and Sodkiewicz, 2001)。Gorny 利用双列杂交设计对春大麦营养生长阶段 N、P 的利用效率和耐 N、P 营养不足的遗传进行了研究，结果表明在养分短缺的条件下，非加性基因对养分利用效率的贡献增加，同时检测到了超显性基因的存在。两个组合的世代平均数分析揭示出上位性基因互作的特殊作用。一般配合力和特殊配合力对于磷利用效率(PUE)都是重要的，而对磷营养不足的耐性主要与一般配合力效应有关。这些性状均表现出了低的遗传力(0.1～0.42)(Gorny, 1999)。

水稻磷效率的遗传主要受加性显性效应的控制。Davalos 等用双列分析的方法对水稻磷效率的遗传进行研究，结果表明在磷胁迫条件下，磷效率可用加性显性模型来解释(Davalos, 1985)。Chaubey 等用 4 个高效亲本、1 个中效亲本和两个低效亲本构成的双列杂交来研究水稻耐低磷特性的遗传，研究结果表明对磷缺乏的耐性主要受加性和显性基因效应的控制，其狭义遗传力为中等(0.5)，一般配合力和特殊配合力都很重要，但一般配合力更重要一些(Chaubey *et al.*, 1994)。

Furlani(1987)以 4 个耐低磷与 4 个不耐低磷的高粱品种进行 4×4 完全双列杂交，对 8 个亲本及 16 个杂种 F_1组合分别以 75 和 150 μmol/L P 的营养液培养，所分析的性状包括磷浓度与磷含量及磷在各器官的分配和利用效率。结果表明多数杂种 F_1 的总干物重及磷的利用效率具有正的杂种优势，基因的显性效应对上述所有性状均起主要作用，但加性效应也起作用。

Coltman(1987)用磷高效和磷低效的番茄品种及其杂种 F1 和 F2 分离世代研究磷效率的遗传规律。在研究中采用 P-Al 缓冲培养体系培养实验材料，以茎叶干重(SDW)为指标研究磷高效特性。结果表明低磷条件下 F1 的茎叶干重比亲本高出 89%，而在高磷条件下却比亲本低 20%。从 F2 分离群体中选出的两个磷高效植株与磷高效亲本回交，其回交后代在低磷条件下的茎叶比高磷条件下生长的亲本和 F1 还高，说明此回交后代对磷的吸收及有效利用能力强。因此他认为在番茄磷高效特性的遗传中基因的显性与上位性效应起主要作用。Das 等(1984)的研究表明番茄的磷吸收主要受加性基因效应的控制。

Fawole 等(1982)用总干重为指标研究了 6 个菜豆(*Phaseolus vulgaris* L.)家系的磷利用效率的遗传规律。结果表明在 4 个家系中加性基因效应是显著的并且显性、加性互作效应、显性互作效应在许多家系都是显著的。大多数家系中的广义遗传力大于 70%，狭义遗传力在任何家系中都非常高。

Caradus 等(1992)在温室用盆栽的方法对白色三叶草的磷反应度进行鉴定。用 6 个高反应度的品种和 5 个低反应度的品种组成不含自交的完全双列杂交设计对磷反应度进行遗传研究。高反应度对低反应度为显性。高反应度基因型的一般配合力高于低反应度基因型的一般配合力。磷反应度的狭义遗传力为中度大小(0.30～0.46)。

2.5.2 磷效率的细胞遗传学

在小麦中，对于磷利用效率与染色体倍性之间的关系有不少报道。Batten 在砂培条件下用磷利用效率(干物重/植株吸磷量)为指标研究了不同倍性的小麦种质材料磷营养效率的差异，结果表明磷利用效率排列次序依次为二倍体 > 四倍体 > 六倍体(Batten，1986)。孔令旗等对一粒小麦和二粒小麦的野生种与栽培种以及普通小麦六倍体和八倍体小黑麦的磷利用效率特性的鉴定结果表明，A、B、D、R 基因组中均有有效利用土壤磷营养的基因；小麦在由野生型向栽培型的演化过程中，有效利用土壤磷的能力呈减弱趋势，控制该特性的基因多分布在野生性较强的古老材料中(孔令旗等，1996)。刘敏娟等利用 10 个不同基因型的小麦进化材料，研究了氮磷养分利用效率的变化。发现从二倍体到四倍体再到六倍体的进化过程中，磷的养分利用效率(单位磷素产生的碳水化合物)一直下降。通过对 5 个二倍体材料的研究，他认为在 AA、BB、DD、RR 四种染色体中，BB 和 DD 染色体上可能含有对磷利用效率有正效应的基因(刘敏娟等，2002)。

与磷效率有关的染色体定位能为作物磷效率的改良提供理论基础，使有关的遗传操作更为直接，从而提高育种效率，因此许多研究者对此进行了研究。刘建中和李继云以部分中国春双端体为材料利用土培盆栽法对小麦各染色体组有效利用土壤潜在磷的遗传进行分析，结果表明小麦不同染色体臂上所携基因对小麦有效利用土壤潜在磷特性具有不同效应。在供试材料中，B 组染色体所缺失的臂在缺磷下对籽粒产量的贡献较大，其中以 4BS、5BS 效应最强，而 D 组所有缺失的染色体臂及大部分 A 组所缺失的染色体臂在缺磷下则对籽粒产量有较强的抑制效应，其中以 5DS、3DL 及 2AL 和 1AS 的效应最强(刘建中和李继云，1999)。李玉京等通过对一套中国春小麦缺四体的研究表明，与耐低磷特性有关的基因可能位于 1A、4A、7A、3B、5B、7D 染色体，其中以 1A、4A、7A 为显著，而 1B、4B、7B、3A、和 6D 染色体则携有该特性的抑制基因(李玉京等，1999)。李玉京等以中国春-长穗偃麦草二体异附加系和二体异代换系为材料，对其耐低磷特性进行鉴定和遗传分析。结果表明长穗偃麦草的 4E 和 6E 染色体携有耐低磷胁迫的基因，且其效应远高于背景亲本中国春。强烈抑制耐低磷胁迫特性的基因位于 5E 染色体(李玉京等，1999)。Gorny 用一套小麦属野生二粒小麦(*T. dicoccoides*)的硬粒小麦代换系研究了野生的 A、B 染色体对磷利用效率的影响，研究结果表明野生二粒小麦的 1A、1B、5B 可能携带对硬粒小麦的磷效率有正作用的基因，而 4A、4B、5A 上的基因则会降低磷效率(Gorny，2000)。

孔令旗、李玉京等综述酸性磷酸酶编码基因的染色体定位(孔令旗等，1996；李玉京等，1998)，其中提到 Hart 等以一套中国春端体材料进行电泳试验，结果表明控制小麦酸性磷酸酶的基因位于 4AS、4BL 及 4DL 上；Corvalho 等对同一套材料的等电聚焦(IEF)电泳研究进一步显示除第四同源群外，第 5 同源群染色体也有酸性磷酸酶的基因；Salinas 等的研究表明黑麦胚乳酸性磷酸酶编码基因位于 7RS，胚、叶片和根系的酸性磷酸酶编码基因则位于 7RL，而 2RS 则携有其抑制基因。刘建中等以一整套中国春-帝国黑麦二体附加系为材料，通过在低磷胁迫下对其根系分泌酸性磷酸酶(acph)能力测定及同工酶等电聚焦分析证明，缺磷胁迫是酸性磷酸酶基因表达的诱导因子，中国春小麦背景中的帝国黑麦不同染色体对其根系在低磷胁迫下酸性磷酸酶的分泌具不同的正效应，其中以 1R 染色体的效应最为强烈，酸性磷酸酶，等电聚焦(IEF)的酶谱清楚地表明黑麦的1R染色体上携有在缺磷胁迫下诱导表达的Acph基因(刘建中等，2000;Liu *et al*.，2001)。

与植物体内磷的累积和分配有关的染色体定位的研究也有不少报道。Naismith等利用玉米9号染色体上的标记基因和附加转座子建立了影响参选自交系穗位叶中钙、磷、锰积累的位点。测验自交系与标记基因库回交的数据表明影响上述3个元素累积的基因位于9号染色体。测验自交系与携带A-B转座子的转座子库的杂交确证了这一发现。尚无证据表明这3个元素的累积有共同的遗传机制(Naismith *et al*.，1974)。Bochev等的研究认为中国春小麦3B与3D染色体短臂(3BS、3DS)对磷输入籽粒起关键作用，它们的缺失会导致籽粒含磷量下降，而6DS对籽粒含磷量及1AS、1BS、6BL对茎秆含磷量均有显著抑制作用(Bochev B *et al*.,1983)。

在植物中也有不少性状受到细胞质遗传的控制和影响。Bochev和Neikova采用野生物种的细胞质与普通小麦细胞核形成的核质杂种，研究异源细胞质对磷利用效率的影响。结果表明方穗山羊草(*Aegilops squarrosa*)、拟斯卑尔脱山羊草(*Aegilops speltoides*)、沙仑山羊草(*Aegilops sharonesis*)的细胞质对中国春小麦的磷进入籽粒具有正核质杂种优势，而偏凸山羊草(*Aegilops ventricosa*)及野生二粒小麦(*T. diccocudes*)的细胞质具有明显的负效应(Neikova *et al*.，1986；Bochev，1987)。

2.5.3 磷效率的分子遗传学

有关磷效率分子遗传学研究主要包括两部分，一是磷效率QTLs的定位，二是与磷的活化、吸收、利用有关的基因克隆。磷效率QTLs的定位工作在水稻中开展较多。Wissuwa等用98个来自*Japonica*(Nipponbare)×*Indica*(Kasatath)的回交群体系研究了水稻耐缺磷胁迫的QTLs。其中Nipponbare是磷低效品种，为轮回亲本。这些系有245个RFLP标记位点，它们被种植在缺磷土壤中以评价其磷吸收和内部磷利用效率、干重和分蘖数。鉴定出3个干物重的QTLs和4个磷吸收的QTLs，它们能解释各自性状变异的45.4%和54.5%。这两个性状的一个主效QTL连锁在12号染色体C443标记上，它可解释上述差异的50%。在低磷条件下产生的分蘖数被看做是水稻耐缺磷的间接指标。在4号和12号染色体上鉴定出两个分蘖数QTLs。但是它们的位置与先前报道的在充分供磷条件下分蘖数的QTL重合，因此它们与磷缺乏耐性无关(Wissuwa *et al*.，1998)。后来的研究又表明，所检测到的QTLs位点中有2/3与内部磷利用效率有关，其中包括与磷吸收有关的QTL位点，但是当高效品种(*Indica*:Kasatath)等位基因系的磷吸收增加时，其磷利用效率降低了。这并非由于二者之间紧密的负连锁而是由于磷吸收对磷利用效率的间接影响。因此水稻的磷缺乏耐性是由磷吸收和磷利用效率共同引起的(Wissuwa *et al*.，1998)。Wissuwa等在进一步的研究中发现了两个近等基因系，一个与12号染色体上的主效QTL-C443连锁(NIL-C443)，一个与6号染色体上的微效QTL-C498连锁(NIL-C498)。在高度缺磷的条件下，NIL-C443的磷吸收是Nipponbare的3～4倍，NIL-C498超过轮回亲本Nipponbare 60%～90%。这些结果证明了这两个QTL的存在，并暗示了这些QTLs可能与缺磷条件下提高磷吸收有关。对Nipponbare及其近等基因系NIL-443的根系进行研究，结果表明在磷缺乏条件下，Nipponbare的根表面积下降了80%，NIL-C443的根表面积只下降了一半，而在充分供磷的条件下(60 kg/hm²),基因型间的磷吸收和根表面积均无差异。由此推测根量的下降是磷素供应不足的结果,而基因型间维持根部生长的能力差异可能与提高非有效态磷的吸收有关(Wissuwa *et al.*, 2001)。这个QTL被定名*Pup1*,将这个QTL转入不同遗传背景中,导入系的表现总是好于轮回亲本(Wissuwa *et al.*, 2005).,因此这个基因受到广泛的关注,目前几个小组正在试图克隆相应的编码基因(Heuer *et al.*, 2009)。

根系性状在水稻磷高效吸收中也具有重要贡献,Shimizu等(2004, 2008)定位到一个控制水稻根伸长的QTL,命名为*qREP-6*,将这个位点替换到Nipponbare中,得到54个替换系,其中两个表现根的伸长显著得到促进,同时表现出耐低磷特性,比如增加了分蘖力和磷吸收量。

在我国,浙江农业大学吴平小组较早地开展了水稻磷高效分子标记工作。Ni等(1998)利用AFLP技术和重组自交群体研究与水稻耐低磷特性有关的QTLs,确定了水稻耐低磷胁迫的一个定位于第12染色体上的主效QTL和几个定位于1、6、9号染色体上的微效QTLs。吴平和倪俊建(2000)以水稻相对分蘖力、相对生物量、相对磷吸收量和相对磷利用效率为参数在12号染色体上定位了一个与RFLP标记RG9相连锁的耐低磷主效基因位点*PHO*。他们还定位了控制水稻分蘖发育相关的QTL(Yan *et al.*, 1998)。中国农业大学与中国科学院遗传所合作也开展了水稻磷高效分子标记工作。中国农业大学张福锁小组利用陈受宜小组构建的、以京系17(JX17)和窄叶青8(ZYQ8)为亲本的连锁遗传图谱,发现JX17在根干重、根分泌质子、根分泌有机酸等方面,都明显优于ZYQ8。JX17表现较高的相对干物重,低磷胁迫反应不敏感(明凤等,2000)。他们利用该连锁图谱定位了与水稻耐低磷胁迫有关的QTL。6号染色体上有1个与相对根干重,相对茎干重、相对总干重有关的QTL,有2个与相对磷吸收量有关的QTLs,有1个与相对磷利用效率有关的微效QTL (Ming *et al.*,2001)。Hu等(2001)通过对83个系组成的重组自交群体进行研究,分别在水稻的1、6、12号染色体上找到1个酸性磷酸酶(AAP)的QTLs、3个磷胁迫诱导的酸性磷酸酶(Psi-AAP)的QTLs,还发现位于6号、12号两个相对酸性磷酸酶(RAAP)的QTLs与磷胁迫诱导的酸性磷酸酶的QTLs是相同的,表明控制组成型酸性磷酸酶的遗传体系不同于控制磷胁迫诱导的酸性磷酸酶的遗传体系。利用来自Yuefu X IRAT109的一套含271个系的导入系,Li等(2009)在水培条件下进行水稻耐低磷相关性状的QTL定位。两个亲本中,供体亲本IRAT109来自非洲的旱稻品种,具有较粗较长的根系和高产特性,较耐低磷;受体亲本Yuefu是水稻品种,根数量多但根短,产量较低,不耐低磷。他们的研究表明,缺磷降低了株高、植株总干重、地上部干重、根的数量,但增加了最长根长和根冠比。以最大根长和根冠比的相对值为耐低磷指标,发现了24个受加性效应控制的QTLs和29对上位性QTLs,其中*qRN4*在两个磷水平下均检测到。发现有12个区域富含耐低磷QTL,其中一个QTL(*qRRS8*)有一因多效作用,同时控制相对根冠比、耐低磷和耐干旱等性状。

在玉米中,Reiter等(1990)最早以耐低磷胁迫能力分离的玉米*F2*群体NY821×H99为材料,鉴定出与低磷条件下总干重分离显著相关的5个RFLP位点,其中4个标记位点与来自耐低磷亲本NY821,1个位点与来自对低磷敏感亲本H99。这5个位点分别位于4条染色体上。其中一个位点umc138(6号染色体)解释了总变异的25%,主要是加性效应。多元回归分析表明,一个包含3个位点和显著上位性效应的多元回归模型可解释表型总变异的46%。还有一个位点强烈影响低磷胁迫条件下根系的生长,它与umc117连锁。Kaeppler等(2000)用来源于玉米自交系组合B73×Mo17的重组近交系群体研究低磷条件下控制表型性状(茎重和根量)的QTLs。该群体由197个系组成。研究结果表明有3个QTLs控制磷缺乏条件下的茎重大小,这3个标记分别位于1、7、8号染色体。在根系方面,美国J. Lynch小组开展了较多的工作。Zhu和Lynch (2004)在第5染色体的npi409-nc007区域发现一个控制根毛长度的QTL。其他被定位到的QTL还包括种子根长度和数量(Zhu *et al.*, 2006)、幼苗的侧根数量与长度(Zhu *et al.*, 2005)。Chen等(2009)在bnlg1518～bnlg1526 (bins 10.04)区域发现一个控制磷利用效率的QTL。Chen等(2008)发现bnlg1556～bnlg1564 (bins 1.06)、mmc0341～umc1101 (bins 4.08)、mmc0282～phi333597 (bins 5.05)、bnlg1346～bnlg1695 (bins 5.07)和bnlg118a～umc2136 (bins 5.08)存在控制磷效率的重要QTL。

在油菜(*B. rapus*)中,磷效率存在广泛的基因型差异。我国华中农业大学徐芳森小组开展了多年的磷高效性状QTL定位及分子标记开发研究。他们利用磷高效品种Eyou changjia和磷低效品种B104-2构建了重组自交系群体BE-RIL,其中磷高效自交系Eyou changjia具有较大的根系、在低磷条件下具有较高的吸磷量和较大的生物量(Duan *et al.*, 2009)。利用低培体系,他们鉴定出62个与苗期根长、根表面积、根体积、总干物重和磷吸收量有关的QTL,其中有两个QTL(uq. C3a and uq. C3b)与低磷下的根系性状及磷吸收有特异的相关性。在这两个位置,定位到了与拟南芥*AtIPS2*和*AtGPT1*相同源的油菜基因(*BnIPS2-C3*和*BnGPT1-C3*)的分子标记(Yang *et al.*, 2010)。这些研究表明根系性状在油菜磷高效吸收中具有重要影响。同时,利用该群体还定位了71个其他磷效率相关性状QTL,包括地上部生物量、根生物量、根冠比、地上部磷含量、磷利用效率等。其中既有组成型,也有低磷特异性QTL (Yang *et al.*, 2011)。随后,他们将拟南芥中发现的磷效率相关基因开发成分子标记,在油菜BE-RIL图谱中定位了26个基因的46标记。同时他们又在图谱中开发了74个SSR标记,并据此遗传图谱进行了拟南芥与油菜之前的比较遗传学研究,最终将拟南芥中有356个基因的同源基因定位到了油菜中,其中包括了很多与磷吸收代谢相关基因,比如有14个位点是来自于拟南芥的Pht1基因家族。这为以后在油菜中挖掘磷效率相关基因打下了良好的基础(Ding *et al.*, 2011)。在甘蓝(*Brassica oleracea*)中,控制地上部磷浓度和磷效率(产量)的QTL被定位在第3和第7染色体,而磷效率与根构型,尤其是苗期的侧根数量与长度、侧根生长速率密切相关(Hammond *et al.*, 2009)。

在菜豆(*Phaseolus vulgaris* L.)中,我国华南农业大学严小龙、廖红小组与美国宾州大学J. Lynch小组合作,开展了磷高效相关性状的QTL定位工作。他们利用了DOR364×G19833重组自交系群体,在水培条件下测定了根毛密度、根毛长度、质子分泌量、总有机酸分泌量。磷高效亲本G19833是个农家品种,根毛密度高、根毛长、质子及有机酸分泌能力强,浅层基根发达(Liao *et al.*, 2004),通气组织形成能力强(Fan *et al*, 2003)。其中,根毛密度、根毛长度、质子及有机酸分泌能力等性状的遗传力为43.24%～86.70%。这些性状总共定位到19个QTLs,位于8个连锁群。他们的研究表明,田间吸磷量与总有机酸分泌量、基部根的根毛数量与长度有正相关(Yan *et al.*, 2004)。利用相同的遗传群体,Liao等(2004)定位了控制基根角度的QTL。他们发现,基根角度有显著的基因型差异,从−18°～57°。浅根性与田间植株生长量和磷吸收量呈显著正相关。Beebe等(2006)在田间测定了总根长、比根长、植株干物重和磷吸收量,在水培条件下测定了主根长、基根长、总根长、比根长及植株干重等。结果发现,田间条件下的磷吸收量与温室水培测定的根系性状有很好的相关性。研究总共定位到26个QTL,其中控制基根长的QTL与控制磷吸收量的QTL相一致,说明基根在磷高效获取中的重要性。但是，控制比根长的 QTL 与磷吸收量的关系不确定，有时甚至是向相关。最近，Zhang 等(2009)在大豆中也定位了多个与根生物量、磷吸收与利用效率相关 QTL。Liang 等(2010)利用 F9 代 RIL 群体，在低磷和高磷两种磷水平下分别对大豆根系性状、植株磷含量、生长发育、生物量和产量等 5 个性状共 25 个调查指标进行遗传特性研究，定位到 13 个根系性状的 QTL，15 个与磷含量、生物量和产量等性状有关的 QTL。并且其中 3 个 QTL 群将根系和磷效率相关性状连锁在一起。

在小麦中，Su 等(2006, 2009)构建了两个 DH 群体，在低磷和高磷条件下，定位了控制干物重、分蘖数、吸磷量、磷利用效率的 QTL，其中有一些是两个群体共有的。曹卫东等利用小麦 W7984 和 Opata85 作亲本，通过一粒传获得 F7 重组近交系(RIL)群体，研究该群体 114 个株系的地上部磷素利用效率(SPUE)和全株磷素利用效率(WPUE)，并根据构建的遗传图谱(包括覆盖整个染色体组的 918 个 RFLP 标记)，研究小麦磷素利用效率的基因位点和基因互作。在低磷营养液(0.025 mmol/L)中培养 4 周后发现，两亲本的磷素利用效率无显著差异，但磷素利用效率在重组近交系群体中表现为连续的正态分布，并且有明显的超亲现象，具有多基因控制的数量性状的特点。在磷胁迫条件下检测到 3 个 QTL 与 SPUE 有关，分别位于 2D、3B、6D 上，分别可解释变异的 14.2%、7.73%、6.58%。与 WPUE 有关的 QTL 有 2 个，分别位于 2D、7A 上，变异解释率为 18.01%、10.73%(曹卫东等, 2001)。

Kjaer 和 Jensen(1995)用来源于春大麦和冬大麦 F1 的 79 个 DH 系研究了控制大麦体内 N、P 浓度的 QTLs，研究结果表明控制有关性状的 QTLs 均集中在 2 号染色体，其中的 1 或 2 个 QTLs 可解释 DH 群体内籽粒和茎秆 N、P 浓度变异的 15%或 45%。DH 群体内茎秆和籽粒中 N、P 浓度的大部分差异均可用不同的 QTLs 来解释。

2.6 作物磷效率的遗传改良

现代植物生物技术的发展大大拓宽了养分高效育种的手段，通过分子标记技术可以更有效地挖掘利用养分高效种质资源，利用转基因技术投则可能将外源基因转入作物中。在这过程中，对大量的遗传材料的表现型的筛选已成为确定候选基因和利用的重要限制因素。适宜的筛选方法与筛选生理指标，对于磷高效育种显得至关重要(图 2.30)。迄今为止，在磷效率生理基础与筛选指标方面，不同作物中已开展了大量的工作，这些结果对于理解磷高效的形成机理打下了良好的基础。更多的研究需要将生理研究结果与田间产量形成结合起来，使育种更有目的性。

2.6.1 筛选条件

育种材料的筛选是育种工作的基础，没有优秀的基础材料，就育不出优秀的品种。另外对磷效率特性生理遗传机制的研究也有赖于典型材料的获得。因此磷效率材料的筛选是众多研究者关注的首要问题。

在自然条件下进行田间筛选有利于获得准确的信息，因此田间筛选一直是育种工作的基础。Aggarwal 等完善了针对耐低磷特性的以田间试验为基础的筛选方法。这种方法以评价

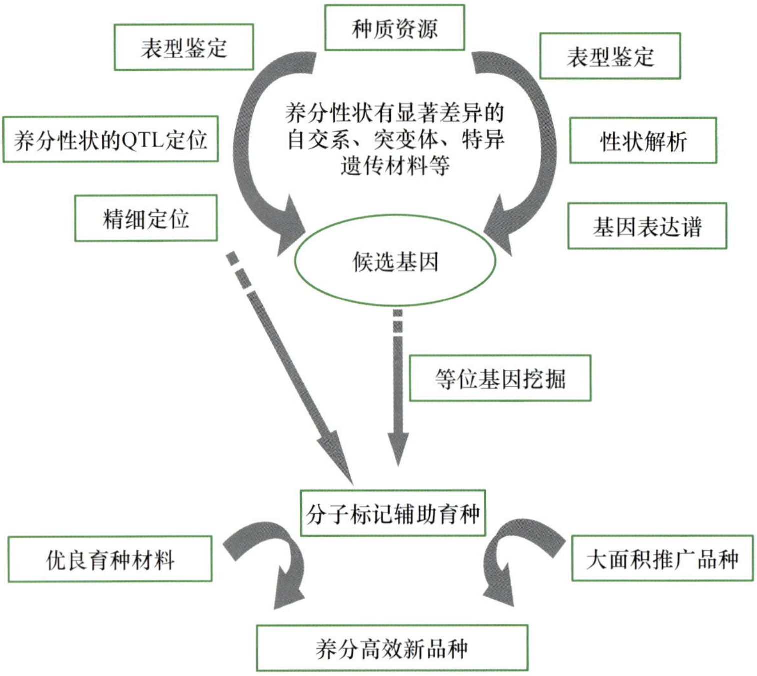

图 2.30　养分高效育种的路线图(Wissuwa *et al.*，2009)

土壤状况和改善土壤的组成成分为基础。他在试验中去除了当地土壤低锌、低氮的土壤因素，从而使磷的反应可以被定量。经过两个生长季节的筛选，一个有希望的菜豆基因型 CAL143 被筛选出来，它稳定的表现出耐低磷特性和对中量施肥(20 kg/hm^2 P)的产量反应度(Aggarwal *et al.*，1997)。Camargo 等认为在不同磷肥水平上对小麦品种进行田间筛选不仅可以选择在低磷水平上磷效率更高的基因型而且便于评价它们对加磷的反应度(Camargo *et al.*，1994)。Ndakidemi 等在坦桑尼亚筛选耐低磷菜豆基因型的工作开始于 1992 年，其目的是筛选在低磷土壤中产量高的品种。第一年用两次重复的随机区组设计对 280 个系进行筛选。在第二个生长季对其中较好的 114 个系进行筛选，试验设计为以磷处理为主区，菜豆品种为副区的裂区设计，在裂区内采用随机排列。在第三个生长季对磷胁迫和非磷胁迫条件下表现最好的 50 个系进行再次评价，筛选出耐低磷的系(Ndakidemi *et al.*，1995)。

当然田间筛选也有其弊端，例如所需时间长，占用资源多，耗费人力也多，而且会受到不可抗外界因素的干扰，如气候的异常变化和病虫害的发生。为了弥补田间筛选试验的不足，人们发展出各种各样的方法进行材料的筛选。Geloff 为了检测在低磷的自然环境中对吸收磷有重要作用的一些植物学性状，发展了砂-铝培养体系。在这种培养体系中吸附磷的铝与粗沙混合后作为磷源，可保持与土壤磷浓度类似的缓冲性磷浓度并且根表有效磷也被认为是有限扩散的。他用此体系检测到了 7 个番茄基因型的显著性差异(Geloff，1987)。Da Silva 和 Gabelman 对这种能提供稳定的扩散受限的低磷浓度的筛选方法进行调整，并用改良后的方法在营养生长阶段筛选耐低磷的玉米自交系。低磷和高磷水平分别为 8～10 μmol/L 和 40～50 μmol/L 的对植株来说可再生的、扩散受限的有效磷。从 20 个自交系中筛选出 B37、Oh40B、NY821、Pa36、MS1334 五个耐低磷自交系，WH、H99、H84、Pa32、W37 五个不耐低磷的自交系。他们认为这种改良后的砂铝培养体系有利于筛选吸磷能力与土壤中类似的材料

(Da Silva and Gabelman, 1992)。

在自然土壤条件下,选择压力过大或过小,耐低磷基因均得不到充分表达,磷高效和磷低效品种间差异变小,难于进行有效选择。邢宏燕等(2000)利用由不同地点采集的土壤样品布置了9次土培试验,在有效磷含量不同的土壤中对437份小麦品种的磷营养特性进行了鉴定,结果发现施磷处理的土壤有效磷含量为24 mg/kg左右,减磷处理的土壤有效磷含量为8 mg/kg左右是小麦种质资源筛选的合适选择压力。张吉海等(2006)的玉米磷高效种质筛选试验中,雅安试验点有效磷含量为10.3 mg/kg,生物量处理比对照平均下降61%,变幅为8.6%~95%,变异系数为85%;泸州试验点有效磷含量8.5 mg/kg,生物量处理比对照平均下降65%,变幅为9.2%~96%,变异系数为98%。认为两个试验点的低磷胁迫程度适当,材料的耐低磷特性得到了充分表达,能够进行玉米耐低磷特性的筛选鉴定。在苗期盆栽筛选实验中,张丽梅等(2004)认为,每千克土施磷(P)0.10 g与0.25 g分别作为缺磷处理和正常磷处理较为合适。

在水稻耐低磷种质资源筛选中,郭再华等(2006)外加的磷浓度是50 mg/kg。李华慧(2008)的研究证实,该胁迫程度在土壤盆栽条件是比较适宜的。

2.6.2 辅助选择指标

根系形态、侧根生长及根毛特性无疑是磷高效的重要筛选辅助指标(Richardson *et al.*, 2009)。Gahoonia等(1996; 1997; 1998; 1999)的研究表明,根毛的形成可能对基因型间磷吸收效率的差异起重要作用。无论在营养液中还是在土壤中,有长根毛的大麦品种耗竭了根际土壤中更多的磷,从田间吸收了更多的磷。用^{32}P标记的方法证明了根毛在磷吸收中的作用,提出对根毛的选择可能成为改良土壤磷吸收的一个筛选标准。孙海国等研究了缺磷条件下不同基因型小麦苗期根系形态及生理学适应特征,结果表明缺磷条件下的小麦苗期根系形态指标和根系分泌的酸性磷酸酶活性的交互作用与小麦的相对产量之间具有显著的线性关系,这种关系说明这些性状均可作为早期筛选磷高效小麦品种的指标(孙海国, 1999)。在菜豆中,磷高效基因型的根系特征包括侧根分枝多、基根多且生长角度小(水平生长)、根对低磷的反应能力强等(Lynch and van Beem, 1993; Lynch and Beebe, 1995; Lynch 1998; Liao *et al.*, 2001b)。在大豆中发现,浅根型根系与磷高效吸收有显著正相关(Zhao *et al.*, 2004; Wang *et al.*, 2010)(图2.31)。

美国J. Lynch小组的工作还表明,根中通气组织的发达程度也是磷高效的重要筛选指标。实际上,在氮、磷、钾养分及水分缺乏条件下,通气组织的形成有利于利用较少的养分及碳投入建成较大的根系,因此,Lynch认为,通气组织这一性状可以作为养分高效以及抗干旱的通用指标。

对于小麦、水稻等分蘖作物而言,磷对分蘖有强烈的抑制作用,可以用低磷下的相对分蘖率作为耐低磷的筛选指标(吴平等,1997;王兰珍,2003;刘亚等,2005;郭再华等,2006;李华慧,2008)。但小麦等作物又分为大穗型、多穗型等,不同分蘖类型品种的分蘖数有很大差异,对低磷的敏感程度也很大不同。在评价时应该区别对待。苗期溶液培养试验表明,如果将不同分蘖类型的品种统一进行比较,大穗型品种对低磷的敏感度要低(相对地上部干物质高)。多穗型品种在低磷胁迫条件下仍保持较多的分蘖,相对分蘖数也高,但其相对干物重却较低。相对

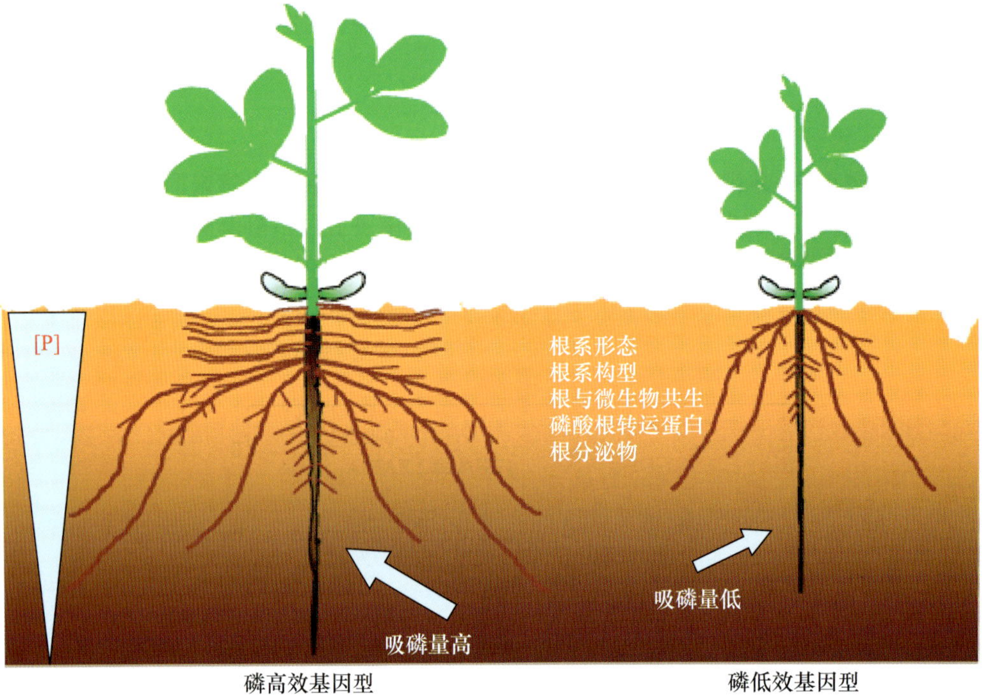

图 2.31　大豆磷高效根构型(左图)(Wang *et al.*, 2010)

分蘖数与相对干物重呈负相关(表 2.25)。大穗型品种的单茎次生根数较多,低磷胁迫下这种优势更明显(因为次生根数的减少幅度要小于分蘖数减少幅度)(图 2.32),相对次生根数与相对干物质重呈正相关(表 2.25),这表明,在苗期小麦次生根发生能力受磷胁迫影响越小的品种,对低磷的敏感性越低。

表 2.25　小麦苗期分蘖及次生根数与低磷敏感度关系

	相对分蘖数	相对次生根数	相对地下部鲜重	相对地上部鲜重
相对分蘖数	1.000			
相对次生根数	−0.744	1.000		
相对地下部鲜重	−0.564	** 0.920	1.000	
相对地上部鲜重	* −0.888	* 0.850	0.644	1.000

* 0.05 水平显著;** 0.01 水平显著。

Gautam 等(1996)将 26 个黑小麦×面包麦的衍生系种植在正常(60 kg/hm^2 P)和磷缺乏的环境中(0 kg/hm^2 P),调查了 16 个农学性状和生理学性状。每株的籽粒产量构成因素(每株的分蘖数、每株的穗数),早期生长活力,叶面积指数对低磷胁迫最敏感。磷胁迫推迟了抽穗期和成熟期。在低磷胁迫条件下的重要选择指标包括早期生长活力,每穗的小穗数和叶面积指数。

在玉米中,缺磷导致老叶变紫现象非常明显(尤其是在春播低温条件下),将叶色分级,可

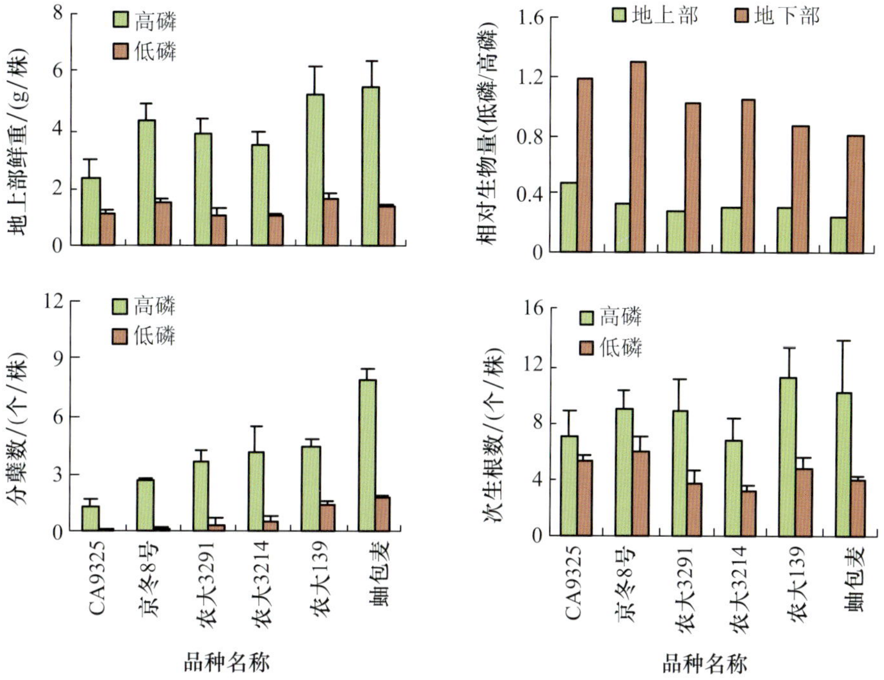

图 2.32 低磷对不同分蘖类型小麦品种鲜重、相对鲜重、分蘖数及次生根数的影响

以作为早期耐低磷选择的间接指标(刘向生等,2003)(图 2.33)。但在植株生长的中后期,缺磷玉米植株可以通过降低生长速度来减少对磷的需求量,因此,缺磷植株表现为株高降低、叶面积减小、穗发育受阻。而叶片紫色特征不再显著。因此,在全生育期鉴定中,叶面积大小及空秆率高低可以作为磷高效筛选的重要指标(刘向生,2005)。以穗粒数为指标时应注意,因于缺磷条件下玉米株间对有限磷的竞争加剧,在一些植株不结实的同时,具有竞争优势的、结实的植株常具有较多的籽粒数和较高的单株产量。所以,取样时应增大植株样本数,否则容易出现误差。

a. 苗期　　b. 穗发育

图 2.33 玉米缺磷症状

陈俊意等(2008)以 33 个不同玉米基因型为材料,在低磷和高磷两个供磷水平下,分析玉米基因型磷效率与多个相对根系性状的关系。结果表明,相对总根重和相对须根数对磷效率(低磷/高磷相对值)的回归系数显著,认为相对须根数和相对表层根重可以作为培育高磷效率玉米基因型的改良目标性状。

曹黎明和潘晓华对 200 多个不同基因型的水稻品种(组合)进行土培和砂培,用多种相对指标和绝对指标进行系统聚类分析获得一批耐低磷品种和低磷敏感品种。敏感型品种产量低的原因是每株穗数和结实率的下降曹(黎明和潘晓华, 2001)。段海燕等采用土培的培养方法,运用两步法(苗期干物质筛选和全生育期产量筛选)以磷效率系数(−P/+P)为指标对 194 个甘蓝型油菜品种进行了磷效率的筛选,最终确定甘蓝型油菜磷高效品种 97081 和磷低效品种 9702998(段海燕等, 2001)。

Major 等研究发现,在磷胁迫条件下,每株的豆荚数、成熟的天数和植株高度可用来筛选高产的豇豆基因型(Major *et al.*, 1993)。

辅助选择指标是为了更快、更准确或在早期鉴定种质材料。磷高效育种的终极目标是低磷条件下的作物产量,因此,所用的辅助选择指标都应该用成熟期作物产量作为最终衡量标准。

不同研究者之间,有的用各生理指标或产量的相对值(耐低磷系数、对低磷的敏感度)作为评价指标,有的用低磷下的绝对量作为评价指标。从遗传改良的角度出发,前者实际上是对低磷特异性基因进行选择,而后者可能即选择了控制作物广泛适应性(生长势)的基因,也选择了低磷特异性基因。前一种方法适合比较来源不同的遗传材料,在不同试验条件下可比性较强。所选到的材料除了作为育种资源外,还有利于进行专一性磷高效生理机制研究。但在选择过程中,应注意剔除那些生长速率慢(地上部磷需求量低)的材料。

2.6.3 磷高效常规育种

从 20 世纪 90 年代,巴西的农业研究机构 the Empresa Brasileira de Pesquisa Agropecuária (EMBRAPA) 即开始了磷高效遗传改良工作(Schaffert *et al.*, 2000),但是进展缓慢。Schttini 用一个磷高效的野生蚕豆 P1206002 与栽培蚕豆品种 Sanilac 杂交与回交获得回交系。在缺磷土壤和营养液中鉴定它们的磷高效特性,结果表明几个回交系的形态类似 Sanilac,但在低磷营养液中茎叶干重却比 Sanilac 高 10%~25%。在低磷土壤中高出 30%~50%,经济产量也比 Sanilac 高,这说明野生种的磷高效基因已重组到栽培种基因组中(Schttini *et al.*, 1987)。Lynch 的早期田前工作,在大量菜豆种质资源中筛选出了一些可用于生产的磷高效品系。通过远缘杂交引入外源基因也是磷效率改良的一种有效方法。在我国,李振声院士等通过对具有偃麦草外源基因的小偃 4 号进行系选,获得了耐低磷的小麦品种小偃 54。在华南农业大学,年海教授与严小龙教授小组合作,通过引入南美大豆血缘,成功选育出 7 个适应于热带酸性土壤的"华夏系列"磷高效大豆品种(图 2.34)。

2.6.4 磷高效转基因育种

近十几年来,科学家大量克隆了与磷吸收利用相关的基因,同时也开展了旨在提高磷效率的转基因育种探索工作。表 2.26 汇总了一些转基因工作的效果,这些工作大部分注重磷的高效吸

图 2.34 华南农业大学选育的磷高效大豆品种(HC2)(Wang *et al.*, 2010)

收,所转的基因大都是磷酸盐转运蛋白基因、有机酸合成分泌相关的基因、磷酸酶分泌相关基因,也有控制磷信号途径的转录因子。总体来讲,转入这些基因在一定程度上提高了磷的吸收能力,有可能在实验条件下增加生物量和增加作物产量,显示了利用转基因育种提高磷效率的潜力。

表 2.26 磷效率转基因研究结果总结

基因	受体作物	效果	文献
高亲和力磷转运蛋白(大麦)	大麦	无	Rae *et al.*, 2004
高亲和力磷转运蛋白(烟草)	水稻	增加磷吸收	Park *et al.*, 2007
植酸酶(黑曲霉)	三叶草	增加植酸磷的吸收	Richardson *et al.*, 2001
分泌型植酸酶(根毛特异性启动子,合成基因)	马铃薯	增加植酸磷的吸收和生物量	Zimmermann *et al.*, 2003
植酸酶(黑曲霉)	三叶草	增加磷吸收	George *et al.*, 2005 George *et al.*, 2005
植酸酶(黑曲霉)	烟草	增加植酸磷的吸收	George *et al.*, 2005
植酸酶(枯草芽孢杆菌)	烟草	增加磷的吸收和生物量	Lung *et al.*, 2005
植酸酶(黑曲霉)	大豆	增加根分泌物中植酸酶活性和磷含量	Li *et al.*, 2009
植酸酶和酸性磷酸酶(*M. truncatula*)	三叶草	增加磷的吸收和生物量	Ma *et al.*, 2009
酸性磷酸酶(白羽扇豆)	烟草	增加磷的吸收和生长	Wasaki *et al.*, 2009
酸性磷酸酶(拟南芥)	大豆	增加生物量、磷吸收量、产量	Wang *et al.*, 2009
柠檬酸合成酶(绿脓杆菌)	烟草	增加地上部磷含量	Lopez-Bucio *et al.*, 2000
柠檬酸合成酶(绿脓杆菌)	烟草	无效果	Delhaize *et al.*, 2001
苹果酸脱氢酶(MDH)	苜蓿	增加有机酸分泌	Tesfaye *et al.*, 2001
磷酸丙酮酸羧化酶(PEPCase)	苜蓿	不增加有机酸分泌	Tesfaye *et al.*, 2001
I 型 H+-焦磷酸化酶 AVP1(拟南芥)	水稻和番茄	促进根与地上部生长,增加产量	Yang *et al.*, 2007
苹果酸阴离子通道基因(小麦 AlMT1)	大麦	在酸性土上增加磷吸收和产量	Delhaize *et al.*, 2009

续表 2.26

基因	受体作物	效果	文献
膨胀素基因(大豆 GmEXPB2)	大豆毛根、拟南芥	促进主根与侧根伸长,促进植株生长和磷积累	Guo *et al.*, 2008
PTF 转录因子(水稻)	水稻	促进分蘖、生物量、磷吸收量	Yi *et al.*, 2005
PTF 转录因子(玉米)	玉米	促进根生长、雄穗分枝、穗粒数、粒重和产量	Li *et al.*, 2011

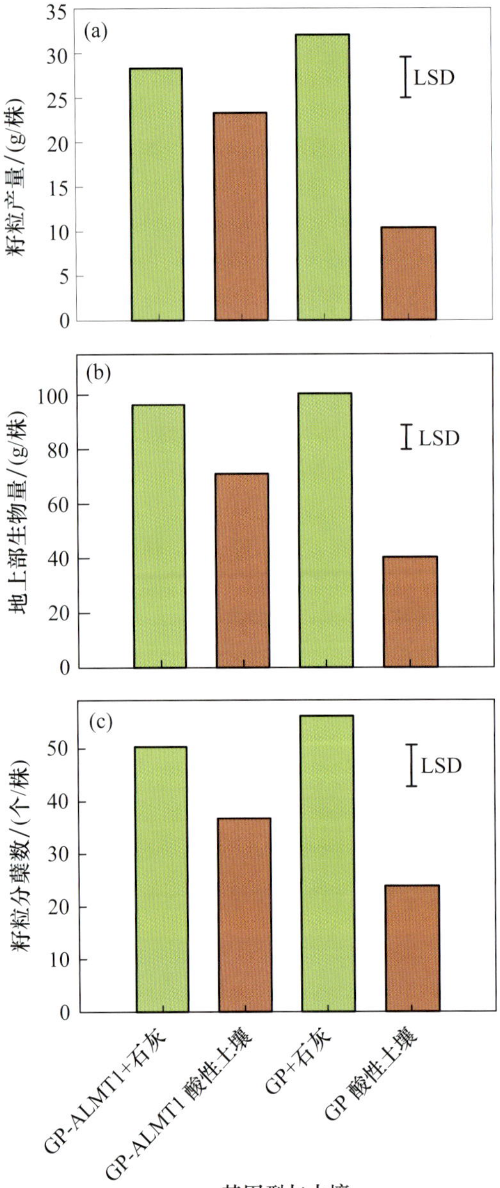

图 2.35 将小麦苹果酸阴离子通道(ALMT1)基因转入大麦对大麦生长及产量的影响(Delhaize *et al.*, 2009)

对于磷而言,根际磷的活化是提高土壤磷资源利用效率的重要途径。根分泌的柠檬酸具有很强的活化难溶性磷的功能,柠檬酸合成酶是植物体内柠檬酸合成中起重要控制作用。López-Bucio 等(2000)将细菌柠檬酸合成酶基因转入烟草,发现柠檬酸外流增加了 2~3 倍,同时,在低磷土壤条件下转基因烟草植株的生长及产量得到显著提高。然而,这一结果并没被重复(Delhaize *et al.*, 2001)。Koyama 等将来源于胡萝卜(*Daucus carota*)的柠檬酸合成酶基因 *DcCS* 引入拟南芥中,结果发现在酸性土中转基因植株有更高的柠檬酸酶活性,而且其生长状况和磷累积量均比对照株高。由此表明,柠檬酸的过量表达可以通过增加根向土壤的柠檬酸分泌量改良拟南芥在缺磷土壤中的生长(Koyama *et al.*, 2000)。最近,Delhaize 等(2009)将小麦中的苹果酸阴离子通道蛋白基因 *TaALMT*1 超表达到大麦中,可以显著提高酸性土壤上大麦对铝的抗性,同时提高单位根长磷的吸收效率。在成熟期,转基因大麦的产量是对照的 2 倍,但在添加生石灰的条件没有效果(图 2.35)。这说明,转基因植株中有机酸的分泌主要是提高了耐铝性,而不是增加对难溶性磷的活化。这些结果似乎表明,在禾本科作物中,有机酸分泌可能不是决定磷高效的主要因素。

在土壤磷库中有机磷占很大比例，而肌醇六磷酸是土壤有机磷中一种很普遍的存在形态，但植物从这种磷源吸收磷的能力非常有限，主要原因之一是因为根分泌的植酸酶活性不足。George 等（2008）比较了小麦品种的磷酸酶分泌特性，虽然发现这一特性的基因型差异与培养条件下的有机磷能力有些相关，但在土壤条件下，不能证明磷酸酶分泌能力与小麦耐缺磷的相关关系。这可能说明小麦种内的磷酸酶分泌能力的差异尚不够大，或者这种差异在土壤条件下，能容易被土壤微生物的磷酸酶分泌能力所掩盖。因此有人提出将微生物中的植酸酶基因整合到植物基因组中，使之具有向外界分泌植酸酶的特性，从而提高土壤中有机磷的利用效率。例如，Richardson 等（2001）将黑曲霉中的植酸酶基因 phyA 转移到三叶草和拟南芥中并使之表达。对转化一代植株群体的研究表明这两种植物的转化株的根系中均有胞外植酸酶的表达，当在介质中以肌醇六磷酸为磷源时，转基因植株的磷营养状况与对照株相比有很大的提高。然而，当在自然土壤中实验时，转基因植株获助外源肌醇六磷酸的能力增加很少（George *et al*. 2004，2005c）。其原因可能包括：土壤中肌醇六磷酸有效性较低（George *et al*. 2005b），植物所分泌的磷酸酶被土壤吸附（George *et al*. 2005a），或者土壤微生物的补偿作用（Richardson *et al*.，2007）等。利用植物中的酸性磷酸酶也是一条途径，Wang 等（2009）将拟南芥紫色酸性磷酸酶 PAP15 转入大豆，在含有植酸的砂培条件下提高了大豆干物质重量及磷吸收量，在酸性土壤上则增加了大豆产量。

除了直接改良植物分泌有机酸及磷酸酶的能力，Ryan 等（2009）提出，应该充分利用根际微生物与植物根的互作关系，通过改良植物的根分泌物及根际微生物组成，促进那些能分泌有机酸、高效活化土壤难溶性磷的微生物的繁殖，可能是未来根际育种改良的重要目标。

在作物水平上，植株对缺磷胁迫的反应能力需要形态及生理、根系与地上部、吸收与代谢等生理功能的协调。充分利用磷营养信号途径的信息，通过对磷营养信号上游转录因子的遗传改良，有可能同时改变一系列缺磷胁迫响应基因的表达和生理功能，这些生理功能的协同，更有利于提高作物对缺磷胁迫的适应能力。在水稻中超表达转录因子 *OsPTF*1 增加分蘖数、根和茎生物量、磷吸收量（+30%）。在田间缺磷土壤上，超表达植株增加分蘖数、穗重和磷吸收量，增加幅度为 20%（Yi *et al*.，2005）。在玉米中超表达转录因子 *ZmPTF*1 后，显著促进根的发育和生物量（图 2.36），而且在低磷土壤上增加了雄穗分枝、穗粒数和粒重（表 2.27），并且增加产量（Li *et al*.，2011）。在生理方面，转基因玉米植株叶片中蔗糖和果糖的浓度下降，但根中糖的浓度提高。超表达植株中果糖-1，6-二磷酸酶（fructose-1，6-bisphosphatase）和蔗糖磷酸酶（sucrose phosphate synthase）的基因表达在叶片中上升，在根中下降。这说明，*ZmPTF* 参与调节碳水化合物在根冠间的分配，促进叶片中糖向根中的分配，一方面可能减轻叶片中糖对光合作用抑制（见前面论述），另一方面可能增加根对低磷胁迫的反应强度。ZmPTF 超表达植株中，根中上调的基因还包括 *Zm38*（R2R3 MYB gene family 成员，可能与生长素运输及花青素合成有关）、液泡中质子焦磷酸酶（vacuolar H^+-pyrophosphatase，H^+-PPase）、干旱诱导的核酯酶（RNase），PEP 羧激酶（phosphoenolpyruvate carboxykinase）等。在水稻中，Yi 等（2005）发现超表达 *OsPTF*1 上调了核酸酶、液泡中质子焦磷酸酶和 PEP 羧激酶（PEP carboxykinase）以及葡萄糖-6-磷酸酶（Glc-6-P）的表达。这些结果表明，转录因子 ZmPTF1 通过调控下游与糖代谢相关基因的表达，影响了糖在根冠间的分配，并因此影响玉米的形态发育与产量形成。

a. 地上部分

b. 根系

图 2.36　超表达 *ZmPTF* 玉米的地上部与根系生长(Li *et al.*, 2011)

表 2.27　超表达 *ZmPTF* 对玉米穗部性状的影响(Li *et al.*, 2011)

	野生型 WT	转基因系 L+3	转基因系 L+4
开花吐丝间隔期 ASI	3.1±0.5	2.2±0.3	1.7±0.4*
穗长/cm	9.25±0.25	13.25±0.75	12.25±0.25**
穗行数	12±0.28	14±0.42	14±0.14
行粒数	20±2.73	25±2.5**	27±3.6**
穗重/g	50.88±5.7	77.2±7.16	63.29±9.86
百粒重/g	17.48±0.42	23.51±0.48	18.72±0.53**

数值为:平均值±SD。*、** 分别表示在 t 检验下(n=8)5%、1%显著水平。

虽然已经在各种作物中定位了大量的与磷效率相关的 QTL,但迄今为止,尚没有利用 QTL 进行分子标记辅助育种的成功例子。在水稻中的 Pup1 基因是目前最有可能被利用的一个 QTL。

参考文献

陈俊意,蔡一林,王国强,王久光,孙海燕,刘志斋,吕学高,陈天青,徐德林. 2008. 玉米基因型磷效率的主成分分析. 玉米科学,16:67-70.

陈俊意,蔡一林,徐军,况守峰,黄爱缨,张瑞敏,孙海燕,王久光,王国强. 2008. 玉米基因型磷效率与相对根系性状的最优回归模型及育种学启示. 玉米科学,16:58-6.

郭程瑾,李宾兴,王斌,李雁鸣,肖凯. 2006. 不同磷效率小麦品种的光合特性及其生理机制. 作物学报,32:1209-1217.

曹爱琴,廖红,严小龙. 2002. 低磷土壤条件下菜豆根构型的适应性变化与磷效率. 土壤学报,39 (2):276-282.

段海燕,王运华,徐芳森,刘慧. 2001. 不同甘蓝型油菜自交系磷营养效率的差异研究. 华中农业大学学报,20 (3):241-245.
段海燕,徐芳森,王运华. 2002. 甘蓝型油菜不同磷效率品种苗期根系生长及磷营养的差异. 植物营养与肥料学报,8 (1):65-69.
郭再华,贺立源,黄魏,徐才国. 2006. 耐低磷水稻筛选与鉴定. 植物营养与肥料学报, 12: 642-648.
黄亚群, 马文奇, 刘社平, 王激清. 1999. 春小麦品种磷效率相关性状的遗传. 河北省科学院学报,16:1-7.
李华慧. 2008. 水稻不同基因型耐低磷能力的鉴定及适应机理研究. 中国农业大学硕士学位论文(导师:李自超).
李继云,刘秀娣,周伟,孙建华,童依平,刘文杰,李振声,王培田,姚树江. 1995. 有效利用土壤营养元素的作物育种新技术研究. 中国科学 (B辑), 25 (1):41-48.
李继云,孙建华,刘全友, 童依平. 2000. 不同小麦品种的根系生理特征、磷的吸收及利用效率对产量影响的研究. 西北植物学报, 20 (4):503-510.
李绍长,龚江,王军. 2003. 玉米自交系苗期耐低磷基因型的筛选. 玉米科学,11:85-89.
李玉京,李滨,李继云,李振声. 1998. 植物有效利用土壤磷特性的遗传学研究进展. 遗传,20 (3):38-41.
李玉京,刘建中,李滨,李继云,姚树江,李振声. 1999. 普通小麦基因组中耐低磷胁迫特性的染色体控制. 遗传学报,26(5)529-538.
廖红,严小龙. 2000. 菜豆根构型对低磷胁迫的适应性变化及基因型差异. 植物学报, 42 (2):158-163.
刘存辉,张可炜,张举仁,董树亭. 2006. 低磷胁迫下磷高效玉米单交种的形态生理特性. 植物营养与肥料学报, 12:327-33.
刘国栋,李继云,李振声. 1995. 植物高效利用土壤磷营养的化学机理. 植物营养与肥料学报, 1 (3-4):72-77.
刘国栋,李继云,李振声. 1996. 低磷胁迫下小麦根系反应的基因型差异. 植物营养与肥料学报, 2 (3):212-218.
刘慧,刘景福,刘武定. 1999. 不同磷营养油菜品种根系形态及生理特性差异研究. 植物营养与肥料学报, 5 (1):40-45.
刘建中, 李继云. 1999. 普通小麦各染色体组有效利用土壤磷基因的遗传分析. 西北植物学报,19(1).-1-6.
刘建中, 李玉京, 李滨, 姚树江,李继云,李振声. 2000. 黑麦基因组中不同染色体在缺磷胁迫下对普通小麦根系分泌酸性磷酸酯酶(Acph)遗传效应的研究. 遗传学报, 27(1). 39-43, 55, 80.
刘向生. 2005. 玉米磷效率基因型差异的生理及遗传分析. 中国农业大学硕士学位论文(导师:米国华),北京.
刘向生,陈范骏,春亮,宋建兰,米国华. 2003. 玉米自交系耐低磷胁迫的基因型差异. 玉米科学, 11(3):23-27.
刘亚, 李自超, 米国华, 张洪亮, 穆平, 王象坤. 2005. 水稻耐低磷种质的筛选与鉴定. 作物学报，31：238-242.
刘燕．2006. 根形态在玉米耐低磷中的作用及侧根发育的蛋白组学研究．中国农业大学博士学位论文(导师:张福锁,米国华),北京．
鲁如坤．1998. 土壤—植物营养学原理和施肥．北京:化学工业出版社，49-52,104,152-153.
鲁如坤,史陶钧．1980. 土壤磷素在利用过程中的消耗和积累．土壤通报,5：6-8.
米国华,邢建平,陈范峻,刘向生,刘燕．2004. 玉米苗期根系生长和耐低磷的关系．植物营养与肥料学报，10 (5)：468-472.
明凤,米国华,张福锁,郑先武,朱立煌．2000. 水稻对低磷反应的基因型差异及其生理适应机制的初步研究．应用与环境生物学报，6 (2):138-141.
明凤,郑先武,米国华,何平,朱立煌,张福锁．2000. 水稻耐低磷有关性状的分子标记．科学通报,44:2514-2518.
孙海国，张福锁，杨军芳．2001. 不同供磷水平小麦苗期根系特征与其相对产量的关系．华北农学报，16：98-104.
孙岩,王广金,李忠杰,张宏纪,黄景华．2002. 小麦高效利用磷素基因型的筛选及其指标的初步研究．土壤，34(3) 1-3.
童依平,李继云,李振声．1999. 不同小麦品种(系)吸收利用氮素效率的差异及有关机理研究Ⅱ影响吸收效率的因素分析．西北植物学报，19 (3):393-401.
王兰珍．2003. 冬小麦磷高效种质鉴定及其生理遗传分析．中国农业大学博士学位论文(导师:毛达如,张福锁,米国华).
王美丽,严小龙．2001. 大豆根形态和根分泌物特性与磷效率．华南农业大学学报，22 (3)：1-4.
王庆仁,李继云,李振声．1999. 不同基因型小麦磷素营养阈值的研究．西北植物学报,19 (3):363-370.
王庆仁,李继云,李振声．1999. 高效利用土壤磷素的植物营养学研究．生态学报，19 (3)：417-421.
王庆仁,李继云,李振声．2000. 磷高效基因型小麦对缺磷胁迫的根际适应性反应．西北植物学报，20 (1):1-7.
王艳,孙杰，王荣萍，米国华,张福锁.2003. 玉米自交系吸收利用磷素的差异及其相关性.应用与环境生物学报,9:479-481.
邢宏燕,李滨,李继云,李振声．1999. 小麦品种磷营养特性的类型分析及其年度间稳定性的研究．西北植物学报，19:219-228.
邢宏燕,王二明等．2000. 有效利用土壤磷的小麦种质筛选方法的研究．作物学报,26：839-844.
严小龙,张福锁．1997. 植物营养遗传学．北京：中国农业出版社，1-9.
岳辉,李春红,于海秋,孙海鹰,依兵,张昊,曹敏建．2010. 耐低磷玉米自交系的筛选与鉴定指标的建立．河北农业科学,14:4-6.
章爱群，贺立源，门玉英，赵会娥，杨建峰．2008. 磷水平对不同耐低磷玉米基因型幼苗生长和养分吸收的影响．应用与环境生物学报,14:347-350.

张福锁．1993. 植物营养生态生理学和遗传学．北京:中国科学技术出版社．53-63.

张建恒,李宾兴,王斌,郭程瑾,李雁鸣,肖凯．2006. 不同磷效率小麦品种光合碳同化和物质生产特性研究．中国农业科学，39:2200-2207.

张可炜,李坤朋,刘治刚,张举仁．2007. 磷水平对不同基因型玉米苗期磷吸收利用的影响．植物营养与肥料学报,13:795-801.

张可炜，李坤朋，刘存辉，刘志冈，王贤丽，张举仁．2008. 来自细胞工程技术的不同低磷耐受性玉米自交系磷营养特性分析．应用与环境生物学报,14:158-162.

张丽梅,贺立源,李建生,徐尚忠．2004. 玉米自交系耐低磷材料苗期筛选研究．中国农业科学，37:1955-1959.

张丽梅,贺立源,李建生,徐尚忠．2005. 不同耐低磷基因型玉米磷营养特性研究．中国农业科学，38 (1)：110-115.

张丽梅,贺立源,龚阳敏,李建生,徐尚忠．2006. 不同耐低磷玉米自交系生长发育特征研究．植物营养与肥料学报,12:56-62.

张吉海,高世斌,潘光堂．2006. 玉米苗期耐低磷基因型的筛选与鉴定．玉米科学，14:20-25.

赵静，付家兵，廖红，何勇，年海，胡月明，邱丽娟，董英山，严小龙．2004. 大豆磷效率应用核心种质的根构型性状评价．科学通报,49：33-41.

Abel, S. 2011. Phosphate sensing in root development. Current Opinion in Plant Biology, 14：303-309.

Abel S，Ticconi C A and Delatorre C A. 2002. Phosphate sensing in higher plants. Physiologia Plantarum，115：1-8.

Ae N，Arihara J，Okada K. 1991. Phosphorus uptake mechanisms of pigeon pea grown in Alfisols and Vertisols. In 'Phosphorus nutrition in grain legumes in the semi-arid tropics'. (EdsCJohansen,KKLee,KLSahrawat) pp. 91-98. (ICRISAT：Patancheru，AP，India).

Adu-gyamfi J J，Fujita K，Ogata S. 1989. Phosphorus absorption and utilization efficiency of pigeon pea (Cajanus cajan (L) Millsp.) in relation to dry matter production and dinitrogen fixation. Plant Soil，119：315-324.

Ae N，Arihara J. 1990. Uptake mechanism of iron-associated phosphorus in pigeon pea growing on Indian alfisol and its significance to phosphorus availability in cropping systems. In：Proceedings of 4th International Conference of Soil Sci. Society，2,164-169.

Akthar M S，Oki Y，Adachi T. 2008. Genetic variation in phosphorus acquisition and utilization efficiency from sparingly soluble P-sources by Brassica cultivars under P-stress environment. J. Agric. Crop Sci，194，380-392.

Al-Ghazi Y，Muller B，Pinloche S，Tranbarger T G，Nacry P，Rossignol M，Tardieu F，Doumas P. 2003. Temporal responses of *Arabidopsis* root architecture to phosphate starvation:evidence for the involvement of auxin signalling. Plant，Cell and Environment，26：1053-1066.

Anghinoni I，Barber S A. 1980. Phosphorus influx and growth characteristics of corn roots as influenced by phosphorus supply. Agronomy Journal，72：685-688.

Anuradha M, Narayanan A. 1991. Promotion of root elongation by phosphorus deficiency. Plant Soil, 136: 273-275.

Asmar F, Gahoonia T S, Nielsen N E. 1995. Barley genotypes differ in activity of soluble extracellular phosphatase ad depletion of organic phosphorus in the rhizosphere soil. Plant and Soil, 172: 117-122.

Barber A S, Mackay A D. 1986. Root growth and potassium up take by two corn genotypes in the field. Fertilizer Research, 10: 217-231.

Bari R, Datt Pant B, Stitt M, Scheible W. 2006. PHO2, microRNA399 and PHR1 define a phosphate-signaling pathway in plants. Plant Phys, 141, 988-999.

Bates T R, Lynch J P. 1996. Stimulation of root hair elongation in *Arabidopsis thaliana* by low phosphorus availability. Plant, Cell and Environment, 19: 529-538.

Bayuelo-Jiménez J S, Gallardo-Valdéz M, Pérez-Decelis V A, Magdaleno-Armas L, Ocho I, Lynch J P. 2011. Genotypic variation for root traits of maize (Zea mays L.) from the Purhepecha Plateau under contrasting phosphorus availability. Field Crops Research, 121: 350-362.

Beebe S E, Rao I M, Cajiao C, Grajales M, 2008. Selection for drought resistance in common bean also improves yield in phosphorus limited and favorable environments. Crop Sci, 48, 582-592.

Beebe S E, Rojas M, Yan X, Blair M W, Pedraza F, Munoz F, Tohme J, Lynch J P. 2006. Quantitative trait loci for root architecture traits correlated with phosphorus acquisition in common bean. Crop Sci, 46, 413-423.

Bhadoria P, El Dessougi H, Liebersbach H, Claassen N. 2004. Phosphorus uptake kinetics, size of root system and growth of maize and groundnut in solution culture. Plant Soil, 262:327-336.

Braum S M, Helmke P A. 1995. White lupin utilizes soil-phosphorus that is unavailable to soybean. Plant and Soil, 176,95-100.

Buchanan B B, Gruissem W, Jones R L, eds. 2000. Biochemistry and Molecular Biology of Plants. Rockville, Maryland: American Society of Plant Physiology.

Bucher M. 2007. Functional biology of plant phosphate uptake at root and mycorrhiza interfaces. New Phyt, 173, 11-26.

Cakmak I, Christine H. 1994. Partitioning of shoot and root dry matter and carbohydrates in bean plants suffering from phosphorus potassium and magnesium deficiency. Journal of Experimental Botany, 45 (278): 1245-1250.

Calderón-Vázquez C, Alatorre-Cobos F, June Simpson-Williamson J, Luis Herrera-Estrella. 2009. Maize Under Phosphate Limitation. In: J. L. Bennetzen and S. C. Hake (eds.), Handbook of Maize: Its Biology, Springer Science + Business Media., UC, 381-404.

Calderón-Vázquez C, Ibarra-Laclette E, Caballero-Perez J, Herrera-Estrella L. 2008.

Transcript profiling of Zea mays roots reveals gene responses to phosphate deficiency at the plant-and species-specific levels. J Exp Bot, 59:2479-2497.

Calderón-Vázquez C, Sawers R J H, Herrera-Estrella L. 2011. Phosphate Deprivation in Maize: Genetics and Genomics. Plant Physiol, 1067-1077.

Chiou T J, Lin S I. 2011. Signaling network in sensing phosphate availability in plants. Annu. Rev. Plant Biol, 2011. 62:185-206.

Clark R B, Brown J C. 1974. Differential phosphorus uptake by phosphorus-stressed corn inbreds. Crop Sci. , 14:505-508.

Clark R B. 1983. Plant genotype differences in the uptake, translocation, accumulation, and use of mineral elements required for plant growth. Plant Soil. , 72: 175-196.

Delhaize E, Hebb D M, Ryan P R. 2001. Expression of a *Pseudomonas aeruginosa* citrate synthase gene in tobacco is not associated with either enhanced citrate accumulation or efflux. Plant Physiology, 125: 2059-2067.

Delhaize E, Ryan P R, Randall P J. 1993. Aluminum tolerance in wheat (Triticum aestivum L.) II. Aluminum-stimulated excretion of malic acid from root apices. Plant Phys, 103, 695-702.

Delhaize E, Taylor P, Hocking P J, Simpson R J, Ryan P R, Richardson A E. 2009. Transgenic barley (Hordeum vulgare L.) expressing the wheat aluminium resistance gene (TaALMT1) shows enhanced phosphorus nutrition and grain production when grown on an acid soil. Plant Biotechnol. J, 7 (5), 391-400.

Dinkelaker B, Romheld V, Marschner H. 1989. Citric acid excretion and precipitation of calcium citrate in the rhizosphere of white lupin (*Lupinus albus* L.). Plant, Cell and Environment, 12:285-292.

Dong B, Rengel Z, Delhaize E. 1998. Uptake and translocation of phosphate by *pho*2 mutant and wild-type seedlings of *Arabidopsis thaliana*. Planta, 205: 251-256.

Drew M C. 1975. Comparison of the effects of a localized supply of phosphate, nitrate, ammonium, and potassium on the growth of the seminal root system and the shoot in barley. New Phytologist, 75: 479-490.

Drew M C, He C J, Morgan P W. 1989. Decreased ethylene biosynthesis, and induction of erenchyma, by nitrogen-or phosphate-starvation in adventitious roots of *Zea mays*. L. Plant Physiology, 91: 266-271.

Fageria N K, Baligar V C, Li Y C. 2008. The role of nutrient efficient plants in improving crop yields in the twenty-first century. J. Plant Nutr, 31, 1121-1157.

Fan M S, Zhu J, Richards C, Brown K M, Lynch J P. 2003. Physiological roles for aerenchyma in phosphorus-stressed roots. Funct. Plant Biol, 30 (5), 493-506.

Fan M, Bai R, Zhao X, Zhang J. 2007. Aerenchyma formed under phosphorus deficiency contributes to the reduced root hydraulic conductivity in maize roots. J Integr Plant Biol, 49: 598-604.

Fang Z, Shao C, Meng Y, Wu P, Chen M. 2009. Phosphate signaling in Arabidopsis and Oryza sativa. Plant Science, 176: 170-180.

Feldman L. 1994. The maize root. In: Freeling M. , V. Walbot, eds. The maize handbook. New York: Springer, 29-37.

Forde B G, Lorenzo H. 2001. The nutritional control of root development. Plant and Soil, 232: 51-68.

Föhse D, Claassen N, Jungk A. 1988. Phosphorus efficiency of plants Ⅰ External and internal P requirement and P uptake efficiency of different plant species. Plant Soil, 110: 101-109.

Föhse D, Claassen N, Jungk A. 1991. Phosphorus efficiency of plants Ⅱ Significance of root radius, root hairs and cation-anion balance for phosphorus influx in seven plant species. Plant Soil, 132:261-272.

Gabelman W H, Gerloff G C. 1983. The search for and interpretation of genetic controls that enhance plant growth under deficiency levels of a macronutrient. Plant Soil, 72: 335-350.

Gahoonia T S, Nielsen N E. 1992. The root induced pH change on the depletion of inorganic and organic phosphorus in the rhizosphere. Plant and Soil, 143: 183-189.

Gahoonia T S, Nielsen N E. 1996. Variation in acquisition of soil phosphorus among wheat and barley genotypes. Plant Soil, 178:223-230.

Gahoonia T S, Nielsen N E. 1997. Variation in root hairs of barley cultivars doubled soil phosphorus uptake. Euphytica, 98, 177-182.

Gahoonia T S, Nielsen N E. 1998. Direct evidence on participation of root hairs in phosphorus (^{32}P) uptake from soil. Plant Soil, 198:147-152.

Gahoonia T S, Care D, Nielsen N E. 1997. Root hairs and phosphorus acquisition of wheat and barely cultivars. Plant Soil, 191:181-188.

Gahoonia T S, Nielsen N E, Lyshede O B. 1999. Phosphorus (P) acquisition of cereal cultivars in the field at three levels of P fertilization, Plant Soil, 211:269-281.

Gardiner D T, Christen N W. 1990. Characterization of phosphorus efficiencies of two winter wheat cultivars. Soil Sci Soc Am J, 54:1337-1340.

Gaume A, Mächler F, Leòn C D, Narro L, Frossard E. 2001. Low-P tolerance by maize genotypes: significance of root growth, and organic acids and acid phosphatase root exudation. Plant and Soil, 228: 253-264.

George T S, Richardson A E, Hadobas P A, Simpson R J. 2004. Characterization of transgenic Trifolium subterraneum L. which expresses phyA and releases extracellular phytase, growth and phosphorus nutrition in laboratorymedia and soil. Plant Cell Environ, 27, 1351-1361.

George T S, Richardson A E, Simpson R J. 2005a. Behaviour of plant-derived extracellular phytase upon addition to soil. Soil Biology & Biochemistry, 37, 977-988.

George T S, Richardson A E, Smith J B, Hadobas P A, Simpson J. 2005c. Limitations to the potential of transgenicTrifoliumsubterraneumL. Plants that exude phytase, when grown in soils with a range of organic phosphorus content. Plant and Soil, 278, 263-274.

George T S, Simpson R J, Hadobas P A, Richardson A E. 2005b. Expression of a fungal phytase gene in Nicotiana tabacum improves phosphorus nutrition in plants grown in amended soil. Plant Biotechnology Journal 3, 129-140.

George T S, Gregory P J, Hocking P J, Richardson A E. 2008. Variation in root-associated phosphatase activities in wheat contributes to the utilization of organic P substrates in-vitro, but does not explain differences in the P-nutrition when grown in soils. Environmental and Experimental Botany, 64, 239-249.

Gregory P. 2006. Plant Roots, Growth, Activity and Interactionwith Soils. Blackwell Publishing, Oxford.

Gilbert G A, Knight J D, Vance C P, Allan D L. 1999. Acid phosphatase activity in phosphorus-deficient white lupin roots. Plant, Cell and Environment, 22: 801-810.

Glassop D, Smith S E, Smith F W. 2005. Cereal phosphate transporters associated with the mycorrhizal pathway of phosphate uptake into roots. Planta, 222 (4): 688-698.

Guo W, Zhang L, Zhao J, Liao H, Zhuang C, Yan X. 2008. Identification of temporally and spatially phosphate-starvation responsive genes in Glycine max. Plant Science, 175: 574-584.

Hajabbasi M A, Schumacher T E. 1994. Phosphorus effects on root growth and development in two maize genotypes. Plant and Soil, 158: 39-46.

Hamburger D, Rezzonico E, MacDonald-Comber Petétot J, Somerville C, Poirier Y. 2002. Identification and characterization of the Arabidopsis PHO1 gene involved in phosphate loading to the xylem. Plant Cell, 14, 889-902.

Hammond J P, Martin R, Broadley Y, White J P. 2004. Genetic responses to phosphorus deficiency. Annals of Botany, 94: 323-332.

Hammond J P, Broadley M R, White P J, King G J, Bowen H C, Hayden R, Meacham M C, Mead A, Overs T, Spracklen W P, Greenwood D J, 2008. Shoot yield drives phosphorus use efficiency in Brassica oleraceae and correlates with root architecture traits. J. Exp. Bot, 60, 1953-1968.

Hammond J P, White P J. 2008. Sucrose transport in the phloem, integrating root responses to phosphorus starvation. J. Exp. Bot, 59, 93-109.

Hayes J E, Richardson A E, Simpson R J. 1999. Phytase and acid phosphatase activities in extracts from roots of temperate pasture grass and legume seedlings. Functional Plant Biology, 26, 801-809.

Haran S, Logendra S, Seskar M, Bratanova M, Raskin I. 2000. Characterization of *Arabidopsis* acid phosphatase promoter and regulation of acid phosphatase expression. Plant Physiology, 124: 615-626.

Harrison M J. 1999. Molecular and cellular aspects of the arbuscular mycorrhizal symbiosis. Annual Reviews in Plant Physiology and Plant Molecular Biology, 50: 361-389.

Halsted M, Lynch J. 1996. Phosphorus responses of C_3 and C_4 species. Journal of Experimental Botany 47: 497-505.

Hermans C, Hammond J P, White P J, Verbruggen N. 2006. Howdoplants respond to nutrient shortage by biomass allocation? Trends Plant Sci,11, 610-617.

Heuer S, Lu X, Chin J H, Tanaka J P, Kanamori H, Matsumoto T, De Leon T, Ulat V J, Ismail A M, Yano M, Wissuwa M. 2009. Comparative sequence analysis of the major quantitative trait locus phosphorus uptake 1 (Pup1) reveal a complex genetic structure. Plant Biotechnol, J. 7, 456-471.

Hinsinger P. 2001. Bioavailability of soil inorganic P in the rhizosphere as affected by root-induced chemical changes: a review. Plant Soil, 237, 173-195.

Hocking P. 2001. Organic acids exuded from roots in phosphorus uptake and aluminium tolerance of plants in acid soils. Advances in Agronomy, 74:63-97.

Hocking P J, Keerthisinghe G, Smith F W, Randall P J. 1997. Comparison of the ability of different crop species to access poorly-available soil phosphorus. In 'Plant nutrition for sustainable food production and agriculture'. (Eds T Ando, K Fujita, T Mae, H Matsumoto, S Mori, J Sekiya) pp. 305-308. (Kluwer Academic Publishers: Dordrecht, The Netherlands)

Hodge A. 2004. The plastic plant: root responses to heterogeneous supplies of nutrients. New Phyt. 162, 9-24.

Hodge A. 2009. Root decisions. Plant Cell Environ, 32, 628-640.

Hodge A, Berta G, Doussan C, Merchan F, Crespi M. 2009. Plant root growth, architecture and function. Plant Soil, 321, 153-187.

Hoffland E, Findenegg G R, Nelemans J A. 1989. Solubilization of rock phosphate by rape Ⅱ. Local root exudation of organic acids as a response to P-starvation. Plant Soil, 113: 161-165.

Hoffland E, Wei C, Wissuwa M. 2006. Organic acid exudation by lowland rice (Oryza sativa L.) at zinc and phosphorus deficiency. Plant Soil, 283, 155-162.

Holford I C R. 1997. Soil phosphorus, its measurements and its uptake by plants. Australian Journal of Soil Research 35, 227-239.

Horst W J, Abdou M, Wiesler F. 1993. Genotypic difference in phosphorus efficiency in wheat Plant Soil, 155/156:293-296.

Horst W J, Abdou M, Wieslser F. 1996. Difference between wheat cultivars in acquisition and utilization of phosphorus. Zeitschrift fur Pflanzernaehrung und Bodenkunde, 159, 155-161.

Hou X L, Wu P, Jiao F C, Jia Q J, Chen H M, Yu J, Song X W, Yi K K. 2005. Regulation of the expression of *OsIPS*1 and *OsIPS*2 in rice via systemic and local Pi signaling and hormones. Plant, Cell and Environment, 28:353-364.

Hu B, Wu B, Liao C Y, et al. 2001. QTLs and epistasis underlying activity of acid phosphatase under phosphorus suficient and deficient condition in rice(Oryza sativa L.). Plant and Soil, 230: 99-105.

Itoh S, Barber S A. 1983. A numerical solution of whole plant nutrient uptake for soil-root system with root hairs. Plant Soil, 70: 403-413.

Itoh S. 1987. Characteristics of phosphorus uptake of chickpea in comparison with pigeonpea, soybean, and maize. Soil Sci. Plant Nutr., 33(3): 417-422.

Jacobsen I, Leggett M E, Richardson A E. 2005. Rhizosphere microorganisms and plant phosphorus uptake. In: Sims, J. T., Sharpley, A. N. (Eds.), Phosphorus, Agriculture and the Environment. Soil Sci. Soc., America, Madison, pp. 437-494.

Johnson J F, Vance C P, Allan D L. 1996. Phosphorus deficiency in Lupinus albus Altered Lateral Root Development and Enhanced Expression of Phosphoenolpyruvate Carboxylase. Plant Physiol., 112:31-41.

Jacob J, Lawlor D. 1991. Stomatal and mesophyll limitations of photosynthesis in phosphate deficient sunflower, maize and wheat plants. J Exp Bot, 42: 1003-1011.

Jacob J, Lawlor D. 1993. In vivo photosynthetic electron transport does not limit photosynthetic capacity in phosphate-deficient sunflower and maize leaves. Plant Cell Environ, 16:785-795.

Javot H, Penmetsa R V, Terzaghi N, Cook D R, Harrison M J. 2007. A Medicago truncatula phosphate transporter indispensable for the arbuscular mycorrhizal symbiosis. Proc. Natl. Acad. Sci. U. S. A., 104, 1720-1725.

Johnson J F, Allan D L, Vance C P, Weiblen G. 1996. Root carbon dioxide fixation by phosphorus-deficient lupinus albus: contribution to organic acid exudation by proteoid roots. Plant Physiology, 112: 19-30.

Jones D L. 1998. Organic acids in the rhizosphere a critical review. Plant and Soil, 205: 25-44

Kaeppler S M, Parke J L, Muelle S M, Senior L, Stuber C, Tracy W F. 2000. Variation among maize inbred lines and determination of QTL for growth at low phosphorus and responsiveness to arbuscular mycorrhizal fungi. Crop Sci., 40, 358-364.

Kamh M, Roppel P, Horst W J. 2001. Exudation of organic acid anions by different maize cultivars as affected by phosphorus deficiency and aluminum toxicity. In: Horst W J, Schenk M K, Bürkert A, Claassen N, Flessa H, Frommer W B, Goldbach H, Olfs H W, Römeld V, Sattelmacher B, Schmidhalter U, Schubert S, Wirén N V, Wittenmayer L, eds. Plant Nutrition-Food Security and Sustainability of Agro-ecosystem. Dordrecht, The Netherlands: Kluwer Academic Publishers, 490-491.

Koyama H, Kawamura A, Kihara T, Hara T, Takita E, Shibata D. 2000. Overexpression of mitochondrial citrate synthase in *Arabidopsis thaliana* improved growth on a phosphorus-limited soil. Plant Cell Physiology, 41 (9): 1030-1037.

Lambers H, Shan M W, Cramer M D, Pearse S J, Veneklaas E J. 2006. Root structure and functioning for efficient acquisition of phosphorus: matching morphological and physiological traits. Ann. Bot. ,98, 693-713.

Li D, Zhu H, Liu K, Liu X, Leggewie G, Udvardi M, Wang D. 2002. Purple acid phosphatases of *Arabidopsis thaliana*. Journal of Biological Chemistry, 277: 27772-27781.

Li G, Yang S, Li M, Qiao Y, Wang J. 2009. Functional analysis of an Aspergillus ficuum phytase gene in Saccharomyces cerevisiae and its root-specific, secretory expression in transgenic soybean plants. Biotechnol. Lett. , 31, 1297-1303.

Li H, Smith S E, Holloway R E, Zhu Y, Smith F A. 2006. Arbuscular mycorrhizal fungi contribute to phosphorus uptake by wheat grown in a phosphorus-fixing soil even in the absence of positive growth responses New Phytologist, 172: 536-543.

Li K, Xu Z, Zhang K, Yang A, Zhang J. 2007a. Efficient production and characterization for maize inbred lines with low-phosphorus tolerance. Plant Sci, 172:255-264.

Li K, Xu C, Zhang K, Yang A, Zhang J. 2007b. Proteomic analysis of roots growth and metabolic changes under phosphorus deficit in maize (*Zea mays* L.) plants. Proteomics, 7:1501-1512.

Li Z, Gao Q, Liu Y, He C, Zhang X, Zhang J. 2011. Overexpression of transcription factor ZmPTF1 improves low phosphate tolerance of maize by regulating carbon metabolism and root growth. Planta, 233:1129-1143.

Liang C, Tian J, Lam H M, Lim B L, Yan X, Liao H. 2010. Biochemical and molecular characterization of PvPAP3, a novel purple acid phosphatase isolated from common bean enhancing extracellular ATP utilization. Plant Physiology, 152: 854-865.

Liang Q, Cheng X, Mei M, Yan X, Liao H. 2010. QTL analysis of root traits as related to phosphorus efficiency in soybean. Annals of Botany, 106:223-234.

Liao H, Rubio G, Yan X, Cao A, Brown K M, Lynch J P. 2001. Effect of phosphorus availability on basal root shallowness in common bean. Plant and Soil, 232: 69-79.

Liao H, Yan X, Rubio G, Beebe S E, Blair M W, Lynch J P. 2004. Genetic mapping of basal root gravitropism and phosphorus acquisition efficiency in common bean. Funct. Plant Biol, 31:959-970.

Linkohr B I, Williamson L C, Fitter A H, Leyser H M O. 2002. Nitrate and phosphate availability and distribution have different effects on root system architecture of Arabidopsis. The Plant Journal, 29: 751-760.

Lipton D S, Blanchar R W, Blevins D G. 1987. Citrate, malate and succinate concentration in exudates from P-sufficient and P-stressed Medicago sativa L seedlings. Plant Physiol. , 85:315-317.

Liu H, Trieu A T, Blaylock L A, Harrison M J. 1998. Cloning and characterization of two phosphate transporters from Medicago truncatula roots: Regulation in response to phosphate and to colonization by arbuscular mycorrhizal (AM) fungi. Molecular Plant Microbe Interactions, 11: 14-22.

Liu J, Samac D A, Bucciarelli B, Allan D L, Vance C P. 2005. Signaling of phosphorus deficiency-induced gene expression in white lupin requires sugar and phloem transport. Plant J, 41:257-268.

López-Bucio J, Cruz-Ramírez A, Herrera-Estrella L. 2003. The role of nutrient availability in regulating root architecture. Curr. Opin. Plant Biol., 6, 280-287.

López-Bucio J, de la Vega O M, Guevara-García A, Herrera-Estrella L. 2000. Enhanced phosphorus uptake in transgenic tobacco plants that overproduce citrate. Nature, 18, 450-453.

López-Bucio J, Hernández-Abreu E, Sánchez-Calderón L, Pérez-Torres A, Rampey R A, Bartel B, Herrera-Estrella L. 2005. An auxin transport independent pathway is involved in phosphate stress-induced root architectural alterations in *Arabidopsis*. Identification of *BIG* as a mediator of auxin in pericycle cell activation. Plant Physiology, 137: 681-691.

López-Bucio J, Hernández-Abreu E, Sánchez-Calderón L, Nieto-Jacobo M F, Simpson J, Herrera-Estrella L. 2002. Phosphate availability alters architecture and causes changes in hormone sensitivity in the *Arabidopsis* root system. Plant Physiology, 129: 244-256.

López-Marín H D, Rao I M, Blair M W. 2009. Quantitative trait loci for root morphology traits under aluminum stress in common bean (*Phaseolus vulgaris* L.). Theor. Appl. Gen., 119 (3), 449-458.

Lopez-Hernandez D, Brossard M, Frossard E. 1998. P-isotopic exchange values in relation to Po mineralization in soils with very low P-sorbing capacities. Soil Biology & Biochemistry 30, 1663-1670.

Lynch J. 1995. Root architecture and plant productivity. Plant Physiol., 109: 7-13.

Lynch J P. 2007. Roots of the second green revolution. Austr. J. Bot., 55, 493-512.

Lynch J P, Brown K. 1997. Ethylene and nutritional stress. Physiologia Plantarum, 100: 613-619.

Lynch J P, Brown K M. 2001. Topsoil foraging-an architectural adaptation of plants to low phosphorus. Plant and Soil, 237: 225-237.

Lynch J P, Brown K M. 2006. Whole-plant adaptations to low phosphorus availability. In: Huang, B. (Ed.), Plant-Environment Interactions. CRC Press Inc., Boca Raton, pp. 209-242.

Lynch J P, Ho M D. 2005. Rhizoeconomics. Carbon costs of phosphorus acquisition. Plant Soil, 269, 45-56.

Ma X, Wright E, Ge Y, Bell J, Yajun X, Bouton J H, Wang Z. 2009. Improving phosphorus acquisition of white clover (*Trifolium repens* L.) by transgenic expression of plant-derived phytase and acid phosphatase genes. Plant Sci., 176, 479-488.

Ma Z, Bielenberg D, Brown K M, Lynch J P. 2001. Regulation of root hair density by phosphorus availability in *Arabidopsis thaliana*. Plant, Cell and Environment, 24: 459-467.

Malamy J E. 2005. Intrinsic and environmental response pathways that regulate root system architecture. Plant Cell Environ,28, 67-77.

Manske G G B, Ortiz-Monasterio JI, Van Ginkel M, Gonzalez R M, Rajaram S, Molina E, Vlek P L G. 2000. Traits Associated with Improve P-Uptake Efficiency in CIMMYT's Semidwarf Spring Bread Wheat Grown on an Acid Andisol in Mexico. Plant and Soil, 221: 189-204.

Miller C R, Ochoa I, Nielsen K L, Beck D, Lynch J P. 2003. Genetic variation for adventitious rooting in response to lowphosphorus availability, potential utility for phosphorus acquisition from stratified soils. Funct. Plant Biol. , 30, 973-985.

Marschner H. 1995. Mineral nutrition of higher plants (Second edition). London: Academic Press, 889.

Ming F, Zheng X W, Mi G H, He P, Zhu L H, Zhang FS. 2000. Identification of quantitative trait loci affecting tolerance to low Phosphorus in rice (*Oryza sativa* L.) Chinese Science Bulletin, 45: 520-524.

Ming F, Mi G H, Zhang F S, Zhu L H. 2002. Differential response of rice plants to low-phosphorus stress and its physiological adaptive mechanism. Journal of Plant Nutrition, 25: 1213-1224.

Mollier A, Pellerin S. 1999. Maize root system growth and development as infiuenced by P deficiency. J. Exp. Bot. , 50, 487-497.

Nacry P, Canivenc G, Muller B, Azmi A, Van Onckelen H, Rossignol M, Doumas P. 2005. A role for auxin redistribution in the responses of the root system architecture to phosphate starvation in *Arabidopsis*. Plant Physiology, 138: 2061-2074.

Nagy R, Vasconcelos M J, Zhao S, McElver J, Bruce W, Amrhein N, Raghothama K G, Bucher M. 2006. Differential regulation of five Pht1 phosphate transporters from maize (Zea mays L.). Plant Biol, (Stuttg) 8: 186-197.

Narang R A, Altmann T. 2001. Phosphate acquisition heterosis in Arabidopsis thaliana: a morphological and physiological analysis. Plant Soil. , 234:91-97.

Ni J J, Wu P, Senadhira D, *et al*. 1998. Mapping QTLs for phosphorus deficiency tolerance in rice(Oryza sativa L.). Theor Appl Genet, 97: 1361-1369.

Nielsen K I, Eshel A, Lynch J P. 2001. The effect of phosphorus availability on the carbon economy of contrasting common bean genotypes. J. Exp. Bot. , 52 (355), 329-339.

Neumann G, Römheld V. 1999. Root excretion of carboxylic acids and protons in phosphorus-deficient plants. Plant and Soil, 211: 121-130.

Neumann G, Massonneau A, Martinoia E, Romheld V. 1999. Physiological adaptations to phosphorus deficiency during proteoid root development in white lupin. Planta, 208: 373-

382.
Oehl F, Oberson A, Sinaj S, Frossard E. 2001. Organic phosphorus mineralization studies using isotopic dilution techniques. Soil Science Society of America Journal 65, 780-787.
Otani F, Ae N, Tanaka H. 1996. Uptake mechanisms of crops grown in soils with low P status. II. Significance of organic acids in root exudates of pigeon pea. Soil Science and Plant Nutrition 42, 533-560.
Park M R, Baek S H, de los Reyes B G, Yun S J. 2007. Overexpression of a high affinity phosphate transporter gene from tobacco (NtPT1) enhances phosphate uptake and accumulation in transgenic rice plants. Plant Soil, 292, 259-269.
Pérez-Torres C, López-Bucio J, Cruz-Ramírez A, Ibarra-Laclette E, Dharmasiri S, Estelle M, Herrera-Estrella L. 2008. Phosphate availability alters lateral root development in Arabidopsis by modulating auxin sensitivity via a mechanism involving the TIR1 auxin receptor. Plant Cell, 20, 3258-3272.
Plénet D, Mollier A, Pellerin S. 2000. Growth analysis of maize field crops under phosphorus deficiency. II. Radiation-use efficiency, biomass accumulation and yield components. Plant Soil, 224: 259-272.
Polomski J, Kuhn N. 2002. Root research methods. In: Waisel Y., A. Eshel and U. Kafkafi, eds. Plant Roots: The Hidden Half (3rd). New York: Marcel Dekker, 313-314.
Poirier Y, Bucher M. 2002. Phosphate transport and homeostasis in Arabidopsis. In C Somerville, Meyerowitz E, eds., The Arabidopsis Book. Vol 2007. American Society of Plant Biologists, Rockville MD, pp. DOI: 10.1199/tab.0024, www.aspb.org/publications/arabidopsis/.
Qiu J, Israel D W. 1994. Carbohydrate accumulation and utilization in soybean plants in response to altered phosphorus nutrition. Physiol. Plant,90,722-728.
Raghothama K G. 1999. Phosphate acquistition. Annu Rev Plant Physiol Plant Mol Boil, 50:665-693.
Rausch C, Bucher M. 2002. Molecular mechanisms of phosphate transport in plants. Planta, 216: 23-37.
Rausch C, Daram P, Brunner S,Jansa J, Lalol M, Leggewie G, Amrhein N, Bucher M. 2001. A phosphate transporter expressed in arbuscule-containing cells in potato. Nature, 414: 462-466.
Rengel Z, Marschner P. 2005. Nutrient availability and management in the rhizosphere: exploiting genotypic differences. New Phyt., 168, 305-312.
Richardson A E. 2001. Prospects forusing soil microorganisms to improve the acquisition of phosphorus by plants. Austr. J. Plant Phys., 28, 897-906.
Richardson, A E. 2009. Regulating the phosphorus nutrition of plants, molecular biology meeting agronomic needs. Plant Soil, 322, 17-24.
Richardson A E, Hocking P J, Simpson R J, George T S. 2009. Plant mechanisms to

optimise access to soil phosphorus. Crop and Pasture Science,60, 124-143.

Richardson A E, Barea J, McNeill A M, Prigent-Combaret C. 2009. Acquisition of phosphorus and nitrogen in the rhizosphere and plant growth promotion by microorganisms. Plant Soil, 339, 305-339.

Richardson A E, George T S, Jakobsen I, Simpson R J. 2007. Plant utilization of inositol phosphates. In 'Inositol phosphates: linking agriculture and the environment'. (Eds Turner B L, Richardson A E, Mullaney E J) pp. 242-260. (CABI: Wallingford, UK)

Robinson D. 1994. The responses of plants to non-uniform supplies of nutrients. New Phytologist, 127: 635-674.

Rodriguez D, Keltjens W G, Goudriaan J. 1998a. Plant leaf area expansion and assimilate production in wheat(*Triticum aestivum* L.) growing under low phosphorus conditions. Plant Soil, 200:227-240.

Rodriguez D, Keltjens W G, Goudriaan J. 1998b. Plant leaf area expansion and assimilate production in wheat(*Triticum aestivum* L.) growing under low phosphorus conditions. Plant Soil, 202:149-157.

Rodriguez D, Keltjens W G, Goudriaan J. 1998c. Plant leaf area expansion and assimilate production in wheat(*Triticum aestivum* L.) growing under low phosphorus conditions. Plant Soil, 202: 131-147.

Rubio V, Linhares F, Solano R, Martin A C, Iglesias J, Leyva A, Paz-Ares J. 2001. A conserved MYB transcription factor involved in phosphate starvation signaling both in vascular plants and in unicellular algae. Genes Dev., 15, 2122-2133.

Ryan P R, Delhaize E, Jones D L. 2001. Function and mechanism of organic anion exudation from plant roots. Annual Review of Plant Physiology and Plant Molecular Biology, 52: 527-560.

Sanchez-Calderon L, *et al*. 2006. Characterization of low phosphorus insensitive mutants reveals a crosstalk between low phosphorus-induced determinate root development and the activation of genes involved in the adaptation of Arabidopsis to phosphorus deficiency. Plant Physiol., 140:879-889.

Sasaki T, Yamamoto Y, Ezaki B, Katsuhara M, Ahn S J, Ryan P R, Delhaize E, Matsumoto H. 2004. A wheat gene encoding an aluminum-activated malate transporter. The Plant Journal, 37: 645-653.

Schachtman D P, Reid R J, Ayling S M. 1998. Phosphorus uptake by plants: From soil to cell. Plant Physiology, 116: 447-453.

Schenk M K, Barber S A. 1979. Root characteristics of corn genotypes as related to P uptake. Agronomy Journal, 71: 921-924.

Shimizu A,Kato K,Komatsu A *et al*. 2008. Genetic analysis of root elongation induced by phosphorus deficiency in rice(*Oryza sativa* L.): fine QTL mapping and multivariate analysis of related traits. Theor Appl Genet,117: 987-996.

Shimizu A, Yanagihara S, Kawasaki S *et al*. 2004. Phosphorusdeficiency-induced root elongation and its QTL in rice(*Oryza sativa* L.). Theor Appl Genet, 109:1361-1368.

Shin H, Shin H S, Dewbre G R, Harrison M J. 2004. Phosphate transport in Arabidopsis: Pht1;1 and Pht1;4 play amajor role in phosphate acquisition from both low-and high-phosphate environments. Plant J., 39 (4), 629-642.

Shin H, Shin H S, Chen R, Harrison M J. 2006. Loss of *At4* function impacts phosphate distribution between the roots and the shoots during phosphate starvation. The Plant Journal, 45: 712-726.

Silva A E D, Gabelman W H. 1992. Screening maize inbred lines for tolerance to low-P stress condition. Plant Soil, 146:181-187.

Silva A E D, Gabelman W H, Coors JG. 1992. Inhertances studies of low-phosphorus tolerance in maize (*Zea mays* L.), grown in a sand-alumina culture medium. Plant Soil, 146: 189-197.

Skene K R. 2003. The evolution of physiology and development in the cluster root: teaching an old dog new tricks? Plant and Soil, 248: 21-30.

Smith F W. 2001. Sulphur and phosphate systems in plants. Plant and Soil, 232: 109-118.

Smith F W, Mudge S R, Rae A L, Glassop D. 2003. Phosphate transport in plants. Plant and Soil, 248: 71-83.

Smith S E, Jakobsen I, Grønlund M, Smith F A. 2011. Roles of Arbuscular Mycorrhizas in Plant Phosphorus Nutrition: Interactions between Pathways of Phosphorus Uptake in Arbuscular Mycorrhizal Roots Have Important Implications for Understanding and Manipulating Plant Phosphorus Acquisition. Plant Physiology, 156: 1050-1057.

Svistoonoff S, Creff A, Reymond M, Sigoillot-Claude C, Ricaud L, Blanchet A, Nussaume L, Desnos T. 2007. Root tip contact with low-phosphate media reprograms plant root architecture. Nat. Gen. Lett., 39 (6), 792-796.

Su J, Li H, Li B, Jing R, Tong Y, Li Z. 2009. Detection of QTLs for phosphorus use efficiency in relation to agronomic performance of wheat grown under phosphorus sufficient and limited conditions. Plant Sci., 176, 824-836.

Tadano T, Sakai H. 1991. Secretion of acid phosphatase by roots of several crop species under phosphorus-deficient conditions. Soil Sci. Plant Nutr., 37(1): 129-140.

Tanaka A, Hitsuda K, Tsuchihashi Y. 1984. Tolerance to low pH and low available phosphorus of various field and forage crops. Soil Sci. Plant Nutr., 30(1):39-49.

Tesfaye M, Temple S J, Allan D L, Vance C P, Samac D A. 2001. Overexpression of malate dehydrogenase in transgenic alfalfa enhances organic acid exudation synthesis and confers tolerance to aluminum. Plant Phys., 127, 1836-1844.

Tian J, Liao H, Wang X R, Yan X L. 2003. Phosphorus starvation-induced expression of leaf acid phosphatase isoforms in soybean. Acta Botanica Sinica, 45: 1037-1042.

Tian J, Venkatachalam P, Liao H, Yan X, Raghothama K. 2007. Molecular cloning and characterization of phosphorus starvation responsive genes in common bean (*Phaseolus vulgaris* L.). Planta, 227: 151-165.

Ticconi C A, Abel S. 2004. Short on phosphate: plant surveillance and countermeasures. Trends in Plant Sciences, 9: 548-555.

Ticconi C A, Lucero R D, Sakhonwasee SS, Adamson AW, Creff A, Nussaume L, Desnos T, Abel S. 2009. ER-resident proteins PDR2 and LPR1 mediate the developmental response of root meristems to phosphate availability. PNAS, 106: 14174-14179.

Tran H T, Hurley B A, Plaxton W C. 2010. Feeding hungry plants: The role of purple acid phosphatases in phosphate nutrition. Plant Science, 179: 14-27.

Vance C P, Uhde-Stone C, Allan D L. 2003. Phosphorus acquisition and use: critical adaptations by plants for securing a nonrenewable resource. New Phytologist, 157: 423-447.

Wang C, Ying S, Huang H, Li K, Wu P, Shou H. 2009. Involvement of OsSPX1 in phosphate homeostasis in rice. Plant Journal, 57: 895-904.

Wang X, Wang Y, Tian J, Lim BL, Yan X, Liao H. 2009. Overexpressing AtPAP15 enhances phosphorus efficiency in soybean. Plant Physiology, 151: 233-240.

Wang X R, Yan X L, Liao H. 2010. Genetic improvement for phosphorus efficiency in soybean: a radical approach. Annals of Botany, 106: 215-222.

Wasaki J, Maruyama H, Tanaka M, Yamamura T, Dateki H, Shinano T, Ito S, Osaki M. 2009. Overexpression of the LASAP2 gene for secretory acid phosphatase in white lupin improves the phosphorus uptake and growth of tobacco plants. Soil Sci. Plant Nutr., 55, 107-113.

Wasaki J, Yonetani R, Kuroda S, Shinano T, Yazaki J, Fujii F, Shimbo K, Yamamoto K, Sakata K, Sasaki T, Kishimoto N, Kikuchi S, Yamagishi M, Osaki M. 2003. Transcriptomic analysis of metabolic changes by phosphorus stress in rice plant roots. Plant, Cell and Environment, 26: 1515-1523.

Watt M, Evan J R. 1999. Proteoid roots: Physiology and development. Plant Physiology, 121: 317-324.

Watt M, Evans J R. 1999. Linking development and determinacywith organic acid efflux from proteoid roots of white lupin grown with low phosphorus and ambientor elevated atmospheric CO_2 concentration. Plant Physiology, 120, 705-716.

Wen T, Schnable P. 1994. Analysis of mutant of three genes that influence root hair development in Zea mays (Graminae) suggest that root hairs are dispensable. Am J Bot, 81: 833-842.

Williamson L C, Ribrioux S, Fitter A H, Leyser H M O. 2001. Phosphate availability regulates root system architecture in *Arabidopsis*. Plant Physiology, 126: 875-882.

Wissuwa M. 2003. How do plants achieve tolerance to phosphorus deficiency? Small causes with big effects. Plant Phys., 133, 1947-1958.

Wissuwa M, Ae N. 2001. Genotypic differences in the presence of hairs on roots and gynophores of peanuts (*Arachis hypogaea* L.) and their significance for phosphorus uptake. J. Exp. Bot., 52 (361): 1703-1710.

Wissuwa M. 2003. How do plants achieve tolerance to phosphorus deficiency? Small causes with big effects. Plant Physiology, 133: 1947-1958.

Wissuwa M, Gatdula K, Ismail A. 2005. Candidate gene characterization at the Pup1 locus, a major QTL increasing tolerance to phosphorus deficiency. In: Toriyama K, Heong KL, Hardy B (Eds.), Rice is life, Scientific Perspectives for the 21st Century. IRRI, Manila, pp. 83-85.

Wright D P, Scholes J D, Read D J, Rolfe S A. 2005. European and African maize cultivars differ in their physiological and molecular responses to mycorrhizal infection. New Phytol., 167: 881-896.

Wu P, Ma L, Hou X, Wang M, Wu Y, Liu F, Deng X. 2003. Phosphate starvation triggers distinct alterations of genome expression in arabidopsis roots and leaves. Plant Physiol., 132: 1260-1271.

Xu G H, Chague V, Melamed-Bessudo C, Kapulnik Y, Jain A, Raghothama K G, Levy A A, Silber A. 2007. Functional characterization of LePT4: a phosphate transporter in tomato with mycorrhiza-enhanced expression. J. Exp. Bot., 58 (10), 2491-2501.

Yan F, Zhu Y, Müller C, Zörb C, Schubert S. 2002. Adaptation of H+-pumping and plasma membrane H^+-ATPase activity in proteoid roots of white lupin under phosphate deficiency. Plant Physiology, 129: 50-63.

Yan J Q, Zhu J, He C X, Benmoussa M, Wu P. 1998. Quantitative trait loci analysis for the developmental behavior of tiller number in rice (*Oryza sativa* L.). Theor Appl Genet, 97:267-274.

Yan X L, Lynch J P, Beebe S E. 1996. Utilization of phosphorus substrates by contrasting common bean genotypes. Crop Science, 36: 936-941.

Yan X, Beebe S, Lynch J P. 1995a. Genetic variation for phosphorus efficiency of common bean in contrasting soil types: II. Yield response. Crop Sci., 35:1094-1099.

Yan X, Liao H, Beebe S, Blair M, Lynch J. 2004. QTL mapping of root hair and acid exudation traits and their relationship to phosphorus uptake in common bean. Plant Soil, 265:17-29.

Yan X, Lynch J P, Beebe S. 1995b. Genetic variation for phosphorus efficiency of common bean in contrasting soil types: I. Vegetative response. Crop Sci., 35:1086-1093.

Yang H, Knapp J, Koirala P, Rajagopal D, Ann Peer W, Silbart L K, Murphy A, Gaxiola R. 2007. Enhanced phosphorus nutrition in monocots and dicots over-expressing a phosphorus-responsive type I H+-pyrophosphatase. Plant Biotechnol. J., 5, 735-745.

Yi K, Wu Z, Zhou J, Du L, Guo L, Wu Y, Wu P. 2005. OsPTF1, a novel transcription factor involved in tolerance to phosphate starvation in rice. Plant Physiol, 138:

2087-2096.

Yuan H, Liu D. 2008. Signaling components involved in plant responses to phosphate starvation. J. Integr. Plant Biol., 50 (7), 849-859.

Zakhleniuk O V, Raines C A, Lloyd JC. 2001. pho3: a phosphorus-deficientmutant of Arabidopsis thaliana (L.) Heynh. Planta, 212 (4), 529-534.

Zhang Q F. 2007. Strategies for developing green super rice. Proc. Natl. Acad. Sci. U. S. A., 104, 16402-16409.

Zhou J, Jiao F, Wu Z, Li Y, Wang X, He X, Zhong W, Wu P. 2008. OsPHR2 is involved in phosphate-starvation signaling and excessive phosphate accumulation in shoots of plants. Plant Physiology, 146: 1673-1686.

Zhu J M, Kaeppler S, Lynch J. 2005. Topsoil foraging and phosphorus acquisition efficiency in maize. Funct. Plant Biol., 32, 749-762.

Zhu J M, Kaeppler S M, Lynch J P. 2005. Mapping of QTLs for lateral root branching and length in maize (*Zea ma.s.* L.) under differential phosphorus supply. Theoretical and Applied Genetics, 111: 688-695.

Zhu J M, Lynch J P. 2004. The contribution of lateral rooting to phosphorus acquisition efficiency in maize seedlings. Funct. Plant Biol., 31, 949-958.

Zimmermann P, Zardi G, Lehmann M, Zeder C, Amrhein N, Frossard E, Bucher M. 2003. Engineering the root-soil interface via targeted expression of a synthetic phytase gene in trichoblasts. Plant Biotechnol. J., 1, 353-360.

第3章

作物钾效率的生理基础与遗传改良

3.1 土壤与植物系统中的钾

在 1999—2005 年期间，全球钾肥的消耗每年递增 4.4%（IFA，2005）。尽管如此，与氮肥相比，发展中国家钾的施用量仍然偏低，已导致土壤钾的持续耗竭（Zhang *et al.*，2010）。全球钾的储量极为丰富，可供开采几百年甚至几千年（Sheldrick，1985），但钾矿的分布极不均匀。世界钾矿资源主要分布在加拿大、俄罗斯、白俄罗斯、德国等。我国钾矿资源很缺乏，主要分布于青海柴达木盆地和新疆罗布泊，且以卤水钾矿为主，固体钾矿少。我国钾肥生产量不足全世界的 0.5%，所消耗钾肥的 90%依靠国际贸易。钾肥的主要种类是硫酸钾、氯化钾和三元复合肥。朱兆良和文启孝（1992）认为我国钾肥的利用率平均为 47.6%。谢建昌（2000）的研究表明，我国钾肥利用率为 40%～50%。

地壳中钾的含量为 2.5%（Sparks and Huang，1985）。土壤全钾含量一般在 1%～2%，高者可达 3%，土壤钾含量总的趋势是风化强烈的土壤含钾量低于风化程度弱的土壤，沙性土壤低于黏性土壤，偏酸性的热带、亚热带砖红壤、红壤类土壤全钾和速效钾含量均较低（Mengel and Kirkby，2001），这些土壤的阳离子交换量低，钾的淋失损失严重（Sharpley，1990；Wulff *et al.*，1998）。潮土、紫色土、褐土和黑土类土壤含钾量较高。在山西进行的一项研究表明，在不同土壤类型的供钾能力由高向低的顺序为红枯土、南土＞黄绵土、褐土＞栗褐土、栗钙土（王宏庭，2002）。在我国约 1/4 农田缺钾（Yang *et al.*，2004），总体来看，西北土壤的供钾能力较高，华北和东北的土壤供钾能力较低（黄绍文等，1999）。长期定位研究表明，在东北吉林、黑龙江、辽宁省施用钾肥具有显著增产作用（谭德水等，2007）。

土壤钾形态的划分，不同学者有不同见解。Syers（1998）将土壤中的钾分为 4 个库：①土壤溶液钾（soil solution K）；②交换性钾（exchangeable K）；③固定态钾（fixed K，slowlyexchangable or non-exchangable K)；④土壤晶格钾(lattice K, structural K)，各种形态钾之间的相互关系如图3.1所示(Syers, 2003)。其中土壤溶液钾仅占全钾的0.1%～0.2%，为作物需求量的5%(McLean and Watson 1985)。交换性钾占全钾的1%～2%，固定态钾占全钾的1%～10%(Römheld and Kirkby, 2010)。

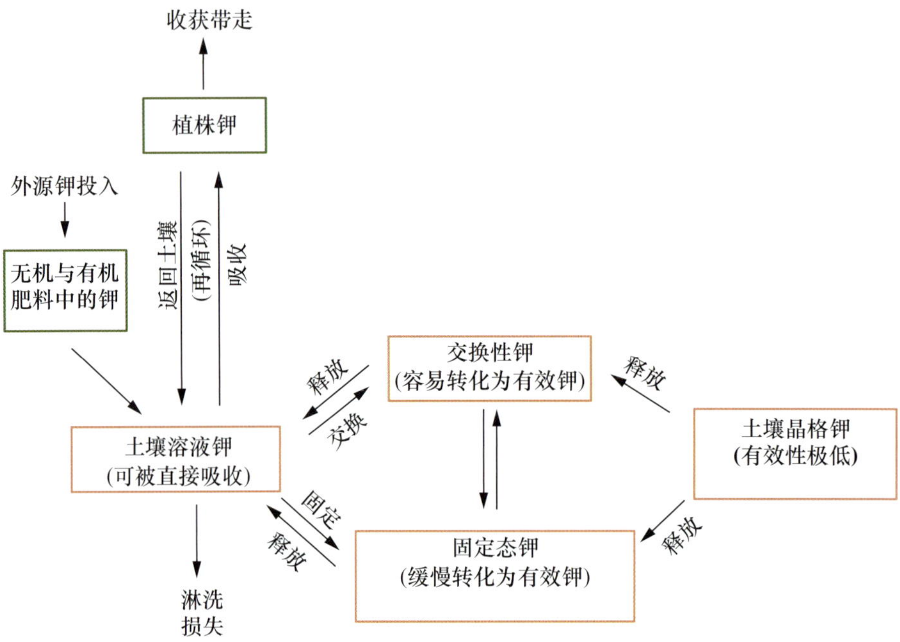

图3.1 土壤-植物体系中钾的行为(Syers, 2003)

在我国，黄绍文等(1998)将北方土壤钾存在形态分为5类：①水溶性钾；②非特殊吸附钾；③特殊吸附钾；④非交换性钾；⑤矿物态钾。水溶性钾、非特殊吸附钾、特殊吸附钾3种形态钾总和不超过全钾的2%，非交换性钾也仅占全钾的2.7%～9.4%，矿物钾则占89.8%～96.8%。谢建昌(1981)则把土壤中的钾划分为结构性钾、非交换性钾、交换性钾及水溶性钾4类(表3.1)。水溶性及交换性钾可大致划分为速效钾，交换性钾可以被1 mmol/L醋酸铵提取，约占速效钾的90%。非交换性钾为缓效钾，是土壤有效钾的贮备库，其有效性决定于植物的吸收能力与根际反应。杨振明等(1998)研究在耗竭条件下冬小麦的吸钾特点及其对不同形态钾利用。结果表明，冬小麦吸收的钾中，交换性钾占的比例较小，11种土壤平均为21.5%；而1 mol/L HNO_3不能提取的钾占绝大部分，平均为78.5%。表明土壤经耗竭后，1 mol/L HNO_3不能提取的钾对作物钾营养的作用较大。矿物性钾的利用率极低，但在高温多雨的热带气候条件及土壤有效钾严重耗竭条件下，对植物钾的吸收仍有较大贡献(黄绍文等，1998；封克等，1992)。Hinsinger(1993)等认为，油菜根际酸化作用对矿物结构钾有较强的活化能力，由于根系分泌质子置换出了矿物层间的钾，导致矿物分解。张淅玲等(1994)的研究也表明，玉米、油菜和黑麦草等植物能够直接利用片麻岩中的矿物结构钾。沈钦华等(2009)的研究表明，不同含钾矿物中钾释放速率和释放量的顺序均表现为：黑云母>蛭石>金云母≥白云母>钾长石。长期不施钾时，随着土壤钾含量的下降，可使水云母向蛭石转化，提高土壤对外源钾的固定能力（范钦桢和谢建昌，2005）。长期施钾则延缓或阻止水云母向云母-蒙脱石混层层间矿物的转化，使土壤对外源钾的固定能力降低。同时，土壤缓效钾含量和钾饱和度增加，也使土壤固钾能力降低（张会民等，2007）。长期秸秆还田可不同程度提高水溶性钾、非特殊吸附钾、非交换性钾、矿物钾及全钾含量，同时降低矿物钾比例（谭德水等，2008）。

表 3.1 土壤中钾的形态（谢建昌，1981）

根据对植物有效性分	矿物钾	缓效性钾	速效性钾	
根据化学形态分	结构钾	非交换性钾（难交换固定钾）	交换性钾	水溶性钾
存在处	长石、云母结构内	蒙脱石、蛭石的晶层内，黑云母和部分水云母架构内	颗粒外表面	土壤溶液中
保持力	配位作用	层间吸附，配位作用	静电引力	呈离子态
常用测定方法	全钾减去 HNO_3	HNO_3 法减去 NH_4AC 法	NH_4AC 法	
相对含量	90%～98%	2%～8%	0.1%～2%	

植物只能吸收土壤溶液中的钾，当土壤溶液中的钾浓度太低时，交换性钾从吸附位点上释放，补充到土壤溶液中。可交换钾的释放速率通常低于植物对钾的吸收速率（Sparks and Huang, 1985），因而在很多土壤中溶液中钾离子的浓度很低（Pretty and Stangel, 1985; Johnston, 2005）。土壤溶液中的钾一般在 0.1～6 mmol/L（Adams, 1971），由于根对钾的吸收耗竭，根际的钾浓度通常在 0.3 mmol/L（Schroeder *et al.*, 1994）。

钾在不同库中的交换在很大程度上依赖于其他大量离子的浓度（如硝酸盐）（Yanai *et al.*, 1996）。沈钦华等（2009）发现，不同离子对含 K 矿物中非交换态 K 释放的存在促进或抑制作用。随矿物 K 有效性增加，H^+ 和 Ca 对矿物 K 释放的促进作用越大，而且 H^+ 较 Ca^{2+} 对黑云母、金云母和长石中的 K 有更突出的促释作用。此外，Ca 较 Na^+ 显著促进了黑云母和蛭石中 K 的释放，但对其他矿物中 K 释放的影响两者无显著差异。NH_4^+ 则显著抑制了各种矿物中 K 的释放，对黑云母和蛭石的抑制作用更强于对金云母和白云母的作用。在水稻土中，长期施用钾肥提高了土壤对 NH_4^+ 的最大吸附量，可能的原因在于长期施钾肥土壤伊利石含量和 pH 的增加，固定态 NH_4^+ 含量的降低（刘艳丽等，2008）。

除了长期的钾耗竭，植物也会因土壤钾的时空异质性而感觉短暂性缺钾。植物对土壤钾的吸收可通过两种方式：截获（根与土壤中钾的直接接触）及土壤钾向根表的移动。由于根系所占的土壤空间很少，通常不足 1%（Barber, 1995），所以通过截获所吸收的钾很少，一般仅占总吸钾量的 1%～2%（Barber, 1985; Rosolem *et al.*, 2003）。土壤钾通过扩散和质流方式向植物根表的移动（Barber, 1962），但以扩散为主（Seiffert *et al.*, 1995），可占到 96%（Oliveira *et al.*，2004）。许曼丽和刘芷宇(1983)的研究则认为，土壤中钾的移动机制取决于土壤溶液中 K^+ 的浓度，凡是有利于补充或增加土壤溶液中 K^+ 浓度的土壤因素，如提高土壤中速效钾含量或加大补充的土壤容积，都将促进质流的供应过程。而一定的土壤水分含量又可以提高土壤中 K^+ 的活度，因此也增加了土壤中 K^+ 的可移动性。此外，植株的蒸腾强度较大时，质流显然成为 K^+ 供应的主要过程。

当土壤钾供应充足时，根表可产生钾的富集（许曼丽和刘芷宇，1983）。当土壤供钾不足以满足植物生长的需要时，则观察到根际钾的亏缺（Evans and Barber，1964；许曼丽和刘芷宇，1983；Jungk and Claassen，1997）。钾的亏缺范围可达距根表 10 mm 处，而且不同作物、不同土壤类型之间有差异，棉花亏缺程度小于大麦及箭筈豌豆；淀浆白土小于砂土（许曼丽和刘芷宇，1983）（图 3.2）。假如两条根之间的距离小于 4 mm，则它们之间会发生对钾的竞争（Yamaguchi and Tanaka，1990；Jungk and Claassen，1997；Hylander *et al.*，1999；Vetterlein and Jahn，2004）。紧实度高的土壤通常含有较高含水量，这有利于钾的运输（Kuchenbuch *et al.*，1986），但是，紧实度太高又会限制根的发育，从而不利于植物对钾的吸收（Seiffert *et al.*，1995）。

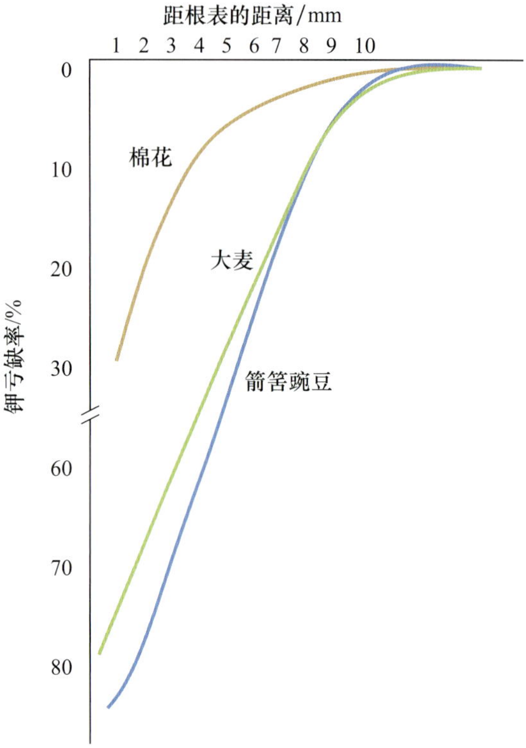

图 3.2　限根条件下不同作物根际钾的分布（许曼丽和刘芷宇，1983）

植株体内含钾量为植株干重的 2%～10%（Leigh and Wyn Jones，1984；Tisdale *et al.*，1993），是植物体内最丰富的阳离子。在细胞质中钾的浓度保持在 100 mmol/L 左右（Leigh and Wyn-Jones，1984）。在液泡中钾的浓度为 20～200 mmol/L，变化较大（Pierce and Higinbotham，1970；Hsiao and Läuchli，1986；Walker *et al.*，1996）。钾是几十种重要酶的激活剂（如质子 ATP 酶、丙酮酸激酶、硝酸还原酶、天冬酰铵酶等），因而参与各种代谢活动，如蛋白质合成、光合作用、糖的运输、碳氮代谢。钾在植物体内移动性很强，在调节细胞渗透压、平衡细胞质阴阳离子平衡中起重要作用。通过这些过程，钾参与气孔开闭、叶片运动、细胞伸长等重要生理学过程的调节（Szczerba *et al.*，2009）（图 3.3）。通过这些生理功能，钾影响作物的各抗性，如抗病虫、抗旱、抗热、抗寒、抗倒性等（Römheld and Kirkby，2010）。

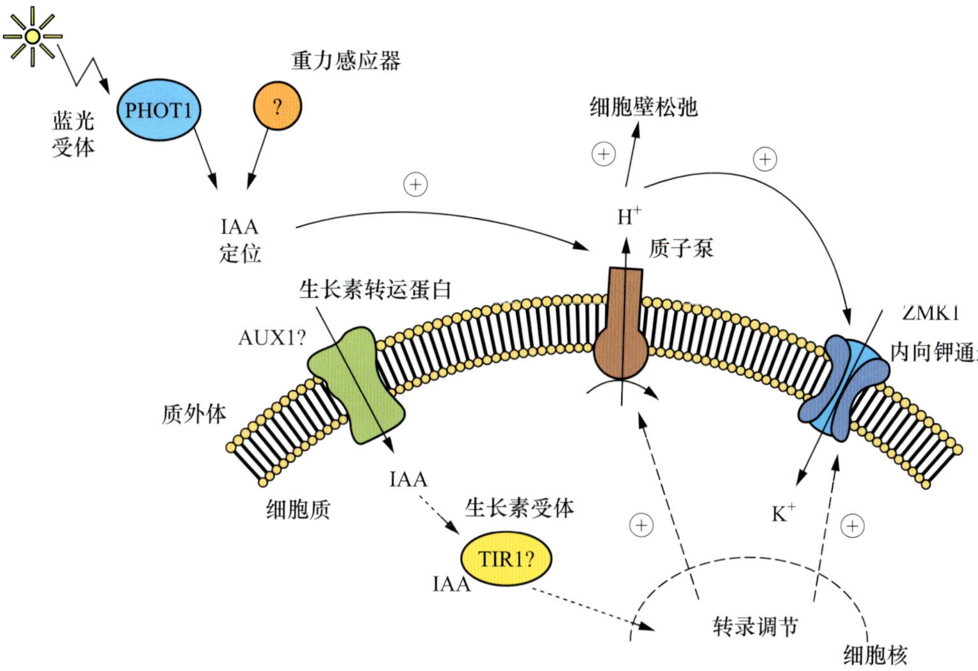

图 3.3 钾的运输与细胞伸长(Fuchs *et al.*, 2006)

光信号与重力信号被接受后,作用于生长素信号途径。生长素分配激活质膜质子泵(proton pump)从而酸化质外体空间(apoplast),刺激细胞壁松弛酶及钾离子通道(ZMK1)活性。生长素信号促进质子泵及钾离子通道基因表达,钾的吸收导致细胞扩展与伸长。

3.2 钾素吸收的生理与分子生物学基础

3.2.1 钾吸收的生理学

土壤溶液中的钾主要是通过扩散和质流移向根部质外体空间(Clarkson and Hanson, 1980;许曼丽和刘芷宇,1983)。根部表皮细胞(包括根毛)和皮层细胞可以高效地吸收质外体中的钾。进入到细胞中的钾可以积累在液泡中、或通过胞间连丝到达维管组织的皮层薄壁细胞,最后进入木质部,随蒸腾液运输到地上部。在韧皮部中,钾随着同化物一起运输。在供钾不足时,钾被优先分配到生长旺盛的细嫩组织和器官中。

21 世纪 60 年代,Epstein 等通过对大麦等植物钾吸收速率和吸收动力学的研究,提出植物体内可能存在两种不同类型的钾吸收系统,在低钾浓度(通常小于 0.2 mmol/L) 条件下,高亲和性钾吸收系统通过质子-钾共运(H^+-K^+ symport)的方式吸收钾,主要由钾转运蛋白(K^+ transporter)介导。高钾浓度条件下起作用的低亲和性钾吸收系统,主要由钾离子通道(K^+ channel)介导(Epstein *et al.*, 1963; Britto and Kronzucker, 2008;Wang and Wu,2010)。在玉米中,Kochian 和 Lucas (1982, 1983)发现 K^+ 吸收的动力学同样可分解为两个不同的部分,一个是可饱和的高亲和部分，K_m值为 16 μmol/L；另一个是不饱和的、线性的低亲和性部分。钠或铵离子的存在显著抑制钾的吸收。当供钾不足，铵的过量供应容易引起毒害(Cao *et al.*, 1993)。

植物对钾的吸收速率受植物体内钾营养状况的反馈调节。随着植株根内钾离子浓度的不断积累，钾的吸收速率显著下降(Glass, 1976; Kochian and Lucas, 1982; Siddiqi and Glass, 1986)(图 3.4)。

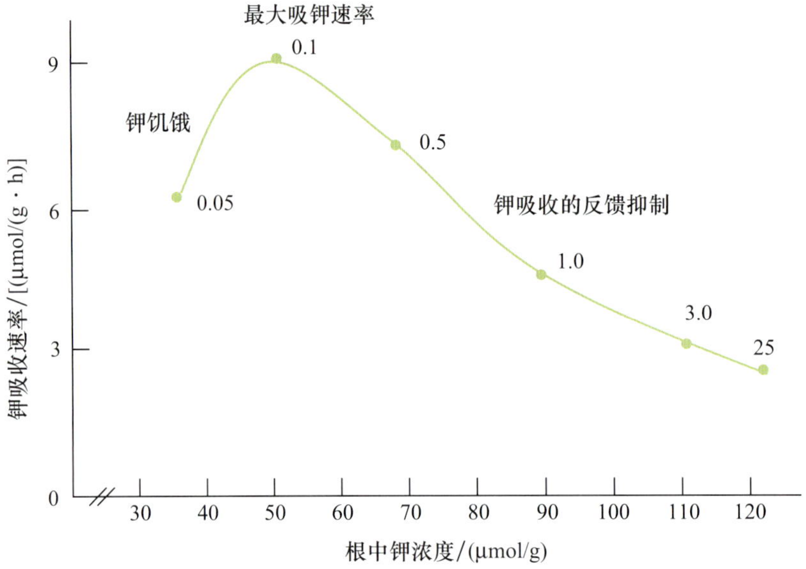

图 3.4 大麦幼苗根中 K^+ 浓度与 K^+ (^{86}Rb) 内流速率的关系

植物首先在含不同钾离子浓度(图中数据所示)的全营养液中培养。然后移至含有 2 mmol/L K^+ (^{86}Rb) 的溶液中吸收 60 min，再用含 3 mmol/L K^+ 的标准营养液冲洗 10 min (Pettersson and Jensén, 1983)。

较高浓度的 NH_4^+ 对植物钾的吸收有明显的抑制作用(Cao *et al.*, 1993)。研究表明，铵主要抑制高亲和力钾运输系统，而对低亲和力运输系统的影响较小(Spalding *et al.*, 1999; Santa-María *et al.*, 2000; Kronzucker *et al.*, 2003; Britto & Kronzucker, 2008)。即使在水稻中也发现，铵抑制高亲和力钾吸收系统，但促进低亲和力钾吸收系统(与供硝相比)(Szczerba *et al.*, 2008)(图 3.5)。相似地，钠也抑制高亲和力钾的吸收(Cheeseman, 1982; Jeschke, 1982; Schachtman and Schroeder, 1994; Rubio *et al.*, 1995; Gassmann *et al.*, 1996; Maathuis *et al.*, 1996; Santa-Maria *et al.*, 1997; Martinez-Cordero *et al.*, 2005; Kronzucker *et al.*, 2006, 2008; Nieves-Cordones *et al.*, 2007)。

不同作物及品种之间，达到最大钾吸收效率的钾营养状况可能存在基因型差异，表 3.2 列出了不同作物的最大钾吸收速率及其相应的根内钾离子浓度(Pettersson and Jensén, 1983)。从中可以看出，两个禾本科作物小麦和大麦的钾吸收速率要显著高于其他植物。植物相对生长速率似乎与钾吸收速率没有相关关系。具有较低生长速率、但钾吸收速率并不很低的松树(pine)及越橘(lingonberry)，可能对低钾土壤具有更好的生态适应性。

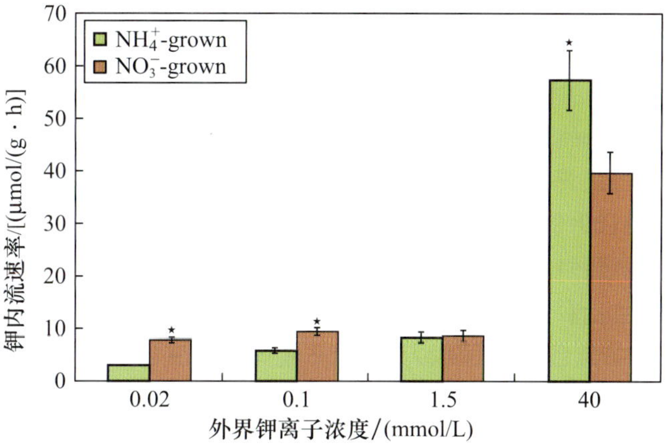

图 3.5 供应 10 mmol/L 硝酸盐或铵条件下水稻对钾的内流速率(Szczerba *et al.*, 2008)

表 3.2 七种植物的最大钾内流速率、根中钾的浓度及相对生长速率(RGR)

植物	最大钾内流速率 /[μmol/(g · h)]	最大内流速率时根的钾含量 /(μmol/g)	相对生长速率 /(%/d)
向日葵(sunflower)	4	50	25
黄瓜(cucumber)	6	30	22
白桦(birch)	4	30	22
小麦(wheat)	10	50	20
大麦(barley)	15	25	17
越橘(lingonberry)	6	35	4.5
松树(pine)	3	40	1.0

注:植物在^{86}Rb 标记的含 2 mmol/L 钾的溶液中吸收 2 h,然后用不含标记的溶液清洗 10 min。

彭克勤和胡笃敬(1986)报道,水生植物空心莲子草(altemathera philoxeroides)具有极强的钾吸收能力,其钾吸收的 K_m 值约为 10 μmol/L。可吸收的最低钾浓度仅为 0.2 μmol/L。

大麦不同品种之间,钾的内流速率存在显著差异(Glass and Perley,1980; Pettersson and Jensén, 1983)。在 Glass 和 Perley(1980)的实验中,大麦的钾吸收 K_m 值变化范围为 10.9～24.1 μmol/L,最大吸收速率 V_{max} 变化范围为 9.76～12.8,5 μmol K^+/(g · h)。预供应高浓度钾时,钾的吸收速率要显著低于低浓度钾处理,但不同品种钾内流速率的排列顺序并不发生变化。值得注意的是,低钾下测出的钾内流速率要远远高于高钾处理,说明植物的钾吸收潜力很高,在正常供钾条件下,这种潜力远远没有实现。

根据 William(1948)方法,一段生长期间的钾的净吸收速率可由以下公式计算:

$$v=\frac{(\ln W_2-\ln W_1)\cdot(M_2-M_1)}{(t_2-t_1)\cdot(W_2-W_1)}$$

其中:W_1 和 W_2 分别是处理前后的根鲜重,M_1 和 M_2 是处理前后的吸钾量,t_1 和 t_2 是处理开始与结束的时间。按照此公式计算不同品种的钾净吸收速率,发现不同品种之间不存在显著差异(Pettersson and Jensén, 1983)。这其中的原因尚不清楚,可能用同位素 Rb 的吸收实验并不能完全反映钾的吸收情况,但也可能是因为不同品种的钾离子外流速率有显著差异。比如 Pettersson(1978)曾观察到一个品种的钾离子外流速率只有另一个品种的 70%。

3.2.2 钾吸收的分子机制

植物中存在不同亲和力的钾转运蛋白系统,承担钾从土壤中的吸收、在植物体内的转运以及在植物细胞中的区隔化作用。在拟南芥中,至少存在 35 个基因编码钾运输蛋白系统,其中包括 3 个家族的钾离子通道(K^+ channel)和 3 个家族的钾转运蛋白,二者分别包括 15 个和 20 个基因(Lebaudy *et al.*, 2007)。低亲和力钾离子通道以 AKT1 为代表,高亲和力转运蛋白以 AtHAK5 为代表,它们所具有的钾吸收功能如图 3.6 所示。

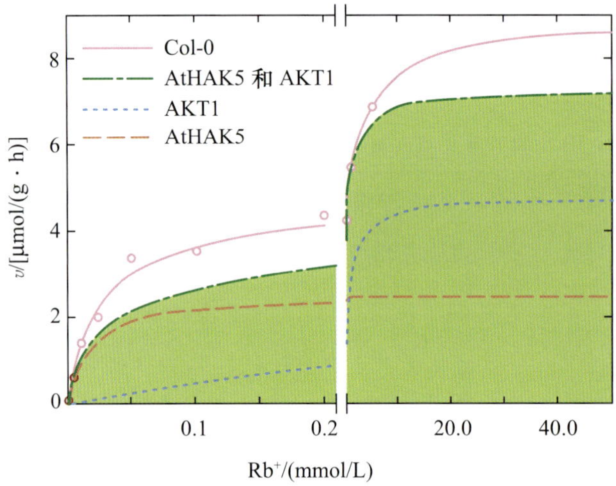

图 3.6 钾转运蛋白 AtHAK5 和钾离子通道 AKT1 介导的 Rb^+ 吸收曲线(Gierth and Mäser, 2007)

3.2.2.1 钾离子通道(K^+ Channel)

钾离子通道是存在于植物细胞质膜或内膜的跨膜蛋白。在跨膜电化学势梯度的趋动下介导钾离子的跨膜流动,该过程不需要 ATP 水解提供能量。钾离子通道分为 3 个家族:Shaker 家族、TPK 家族和 Kir-like 家族。其中,Shaker 家族的成员在介导植物钾营养吸收、转运过程中最为重要,有较高的钾离子选择性。Shaker 家族在拟南芥中有 9 个家族成员,又分为 3 大类。第一类是内向钾离子通道。这类通道介导钾离子自细胞外向细胞胞内流动,在植物钾营养吸收和转运中起重要作用。第二类是外向钾离子通道,介导钾离子自胞内向胞外流出。第三类是弱整流钾离子通道,此类通道既可以介导钾离子内流,也可以介导钾离子外流,取决于当时的跨膜电化学势梯度及胞内外钾离子浓度(王毅和武维华,2009)。

AKT1 是 Shaker 家族的一个内向钾离子通道(Sentenac *et al.*, 1992)。它主要在拟南芥根部表皮细胞和皮层细胞中表达,具有双亲和性钾吸收的特性,是介导拟南芥根细胞从土壤中吸收钾营养的重要钾离子通道。AKT1 突变体(*akt1*)的钾吸收能力明显降低,在低钾条件下表现出明显的失绿黄化等缺钾症状。研究表明,即使是在非常低的钾供应条件下(属于高亲和吸收系统的钾浓度范围),AKT1 对钾的吸收仍有较大贡献,而且,这个作用只有在铵离子的存在下才能显现。在缺铵条件下，*akt*1 突变体没有显著表型，而在供铵条件下，该突变体的钾($^{86}Rb^+$)吸收速率下降、种子萌发受阻、生长速率下降。这说明根系钾的吸收系统具有两个组分，其转换受铵离子的调节。AKT1 自身可以在有铵的条件下具有吸钾的功能(Rodríguez-Navarro and Rubio，2006)；另一个组分(non-AKT1 组分)则是铵敏感的，在缺铵条件下才具有吸钾的。在其他作物中克隆的与 AKT1 功能相似的基因包括马铃薯(SKT1)、番茄(LKT1)、小麦(TaAKT1)、玉米(ZMK1)和水稻(OsAKT1)等。AtKC1 也是 Shaker 家族的钾离子通道，它自身不具有离子通道的功能，但 AtKC1 可以和 AKT1 形成异源复合钾离子通道，调控 AKT1 的通道活性，进而影响钾的吸收和积累。在水稻中，*OsAKT*1 主要在胚芽鞘及根中表达，受盐胁迫所抑制(Fuchs *et al.*，2005)。在节间和小花轴(rachides)中表达，超表达 *OsKAT*1 可以促进钾的吸收和耐盐性(Obata *et al.*，2007)。

钾在植株中有很高的移动性，根与地上部钾的循环对于木质部与韧皮部物质(如硝酸根、糖、氨基酸等)运输具有重要作用(Ben Zioni *et al.*，1971；Jeschke *et al.*，1985).)，从地上部向根的钾的运输还可能携带地上部钾营养状况信号，进而调节钾的吸收(Kochian，1988；Peuke and Jeschke，1993；White，1997)。这需要不同的钾离子通道蛋白。目前对控制植株体内钾移动的钾离子通道已经了解很多(图 3.7)(Lebaudy *et al.*，2007)。外向 Shaker 钾离子通道 SKOR 主要在皮层和木质部薄壁细胞中表达，负责由根向地上部的钾离子运输，贡献可达 50%(Gaymard *et al.* 1998)。AKT2 在根和叶的韧皮部组织中表达，可能参与钾在叶部的装载与根中的卸载。KAT2 在叶部韧皮部组织中表达，受光合产物调节，可能参与叶部钾离子的装载，并通过调节韧皮部电化学势间接控制糖向韧皮部的装载(Deeken *et al.*，2002)。AKT2 和 KAT2 还可能形成异源多聚体起作用(Xicluna *et al.*，2007)。*KAT*1 也在叶片韧皮部伴胞中高量表达。

钾营养状况对木质部钾运输的调节可能通过 SKOR 和 AKT2 进行。低钾及干旱胁迫下，根木质部中钾的装载下降，同时增加地上部钾通过韧皮部向根的运输，进而维持根的渗透压和根的伸长。气孔的开闭受钾运输的调节，这可能涉及外向 GORK 钾通道及内向通道 KAT1，KAT2，AKT1，AKT2 及 AtKC1(Szyroki *et al.*，2001)，但这些内向钾离子通道的功能有冗余(Schroeder *et al.*，1987)。

3.2.2.2 钾转运蛋白(K^+ transporter)

植物钾高亲和力转运蛋白也分为 3 个大家族：①KT/HAK/KUP；②TRK/HKT；③质子-阳离子反向转运蛋白家族(CPA，cation proton antiporter families)。

KT/HAK/KUP 家族转运蛋白广泛存在于原核生物、真菌及植物中，拟南芥中的 KUP/HAK/KT 转运体家族的钾载体与大肠杆菌钾载体 KUP 及酵母钾载体 HAKl 具有较高同源性。它们通过 K^+:H^+ 共运的方式运输钾离子。这些蛋白参与的生理过程包括从外部溶液吸收钾、细胞扩张以及生长素在根中的分配(Gierth and Mäser，2007)。已经在大麦、水稻、葡萄、番茄等作物中克隆了 KT/HAK/KUP 基因，水稻中有 25 个 KT/HAK/KUP 基因(Gierth and Mäser，2007)。在异源系统中证实，HvHAK1、OsHAK1、AtHAK5 和 CaHAK1 具有高亲和力吸钾功能。在异源系统中，AtKUP1 还表现出双亲和力钾转运蛋白的功能。在缺钾幼苗中，AtKUP3 表达增加(Kim *et al.*，1998)。大麦中的研究表明，HvHAK1 的活性受铵的抑制(Santa-María *et al.*，2000)。

在 KT/HAK/KUP 家族中，AtHAK5 是决定高亲和性钾吸收的主要蛋白，AKT1 则是低亲和性钾吸收的主要贡献者，二者各可以贡献低亲和性钾吸收的 84%和高亲和性钾吸收的 78%(图 3.6)。*AtHAK*5 在根表皮细胞中表达，受缺钾诱导，其突变体中高亲和性 K^+(Rb^+)

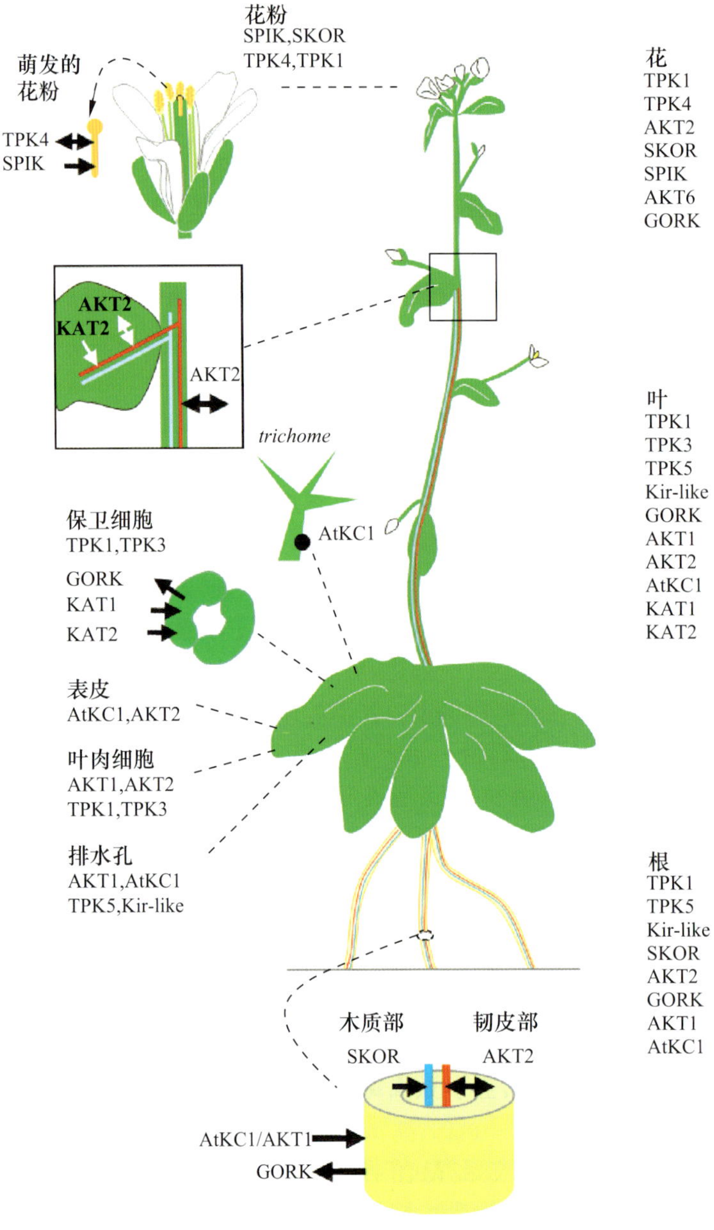

图 3.7 拟南芥中钾离子通道的表达部位及可能的功能(Lebaudy *et al.*, 2007)

吸收受到强烈抑制(Gierth *et al.*,2005)。

AtKUP4 的 T-DNA 插入突变体表现出短根毛的特性,称为 *trh*1(tiny root hair)。TRH1 可能具有运输生长素的功能,参与根中生长素的分配(Vicente-Agullo *et al.*, 2004)。AtKUP2 突变体(*shy*3-1)在黑暗中表现短的中胚轴(hypocotyl),这与细胞伸长有关。*trh*1 和 *shy*3-1 突变体的钾运输几乎不受影响,说明 AtKUP 蛋白可以与其他蛋白质互作影响细胞扩张。在葡萄中,*VvKUP*1 和 *VvKUP*2 在发育中的浆果表皮中表达,这可能通过促进钾积累进而调节果实的生长(Davies *et al.*, 2006)。

HKT 在钠的吸收中起重要作用，与抗盐性密切相关。HKT 可以分为两类：I 类 HKT 转运蛋白（如 AtHKT1;1）属于钠单向转运蛋白（uniporter），具有较高的钠选择性；II 类 HKT 转运蛋白（如 TaHKT2;1），是钾钠共运蛋白（symporter），具有较强的运输钠的能力。小麦中 TaHKT2;1（TaHKT1）是第一个被发现与钠离子偶联的钾转运蛋白（Schachtman and Schroeder, 1994），同时在高钠供应条件下可以运输钠（Rubio *et al.*, 1995; Gassmann *et al.*, 1996）。

AtHKT1 突变体 *athkt1* 根中钠吸收下降，地上部钠浓度增加，*sas2* 突变体（sodium over accumulation in shoot）是该基因的一个点突变的结果。*AtHKT1* 在韧皮部中表达，它可能通过控制钠向韧皮部的装载以及在根中的卸载，从而控制由地上部向根的钠的转运（Berthomieu *et al.*, 2007）。*AtHKT1* 也在叶部木质部薄壁细胞中表达，因此它也可能是控制木质部中钠的卸载，这些钠离子通过细胞胞间连丝进入韧皮部（Sunarpi *et al.*, 2005）。

在水稻中有 7 个 HKT 转运蛋白（Horie *et al.*, 2001; Garciadeblás *et al.*, 2003; Platten *et al.*, 2006）。*OsHKT2;1*（*OsHKT1*）在根表皮细胞、维管组织及叶片的维管束周边细胞中表达（Golldack *et al.*, 2002）。它是钠单向转运蛋白，但也可以转运其他阳离子（Golldack *et al.*, 2002），生长介质中钾离子与钙离子的存在则可以下调 OsHKT2;1 介导的钠离子的吸收能力。这说明，水稻 OsHKT 转运体的选择性受介质中阳离子的干扰，HKT 转运蛋白可能具有多孔隙（Yao *et al.*, 2010）。Horie 等（2007）分析了 *OsHKT2;1* 的转座子插入突变体，在低钾和低钠条件下，突变体生长受到抑制，根和地上部中钠的积累量下降，钠的吸收速率减少，但钾的积累不受影响。OsHKT2;1 主要在根的皮层和内皮层（endodermis）细胞表达，在高钠（30 mmol/L NaCl）条件下，*OsHKT2;1* 介导的钠吸收迅速下降。这些结果表明，在缺钾条件下，Na^+ 可以促进水稻的生长，其中 OsHKT2;1 是负责根中钠吸收的主要蛋白。

在异源系统中 OsHKT2;4 具有钾吸收的功能。同时，在缺钾条件下，OsHKT2;4 也可以吸收 Mg^{2+} 和 Ca^{2+}（Lan *et al.*, 2010; Horie *et al.*, 2011）。外源钾离子可以促进 OsHKT2;2 介导的钠离子的吸收，反过来也一样。OsHKT1;5（OsHKT8）定位在叶木质部薄壁细胞，控制木质部中钠的浓度。

3.2.3 作物对钾的吸收规律

钾在作物中主要分配在茎秆中，籽粒中钾所占的比例通常很小。比如在玉米中，成熟期茎中钾的浓度达到 4%左右，叶片中为 2%左右，而籽粒中仅为 0.4%左右。籽粒中的钾所占的比例一般只有 15%～20%（常建智，2010；刘宁，2008）。这说明籽粒本身生长对钾的需求很低，钾主要是维持营养器官的正常生理功能。

玉米生育期中对钾的积累规律，不同研究结果有很大差异。很多研究表明，吐丝期时钾的吸收量通常可以达到 80%以上，而且经常达到吸钾量的最大值。吐丝至成熟期，植株中的钾开始流失，到成熟期，植株总钾量有时会小于吐丝期钾积累量（图 3.8）（高伟，2008；常建智，2010）。但也有研究表明，玉米在抽雄（吐丝）后仍较多吸收钾（何萍，2005；高伟，2008；刘宁，2008），吸收比例甚至可达到 48.5%（张颖，1996）。出现这种差异的原因尚不清楚。当产量达到 15 000 kg/hm^2 的超高产水平时，每 100 kg 籽粒需钾（K）量为 2.2 kg（常建智，2010）。

不同生态区土壤条件不同，对植株的含钾量有很大影响。高伟（2008）的研究表明，在华北

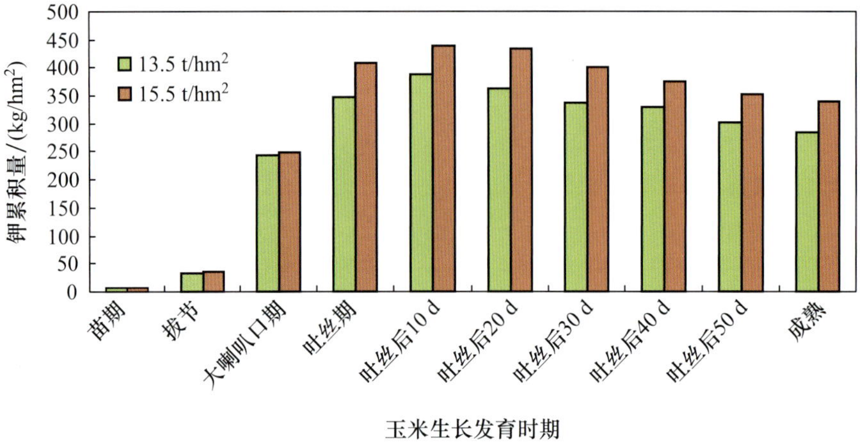

图 3.8 两个产量水平下夏玉米钾累积规律(常建智,2010)

和西北地区种植的相同玉米品种郑单958,其营养体中钾百分含量最大值(3.14%～4.50%)明显高于在东北地区种植的玉米(2.08%～2.82%)。到了成熟期,西北地区玉米秸秆中钾百分含量最高(2.6%～3.54%),其次是华北地区(2.06%～2.83%),东北地区种植的玉米秸秆中钾的百分含量最低(0.51%～1.25%)(表3.3)。籽粒含钾量表现相同的次序。东北的玉米平均产量在9 t/hm^2左右,华北玉米平均产量在7 t/hm^2左右,陕西为6～7 t/hm^2,新疆为10 t/hm^2,甘肃为12～13 t/hm^2。东北地区玉米以较低的营养体钾含量达到较高的产量,说明钾利用效率很高(图3.9,表3.4),其原因值得研究。

表 3.3 不同地区玉米成熟期籽粒及秸秆中的氮、磷、钾含量(高伟,2008) %

试验点	N				P				K			
	2006 年		2007 年		2006 年		2007 年		2006 年		2007 年	
	秸秆	籽粒	秸秆	籽粒	秸秆	籽粒	秸秆	籽粒	秸秆	籽粒	秸秆	籽粒
黑龙江	1.14	1.38	0.77	1.27	0.19	0.28	0.04	0.28	1.02	0.36	1.06	0.40
吉林	0.80	1.23	0.66	0.97	0.19	0.35	0.09	0.32	0.96	0.30	0.86	0.36
辽宁	1.06	1.38	0.83	1.05	0.09	0.29	0.15	0.26	0.51	0.37	1.25	0.36
河北	1.00	1.36	0.96	1.13	0.12	0.25	0.21	0.35	2.08	0.38	2.06	0.44
河南	0.90	1.29	0.76	1.12	0.15	0.28	0.17	0.33	2.38	0.44	2.07	0.45
山东	1.02	1.21	1.05	1.19	0.20	0.28	0.15	0.38	2.83	0.37	2.33	0.54
山西	1.15	1.45	0.96	0.84	0.21	0.35	0.21	0.23	1.97	0.32	2.06	0.38
陕西	1.06	1.46	1.01	1.11	0.17	0.40	0.19	0.44	2.06	0.40	2.73	0.63
新疆	1.12	1.50	0.85	1.02	0.24	0.35	0.21	0.28	2.88	0.32	2.21	0.40
甘肃镇原	—	—	1.15	0.97	—	—	0.18	0.24	—	—	3.54	0.32
甘肃武威	—	—	0.41	0.97	—	—	0.04	0.24	—	—	2.60	0.32

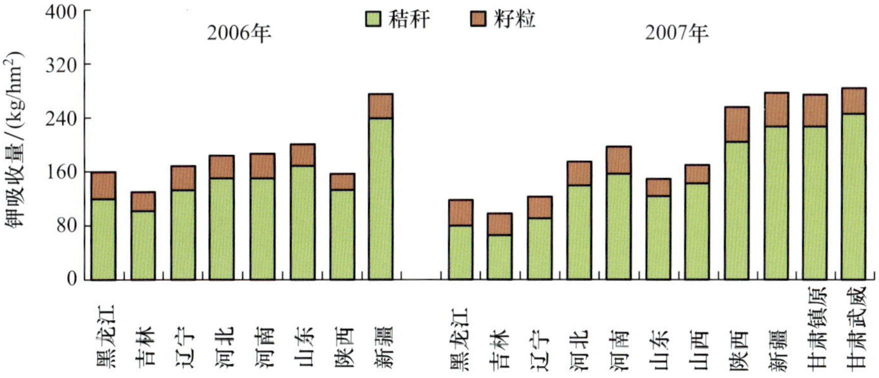

图 3.9　不同地区玉米成熟期钾的积累量(高伟,2008)

表 3.4　不同地区生产每 100 kg 玉米的养分需求量(高伟,2008)

年份	试验点	养分/kg			N∶P∶K
		N	P	K	
2006	黑龙江	1.78	0.47	1.37	1∶0.26∶0.77
	吉林	1.91	0.57	1.23	1∶0.30∶0.64
	辽宁	1.99	0.56	1.63	1∶0.28∶0.82
	河北	2.20	0.35	2.11	1∶0.16∶0.96
	河南	2.23	0.43	2.03	1∶0.19∶0.91
	山东	2.09	0.52	2.20	1∶0.25∶1.05
	陕西	2.86	0.58	2.46	1∶0.20∶0.86
	新疆	2.08	0.55	2.45	1∶0.27∶1.18
2007	黑龙江	1.84	0.22	1.29	1∶0.12∶0.70
	吉林	1.67	0.40	1.14	1∶0.24∶0.68
	辽宁	1.72	0.41	1.23	1∶0.24∶0.72
	河北	2.15	0.58	2.00	1∶0.27∶0.93
	河南	2.00	0.53	2.27	1∶0.27∶1.14
	山东	2.77	0.72	2.97	1∶0.26∶1.07
	山西	2.00	0.44	2.06	1∶0.22∶1.03
	陕西	2.05	0.61	3.18	1∶0.30∶1.55
	新疆	1.76	0.45	2.24	1∶0.26∶1.27
	甘肃镇原	1.62	0.36	1.87	1∶0.22∶1.16
	甘肃武威	1.49	0.33	1.96	1∶0.22∶1.32

据宋桂云等(2006)在中国沈阳的研究结果,在水稻 9000 kg/hm² 产量水平下,不同水稻品种的总吸钾量为 120～130 kg/hm²。抽穗期吸钾量为 90～110 kg/hm²,抽穗至成熟期吸钾量为 20～30 kg/hm²。说明绝大多数钾在营养生长期吸收。4 个品种之间钾的生理利用效率很相近,变幅为 62～68 kg/kg。100 kg 稻谷需钾量为 1.46～1.52 kg。籽粒中钾的累积量为 38～40 kg/hm²,约占植株总钾的 30%。

在小麦中,钾累积总量在开花期达到最大值,此后钾素从植株体内流失,总钾量明显降低(图 3.10)(党红凯,2007)。成熟时叶片、叶鞘、茎、穗轴+颖壳及籽粒中的钾所占的比例分别为 9%～12%、14%～18%、41%～44%、7%～14%和 17%～21%,100 kg 小麦籽粒产量需钾量为 1.93～2.29 kg(党红凯,2007;侯飞,2009)。

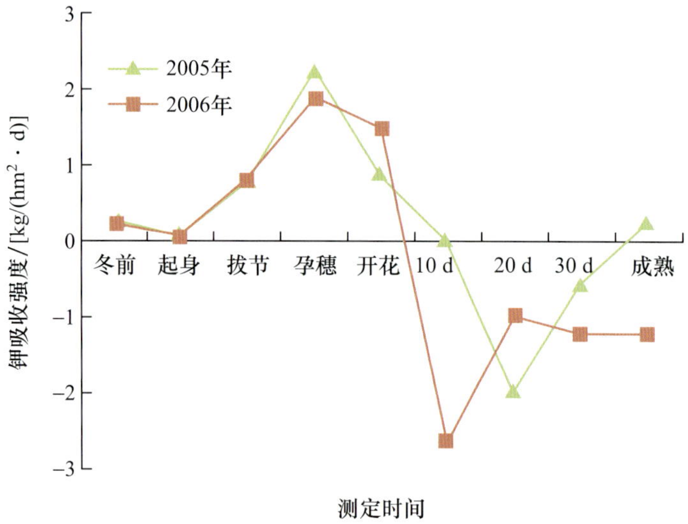

图 3.10　小麦吸收钾吸收强度的变化(党红凯,2007)

3.3　植物对低钾的反应

3.3.1　植物缺钾症状

钾供应不足时,植物老叶中的钾向正在生长的器官(如新生叶片)中转移,以满足这些器官生长的需要。老叶中叶绿体损伤、叶脉间失绿,叶片边缘出现坏死、干枯、灼烧症状。王伟等(2005)的研究表明,在大豆中,缺钾症状有多种,包括叶缘黄化失绿、叶脉间黄化失绿(鱼骨状)、叶片焦枯、叶片皱缩、叶片出现褐色枯斑、生育期延迟等(图 3.11)。

3.3.2　根系生理与形态反应

缺钾条件下,在 6～48 h 内高亲和性钾离子转运蛋白(*AtHAK*5)表达增加(Ahn *et al.*, 2004; Armengaud *et al.*, 2004; Hampton *et al.*, 2004; Shin and Schachtman, 2004; Gierth *et al.*, 2005),钾吸收活性增加(Siddiqi and Glass, 1987; Fernando *et al.*, 1990; Shin and Schachtman, 2004)。大麦(*HvHAK*1)、番茄(*LeHAK*5)和水稻(*OsHAK*1)的高亲和力钾离子转运蛋白也受缺钾诱导(Santa-Maria *et al.*, 1997;Wang *et al.*, 2002;Banuelos *et al.*, 2002)。在拟南芥中,*AtKUP*3 的表达也受缺钾诱导 (Kim *et al.*, 1998)。

低钾对钾离子通道 AKT1 转录没有影响,其表达的调节可能发生在转录后水平(Pilot *et al.*, 2003; Maathuis *et al.*, 2003; Hampton *et al.*, 2004)。但缺钾诱导 *AtKC*1 转录增加(Shin and Schachtman, 2004),这可能间接激活 *AKT*1。但在小麦中,缺钾可以增加 *TaAKT*1 的表达 (Buschmann *et al.*, 2000)。缺钾下调负责长距离运输的钾离子通道蛋白 *SKOR* 和

图 3.11 大豆缺钾症

*AKT*2 的基因转录(Maathuis *et al.*, 2003; Pilot *et al.*, 2003)。这可能限制钾向根的再循环,增加缺钾反应信号。

缺钾抑制侧根的发育(Drew, 1975; Shin and Schachtman, 2004; Armengaud *et al.*, 2004),这可能与乙烯增加有关(Shin and Schachtman, 2004)。缺钾对拟南芥根毛发育影响较小(Desbrosses *et al.*, 2003)。缺钾导致根系向地性反应减弱(Vicente-Agullo *et al.*, 2004)。这可能有助于根系避开缺钾土壤,寻找富钾的土壤微域。在这种反应中,TRH1 钾离子转运蛋白可能起重要调节作用(Vicente-Agullo *et al.*, 2004)。在水稻中,施钾增加根重、总根长、根表面积,尤其在缺钾的酸性水稻土上,鲜根重、总根长和根表面积均增加了 3～4 倍,而且施钾后植株的根冠比也是增加的(陈际型,1997)。这表明施钾促进了地上部分干物质的累积,增加了光合产物向地下部分的转移,这更有利于根系的生长。钾肥的种类对稻根的形态分布也有一定的影响,施用硫酸钾与氯化钾相比较时,硫酸钾更有利于粗根的增长。

3.3.3 光合产物运输

糖向韧皮部细胞的运输是以 H^+-蔗糖共运输的形式进行,需要 H^+-ATP 酶的参与。而钾是 H^+-ATP 酶的重要激活剂。因此,缺钾时,光合产物蔗糖向韧皮部的装载受阻,糖在叶片中积累(图 3.12),通过韧皮部向根系运输的糖减少,根系生长受到抑制,根冠比下降(图 3.13)。这与缺氮、缺磷反应相反。在甘蔗中观察到(Hartt, 1969),当供钾充足条件下,90 min 内叶片光合的 ^{14}C 中有 50%被运输到其他器官。而当供钾不足时,即使过了 4 h,被运出的 ^{14}C 光合产物仍只有 30%。在蓖麻中,钾对韧皮部汁液流量有显著影响,供钾植株是缺钾植株的 2 倍,而且汁液中 6-磷酸葡萄糖、6-磷酸果糖等溶质的浓度还增高了(Mengel and Haeder, 1977)。缺钾时豆科植物固氮活性下降,很可能与根瘤中的糖供应不足有关。在玉米中研究表明,适宜的氮钾用量可促进玉米营养体碳氮向籽粒运输,同时提高生长后期叶片的光合能力及根系氮素吸收(金继运和何萍,1999)。在小麦、水稻中也发现,钾促进了抽穗后氮素转运量和转运率(邹铁祥等,2006;王强盛等,2009)。在大豆中,施钾增加氮生理利用效率,但并不增加氮的收获指数(汪自强等,1997)。对于以豆科植物、马铃薯(块茎植物)、甘薯(块根植物)而言,充足的供钾量对产量形成更具有重要性。

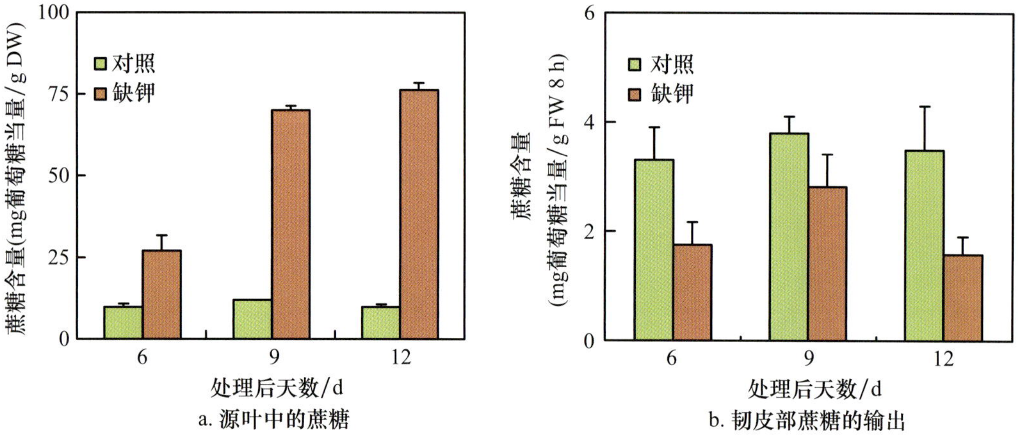

图 3.12　缺钾对菜豆叶片蔗糖积累及韧皮部输出的影响(Cakmak, 1994)

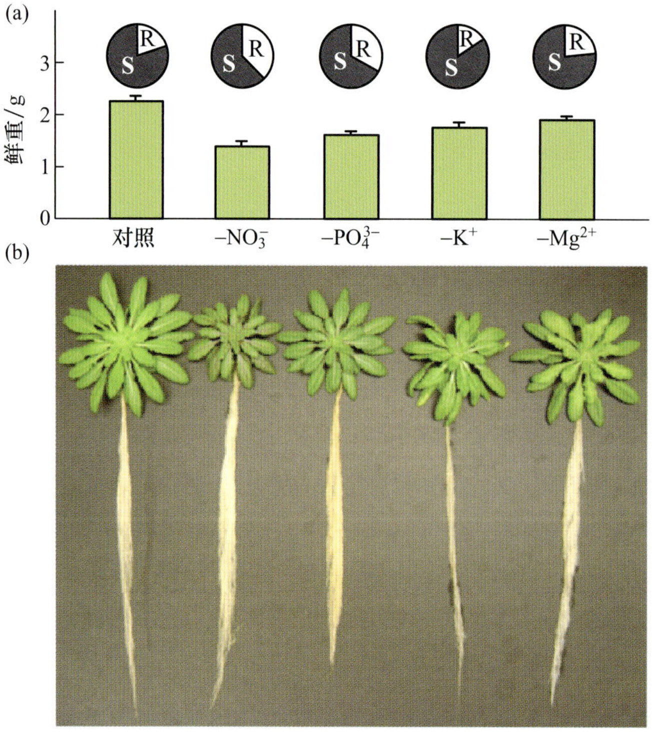

图 3.13　不同养分缺乏对根冠比的影响(Hermans *et al*., 2006)

3.3.4　光合作用

缺钾导致光合作物强度下降(图 3.14),其原因包括气孔导度下降、叶肉细胞阻力增加及 RuBPase 活性下降等(Peoples and Koch, 1979;Cakmak and Engels, 1999; Zhao *et al*., 2001)。在水稻中,缺钾导致净光合速率(Pn)和气孔导度(Gs)降低,初始荧光(Fo)、可变荧光与最大荧光比(Fv/Fm)以及非光化学猝灭系数(NPQ)与对照相比均无显著性差异;光化学猝灭系数(qP)、实际光化学效率(φPS Ⅱ)以及光合电子传递速率(ETR)有所下降,叶绿体结构受到破坏(贾彦博,2008)。但在小麦中,缺钾只导致非光化学猝灭系数(NPQ)下降,其他光合参数变化不大(张凡等,2009)。邹铁祥等(2007)的研究表明,开花期小麦叶片氮钾比与花后14d旗叶 Fv/Fo 和 Pn 均呈显著或极显的二次曲线关系,表明适宜的氮、钾营养有利于光能的捕获与转化,但氮/钾比过大将不利于 Pn。缺钾条件下叶片中光合产物的积累,也会抑制光合作用的进行。

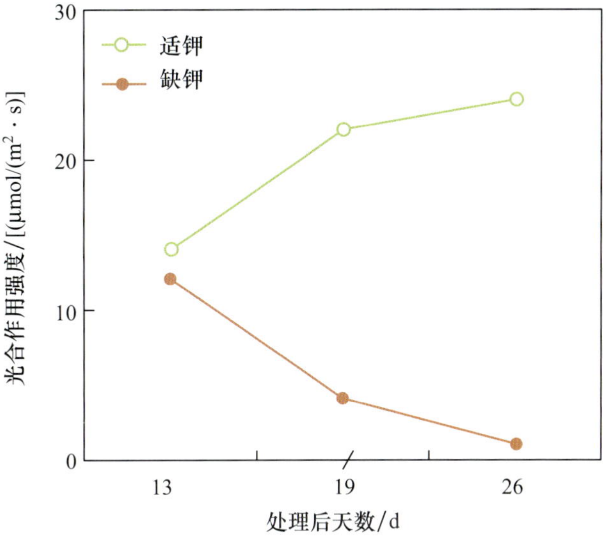

图 3.14 缺钾对棉花光合作用的影响(Cakmak, 2005)

3.3.5 活性氧

缺钾抑制光合作用的同时,过量产生的电子传递到氧,会促进活性氧(reactive oxygen species,ROS)的产生。在菜豆根细胞中,缺钾导致 NADPH 的氧化增加 8 倍。同时,依赖于 NADPH 的氧产生量也增加。这可能与膜结构的破坏与叶绿素的降解有关。缺钾条件下,用于消除过氧化氢毒害的抗坏血酸氧化酶活性增加(Cakmak, 1994)。缺钾植株对光照的敏感度增加,在强光下很容易叶片失绿和坏死。同样的缺钾植株,如果在弱光或叶片遮光条件下,可以有效地降低叶片的失绿和坏死(Marschner and Cakmak,1989; Marschner *et al.*, 1996)。环境胁迫的普遍导致 ROS 增加以及 NADPH 氧化酶的增加,因此改善钾营养状况能够通过减少 ROS 的增加而改善植物对多种非生物逆境胁迫的耐性(Cakmak, 2005)。

此外,钾对硝酸盐的运输、贮存和同化有重要影响。作为阴阳离子平衡的重要调节离子。钾是木质部中硝酸盐长距离运输的陪伴离子,同时,钾离子也可能是液泡中贮存的硝酸盐的主要平衡离子。有研究表明,缺钾减少芥蓝叶片中硝酸盐积累,降低硝酸还原酶活性(林春华等,1998)。钾还是硝酸盐还原酶及很多氮同化酶的激活剂,缺钾会抑制氮的吸收与代谢。

3.4 植物适应低钾胁迫的生理机制

Rengel 和 Damon(2008)总结了植物适应低钾的生理机制(图 3.15)。钾吸收效率(K uptake efficiency)与根构型、根系吸钾活性以及通过根分泌物活化难溶性钾有密切关系。植物体内钾的利用效率(K utilizaiton efficiency)则决定于亚细胞、细胞及器官间钾的转运,其他离子对钾生物学功能的替代作用,以及钾促进光合产物向收获器官运输的能力。钾吸收效率与钾利用效率之间又存在互作。钾的高效利用可能促进根系生长及其对钾的吸收效率。

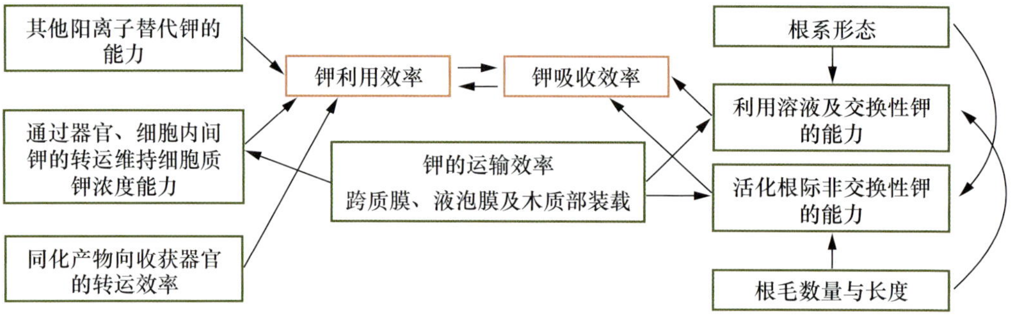

图 3.15 植物钾吸收与利用效率的决定因素及其相互关系(Rengel and Damon, 2008)

3.4.1 钾吸收效率

养分吸收效率包括土壤养分的活化和/或养分的吸收速率(Rengel and Damon, 2008)。对于钾而言,可能土壤中钾的活化更为重要。然而,钾的高效吸收有利于扩大根际与土体的钾浓度梯度 (Jungk and Claassen, 1997),因此对于提高钾吸收效率也具有重要意义。

3.4.1.1 根系形态

钾在土壤中的运移以扩散方式为主,因此较大的根系吸收表面积对于钾的吸收至关重要。从这个意义上,较多的侧根应该是钾高效吸收的重要根系形态学机制(Rengel and Damon, 2008)。同时,侧根的更新速度(老侧根的快速死亡与新侧根的快速发生)对于充分挖掘土壤的磷钾养分具有重要义(Steingrobe, 2005)。在存在淋失的土壤类型上,深层土壤根系的生长对于钾高效可能具有重要性 (Wong *et al.*, 2000)。根毛可以极大地扩大根吸收表面积。在盆栽条件下比较玉米、油菜、番茄、黑麦草及洋葱,发现其根毛长度对钾耗竭能力呈正相关(Jungk, 2001)。后来的一项研究研究同样表明,在菜豆、红花三叶草、紫苜蓿、大麦、黑麦、黑麦草和油菜中,根毛长度与钾吸收能力呈正相关(Hogh-Jensen and Pedersen, 2003)。这些作物对可交换钾的吸收能力相接近,但根毛较长的基因型更能有效地利用土壤中的难溶性钾。

3.4.1.2 根分泌物

与小麦和大麦相比，甜菜对钾的吸收效率要高很多，其根表钾与土体钾的浓度梯度要比小麦和大麦高 7 倍，说明其对根际钾的活化能力更强（El-Dessougi *et al.*，2002）。根际钾的活力能力可能与根分泌物中的苹果酸及酒石酸（tartaric acid）有关（Wang *et al.*，2000）。小麦和甜菜根分泌物中的氨基酸也可以释放土壤中固定的钾（Samal，2007）。模型研究表明，非交换性钾的利用是钾高效的重要途径（Claassen and Steingrobe，1999，Claassen *et al.*，1986）。马铃薯钾效率的基因型差异证明了这一点（Trehan *et al.*，2005）。钾高效马铃薯基因型可以从非交换性钾库中吸收其总量 46% 的钾，而低钾基因型只吸收了 17%～25%（Trehan and Sharma，2002）。9 个基因型的吸钾量超过了土壤乙酸铵提取钾的 1.6～2.8 倍。研究表明，小麦高效吸收钾主要靠较大的根冠比，而甜菜则主要依靠根际钾的活化（Steingrobe and Claassen，2000）。在籽粒苋中的研究发现，富钾基因型 R104 和 K12 根系阳离子交换量（CEC）和 H^+ 分泌量高于一般基因型 M9 和 Cr047（李廷轩和马国瑞，2004）。在烤烟中发现，钾高效积累型品种（农大 202）的根际土壤中的速效钾含量要高于钾低效品种（K326 和 NC89），而缓效钾含量相对较低。这说明农大 202 根系分泌物对土壤钾素的活化能力最强，导致土壤缓效钾释放较多，使根际土壤速效钾、缓效钾含量的动态平衡发生移动，加快根际缓效钾向速效钾的转化（杨铁钊等，2009）。

植物吸钾的同时伴随质子向根外的释放。由于质子具有活化矿物钾的能力，水稻缺钾条件下释放质子能力强可能是提高钾吸收效率的重要因素之一（林咸永和孙羲，1995；王为木等，2005）。在玉米中同样发现，根系质子分泌能力与钾吸收能力有显著正相关（曹敏建等，1999）（图 3.16）。

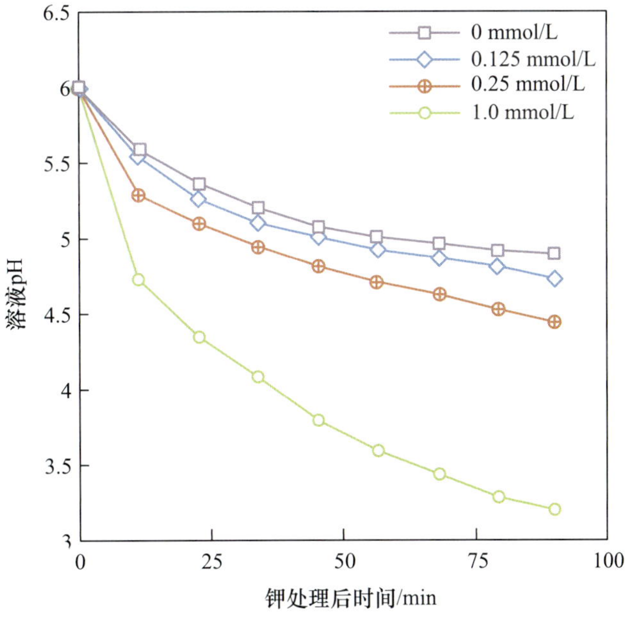

图 3.16 不同供钾浓度下玉米根系质子的释放（曹敏建等，1999）

3.4.1.3 钾吸收动力学

在 Michaelis-Menten 方程的各项参数中，最低浓度 C_{min} 反映了植物钾的吸收能力，也决定了根际钾的亏缺程度，而后者对于土壤晶格中非交换性钾的释放很重要。当土壤溶液中的钾浓度低于 3.5 μmol/L 时，非交换钾会释放(Springob and Richter，1998)。要达到最大产量的 90%，马铃薯的需钾量是小麦和甜菜的 9 倍，原因是其高亲和性钾吸收能力较弱 (Trehan and Claassen，1998)。缺钾条件下，钾高效基因型的吸钾速率是低效的 2 倍 (Trehan and Sharma，2002)。在番茄中，较高的钾吸收效率、较强的根际钾活化能力是钾高效的重要因素，但在某些基因型中，较发达的侧根同样重要 (Chen and Gabelman，1995；Chen and Gabelman，2000)。

3.4.2 钾利用效率

植物吸钾效率高不总是与钾农学效率高相一致，有些情况下植物钾含量高，但植株干物重却较低，如在小麦和大麦中所体现的那样(Glass and Perley，1980；王运华等，1996)。这说明，植株体内钾的利用效率(生物量或产量/钾积累量)也起一定作用。Gerloff 和 Gabelman (1983)总结了 121 个菜豆品种和 192 个番茄品种的干物重与钾利用效率的关系，发现二者呈明显的正相关。与农作物相比，藻类正常生长所需的钾含量显著较低(表 3.5)。胡笃敬等(1980)分析了 30 种植物的钾含量，发现水生植物空心莲子草地上部的钾含量最高，达到 5.88%～11.69%(K_2O%，干重)。这一方面说明该植物有积累钾的能力，也可能说明其生长需要较高的钾供应(表 3.6)。

表 3.5 藻类与作物最大生长所需的钾浓度比较(%，干重)(Flowers 和 Lauchli，1983) %

植物种类	临界浓度	
	Ca^+	K^+
小球藻 *Chlorella pyrenoidosa*	0.00	0.40
栅藻 *Scenedesmu squadricauda*	0.06	0.25
竹枝藻 *Draoparnaldia plumoac*	0.03	2.40
微囊藻 *Miciocystis aeruginosa*	0.04	0.50
念球藻 *Nostoc muscortum*	0.02	0.80
玉米 *Zea mays*	0.40	1.90
苜蓿 *Medicago sativa*	0.80	2.20

表 3.6 30 种植物的含钾量(胡笃敬等，1980)

植物名称	含钾量(K_2O%，干重)
晚稻(藁秆)	1.78～2.04
早稻(藁秆)	2.90～4.02
空心莲子草　茎叶	5.88～11.69
空心莲子草　根	1.68～2.30
水鳖	6.00～7.75

续表 3.6

植物名称	含钾量(K_2O%，干重)
苦草	6.20～8.08
青萍	4.40～6.10
水马齿	3.15～3.55
虾藻	4.28～5.65
金鱼藻	6.00
眼子菜	3.42
黑藻	4.42
细果野麦	1.61
槐叶萍	2.50
牛毛毡	5.10
红萍	4.01
轮藻	3.16
拟轮藻	5.93
洋槐	3.10
紫花苜蓿	3.30～4.05
白花草木樨	3.00～3.57
太仓草木樨	2.20～2.85
紫云英	3.60～4.50
徐苕二号	1.47～0.91
江苏草苕	1.70～2.90
普通豌豆	3.20
箭舌豌豆	0.87～1.80
冬饲豌豆	2.65
民权豌豆	4.18
燕麦	2.60～2.92
菊芋	4.40～5.10

植物体内钾的高效利用可能由于 3 个因素：①钾在植株与细胞水平上的分配与再分配；②其他离子对钾的替代作用；③收获指数(Gerloff，1987；Sattelmacher *et al.*，1994)。营养生长期钾的高效利用并不一定导致收获期钾的高效利用(Rengel，2008)，这其中收获指数起重要作用。

3.4.2.1 钾转运

钾在植物体内移动性很强。缺钾情况下，可以通过调节液泡中的钾浓度来维持细胞质中的钾水平，钾高效大麦中液泡中钾的移动性较强 (Memon *et al.*，1985)。在植株水平上，钾从非光合器官向叶部或收获器官的运输可能提高钾利用效率。在水稻中，在拔节期钾高效品种叶片中的钾浓度要高于低效品种，相应地，光合性能也较高(Yang *et al.*，2004)。在菜豆中，钾高效基因型的籽粒生长需钾量较低 (Fageria *et al.*，2001)。

3.4.2.2 钾替代

钾的一个重要作用是在液泡中维持膨压，从而控制细胞扩张。个别阳离子(如钠)或者糖可以替代钾的这一作用(Amtmann *et al.*，2005)。钠离子还可以替代钾在一些酶中的功能(Ehrendorfer，1973；Marschner，1995)。在番茄中，一些钾高效品种可以在供钠条件下获得更高的生物量(Figdore *et al.*, 1989)。

3.4.2.3 收获指数

较高的收获指数对于所有养分的利用效率都具有重要影响。小麦改良的重要特征之一是提高了收获指数。收获指数在钾高效中的重要性在很多作物中都有报道,其中包括小麦(Damon and Rengel, 2007; Woodend and Glass, 1993; Zhang *et al.*, 1999)(图3.17)、水稻(Yang *et al.*, 2004)、甘薯(George *et al.*, 2002)、菜豆(Fageria *et al.*, 2001)。

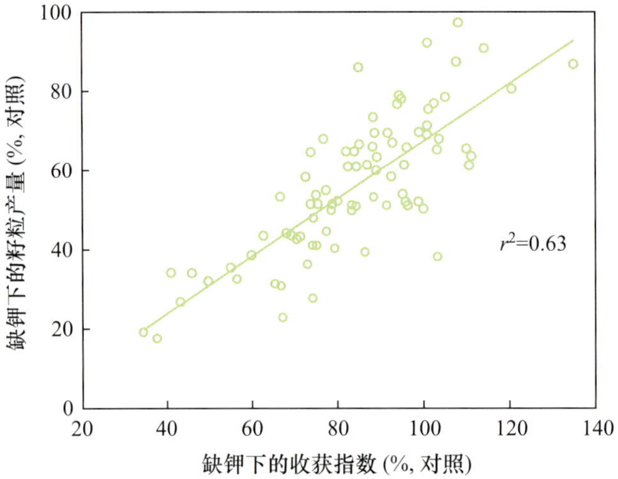

图 3.17 缺钾对田间小麦收获指数及籽粒产量的影响(Rengel, 2008)

由于上述相关关系,在营养生长期比较钾利用效率对于预测成熟期钾效率(产量)具有很大的不确定性。除非收获指数比较稳定,则营养生长期钾效率与收获期产量具有较好的一致性(Fageria *et al.*, 2001)。

此外,Postma 和 Lynch(2011)的最近研究表明,与缺氮与缺磷相比,根内通气组织的形成在缺钾条件下具有更重要的作用,最高可使缺钾植株的生物量增加70%左右(图3.18),其原

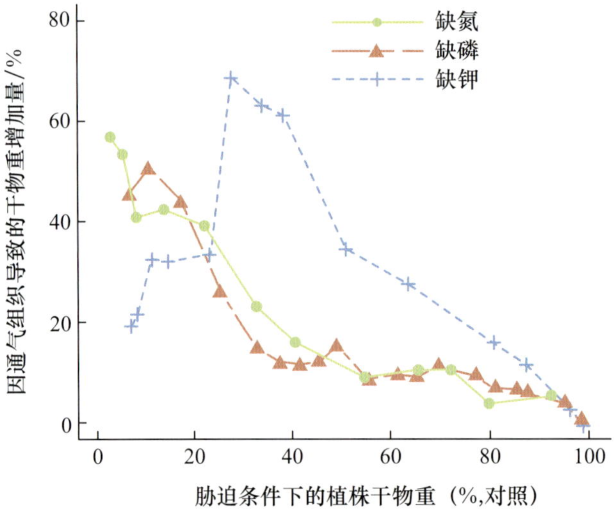

图 3.18 不同元素缺乏条件下根内通气组织对促进植株生长的贡献(Postma and Lynch, 2011)

因是降低了根的维持呼吸。

3.5 植物适应低钾胁迫的信号系统

如前所述,缺钾胁迫下起关键吸收作用的是钾离子吸收蛋白 AKT1 和高亲和力钾转运蛋白 AtHAK5。其中 *AKT*1 在转录水平上组成型表达,但在转录后水平上受缺钾上调,而 *AtHAT*5(以及其他作物中的同源基因)则在转录水平上受缺钾上调。图 3.19 显示了缺钾调节 *AtHAK*5 表达的分子机制(Tsay *et al*., 2011)。在缺钾条件下,在 NADPH 氧化酶(NADPH oxidase)RHD2 和 III 型过氧化物酶(type III peroxidase)RCI3 的作用下产生 ROS(Shin and Schachtman, 2004),进而上调 *AtHAK*5 的表达。乙烯作用于 ROS 的上游,诱导 *AtHAK*5 的表达。

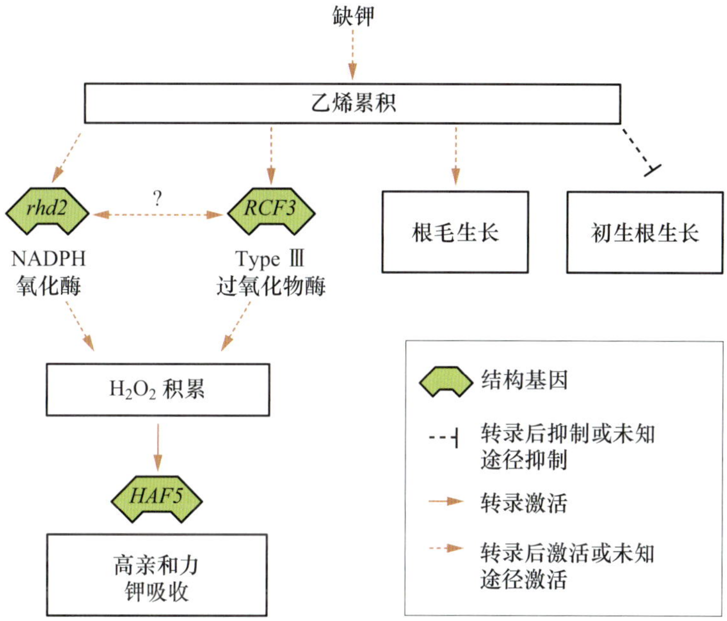

图 3.19 低钾诱导的植物信号反应(Tsay *et al*., 2011)

低钾调节钾离子通道 AKT1 功能的分子信号调控途径如图 3.20 所示(Xu *et al*.,2006;王毅和武维华,2009;Wang and Wu,2010)。在该途径中涉及钙离子通道及细胞质钙信号系统、钾通道亚基 AtKC1、H^+-ATPases、钙感受器 CBL1/CBL9、丝氨酸苏氨酸蛋白激酶 CIPK23 和钾离子通道 AKT1。当拟南芥根部感受外界的低钾胁迫后,H^+-ATPase 活性增加,质膜超极化(hyperpolarized),钙离子通道激活,细胞质钙离子浓度增加,这一钙信号可被感受器 CBLs 接收与传导。在质膜上,CBL1(和/或 CBL9)将细胞质中的激酶 CIPK23 锚定到质膜,在质膜上,CIPK23 通过磷酸化激活 AKT1,从而介导钾的吸收。AtKC1 和 SYP121(一种 SNARE 蛋白)与 AKT1 形成复合体,也可以调节 AKT1 的通道活性。在液泡膜上,一些 CBL 蛋白可能与 CIPK9 结合,激活未知的钾通道或转运蛋白,将液泡中的钾运输到细胞质中(图 3.20)。

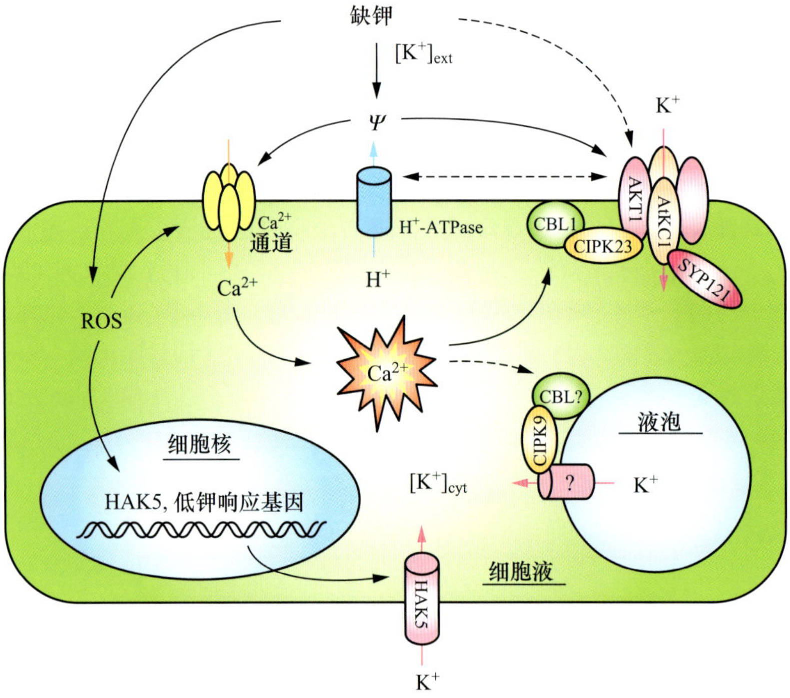

图 3.20　细胞水平上植物响应缺钾胁迫的分子机制(Wang and Wu, 2010)

3.6　作物钾效率的基因型差异与生理机制

钾效率指低钾供应条件下作物生长及形成产量的潜力。钾效率决定于钾的吸收效率(吸收量)(uptake efficiency)和/或植物体内钾的生理利用效率(utilization efficiency)。在很多作物中都发现,钾吸收与利用效率存在显著的基因型差异（表 3.7)。

表 3.7　作物钾效率的基因型差异(Rengel 和 Damon, 2008)

作物	基因型数量	培养介质	培养环境	施钾量（K）	评价时期	钾效率的机制	文献
小麦	154	沙性土	温室	0 或 88 mg/kg	5 周	收获指数，钾利用效率	Damon and Rengel (2007)
	12	沙性土	温室	15 或 100 mg/kg	Zadok 31 及成熟期		
	88	沙性土	田间	0 或 100 kg/hm^2	Zadok 4 及成熟期		
	58	土壤	田间	0	成熟期	收获指数，钾利用效率	Zhang *et al.* (1999)
	4	土壤	田间	0 或 111 kg/hm^2	成熟期		
	3	营养液	温室	0～10 mmol/L	分蘖		
	21	沙壤土	田间	83 kg/hm^2	成熟期	钾利用效率	El-Bassam (1998)
	16	营养液	生长室及自然生长条件	10 μmol/L	3 周及成熟期	收获指数，钾利用效率	Woodend *et al.* (1987)

续表 3.7

作物	基因型数量	培养介质	培养环境	施钾量 (K)	评价时期	钾效率的机制	文献
水稻	134	营养液	温室	5 或 40 mg/L	成熟期	收获指数，钾利用效率	Yang *et al*. (2003)
	9	土壤	田间	0 或 78 kg/hm^2	分蘖及成熟期	收获指数，钾利用效率	
	9	土壤	田间	157 kg/hm^2	成熟期	收获指数，钾利用效率，钾转运	Yang *et al*. (2004)
大麦	10	营养液	生长室	0. 1～500 μmol/L	2 周	K 内流速率	Glass and Perley (1980)
	3	营养液	生长室	不施	幼苗	K 的亚细胞分配	Memon *et al*. (1985)
	11	营养液	生长室	3 mmol/L	幼苗	钾利用效率	Jensen and Pettersson (1980)
油菜	84	沙性土	温室	0 或 88 mg/kg	37 d	钾吸收量，钾利用效率	Damon *et al*. (2007)
	4	沙性土	温室	0 或 125 mg/kg	54 d 及成熟期	无差异	Brennan and Bolland (2007)
马铃薯	10	淋溶土 (Luvisol) 下层土壤	自然条件	0 或 195 mg/kg	29 d 和 83 d	吸收非交换性钾，根长/茎比	Trehan *et al*. (2005)
	3	沙壤/砂	自然条件	0 或 100 mg/kg	19 d 和 45 d	吸收非交换性钾，钾吸收速率	Trehan and Sharma (2002)
菜豆	10	氧化土 (Oxisol)	温室	0 或 200 mg/kg	成熟期	K 分配，收获指数	Fageria *et al*. (2001)
蕃茄	4	砂/沸石	生长室	不施	3 周	根长，K 内流速率高	Chen and Gabelman (2000)
	5	营养液	生长室	5 mg/盆	30～44 d	Na/K 替代能力	Figdore *et al*. (1989)
甘薯	8	沙壤土	田间	0 或 112 kg/hm^2	150 d	根，钾利用效率	George *et al*. (2002)
苜蓿	9	土壤	生长室	0，100 或 200 mg/kg	开花早期	钾利用效率	James *et al*. (1995)

3.6.1 水稻

项虹艳等（2004）在盆栽条件下比较了50个早稻品种和47个晚稻品种对低钾的反应。不同水稻品种耐低钾能力差异很大。在缺钾条件下早稻和晚稻的相对经济产量分别在29.6%～87.53%和18.7%～144.9%，相对生物量分别在41.4%～92.5%和29.3%～138.4%。以低钾/高钾相对产量为指标，早稻品种桂朝13、农林35、清晚秋，晚稻品种桂朝13、I R_8选、本地粳等6个品种属于较耐低钾品种，具有低钾条件下产量高，吸钾量、钾利用效率（该研究中指产量/植株钾浓度）高等特点，尤其是桂朝13表现更为突出。钾高效品种并不是全部都有较高的钾效率比。在不施钾条件下，早稻的钾利用效率比变化范围为1 984～7 978 g^2/g，而晚稻的钾利用效率则为2 579～18 564 g^2/g。胡泓等（2004）的研究表明，在供钾充足条件下，杂交稻协优46的钾吸收量显著大于常规稻秀水11，但其钾利用效率却显著低于秀水11，表现出对钾的奢侈性吸收；在缺钾条件下，杂交稻的钾吸收量低于常规稻，其钾利用效率与常规稻无明显差异。水稻钾利用效率与钾收获指数高度相关，钾收获指数为11%～20%，高钾降低钾收获指数。

在缺钾胁迫条件下，钾高效品种比钾低效品种具有更大的根长、根表面积、体积和总根数（Jia *et al.*，2008）。贾彦博（2008）的研究表明，低钾胁迫下钾高效水稻基因型根重及根体积下降幅度低，根系分泌有机酸含量及其释钾能力高，根系MDA、Pro、SOD活性，及根系活力也明显较高。钾高效基因型具有较小的钾吸收K_m值和C_{min}值，I_{max}值在不同钾效率基因型间无规律性变化（贾彦博，2008）。钾在水稻体内的转运、钾利用效率及收获指数也在钾效率中起重要作用（Yang *et al.*，2003）。

3.6.2 玉米

孙海鹰等（2010）在田间条件下评价了288份我国玉米骨干自交系对低钾的忍耐能力，在减产近50%的土壤低钾条件下（土壤速效钾48 mg/kg），发现供试基因型的钾效率显著差异，并从中筛选出部分钾效率有显著差异的典型自交系，如钾高效的9152、y73、吉林-2、y65、9801，以及钾低效的92-93、8903、y48、8112等。曹敏建等（1999）研究发现，玉米钾吸收效率基因型差异主要决定于钾吸收能力。吸钾量主要与主根上的侧根数关系密切，同时，根系质子分泌能力与钾吸收能力有显著正相关。于海秋等（2007）和郭焕茹（2009）的研究进一步证实，钾高效玉米基因型具有较多的根和较高的根长、根表面积、根体积、根干重，根直径则小于钾敏感型基因型。钾利用效率没有差异。

吕福堂和张秀省（2010）比较了12个玉米基因型的钾效率，其中包括农大108、农大3138、农大86、368、4967、白糯4号、甜玉米8号、超甜1号、郑单958、鲁玉18、93-1、登海9号。在沙土极度缺钾条件下（幼苗耗竭实验），农大86吸钾能力最强，钾积累量最大；甜玉米8号吸钾能力弱，钾积累量少，农大86吸收的钾是甜玉米8号的2倍多（表3.8）。这种条件下，玉米可以大量吸收矿物钾，吸钾能力强的基因型吸收矿物钾的比例也大，农大86吸收的矿物态钾高达70%。不同基因型对土壤速效钾和缓效钾的吸收量无显著差异（表3.9）。土培低钾土壤条件下，农大86吸钾能力强，甜玉米和聊玉18钾利用效率高。在施钾以后，农大108、3138、368、登海9号、93-1增产率大，农大86、甜玉米8号、超甜1号增产率低。钠对钾替代作用的研究表明，不同基因型玉米钾效率虽然不同，但对钠的吸收差异不显著，植株含钠浓度没有基因型差异。不同基因型玉米无论高钾还是低钾条件，对钠的吸收没有明显的差异，钾高效、耐低钾基因型玉米不存在钠、钾替代现象。

表 3.8 不同玉米基因型的钾吸收量、植株钾浓度及钾利用效率

（吕福堂和张秀省，2010）

品种	第一茬				第二茬			
	干物重 /（g/盆）	植株钾 浓度/%	净吸钾量 /（mg/盆）	钾利用效率 /（mg/mg）	干物重 /（g/盆）	植株钾 浓度/%	净吸钾量 /（mg/盆）	钾利用效率 /（mg/mg）
农大 86	10.91	1.04	95.9	96.1	5.46	0.95	33.3	105.2
白糯 4 号	10.86	0.95	82.2	105.3	5.02	0.85	21.7	117.6
郑单 958	11.57	0.90	82.0	111.1	5.34	0.80	20.6	125.0
鲁玉 18	11.17	0.94	79.6	106.4	5.39	0.81	18.3	123.4
4967	11.61	0.79	69.8	126.6	5.28	0.75	17.4	133.3
登海 9	11.29	0.81	68.3	123.4	5.24	0.76	16.6	131.5
93-1	10.82	0.80	68	125.0	5.01	0.72	17.5	138.8
农大 108	11.33	0.78	67.2	128.2	5.10	0.74	16.5	135.1
3138	10.76	0.77	61.5	129.9	5.13	0.73	16.1	136.9
368	11.34	0.73	61.4	136.9	5.05	0.70	13.9	142.8
超甜 1 号	10.11	0.72	47.9	139.4	4.90	0.69	9.2	144.9
甜单 8 号	10.02	0.68	46.8	147.1	4.79	0.64	9.2	156.2

注：每茬实验玉米生长 30 d。每盆 20 株苗，每盆装土 500 g。

表 3.9 缺钾条件下不同玉米基因型对不同形态钾的吸收（吕福堂和张秀省，2010）

品种	第一茬						第二茬					
	K_E /mg	K_A /mg	K_M /mg	K_E/K_T (%)	K_A/K_T (%)	K_M/K_T (%)	K_E /mg	K_A /mg	K_M /mg	K_E/K_T (%)	K_A/K_T (%)	K_M/K_T (%)
超甜 1 号	5.9	14.6	27.4	12.3	30.5	57.2	1.9	5.1	2.2	20.7	23.9	23.9
农大 86	7.8	19.2	68.9	8.1	20.0	71.9	1.8	6.7	24.8	5.4	74.5	74.5
农大 108	7.2	16.3	43.7	10.7	24.2	65.0	1.6	5.9	9.0	9.4	53.5	53.5
白糯 4 号	7.6	18.4	56.2	9.3	22.4	68.3	1.8	6.2	13.7	8.3	63.1	63.1
3138	7.5	17.5	36.5	12.2	28.5	59.3	1.5	6.0	8.6	9.3	54.4	54.4
368	7.5	16.0	37.9	12.2	26.1	61.7	1.4	5.6	6.9	10.1	49.6	49.6
4967	7.8	17.5	44.5	11.2	25.1	63.7	1.2	6.5	9.7	6.9	55.5	55.5
甜单 8 号	6.5	14.5	25.8	13.9	31.0	55.1	2.0	4.0	3.2	21.7	34.8	34.8
登海 9 号	7.0	16.5	44.8	10.3	24.1	65.6	1.7	6.3	8.6	10.2	51.8	51.8
郑单 958	7.5	17.5	57.0	9.2	21.3	69.5	1.5	7.0	12.1	7.3	58.7	58.7
鲁玉 18	7.6	18.4	53.6	9.6	23.1	67.3	1.6	6.3	10.4	9.0	56.3	56.3
93-1	6.5	16.0	45.5	9.6	23.5	66.9	2.0	6.0	9.5	11.4	54.3	54.3

注：K_E，速效钾；K_A，缓效钾；K_M，矿物钾；K_T，总钾。

马丽琼（2006）的研究表明，低钾胁迫加速了玉米根系木质化，根系活跃吸收面积降低，根系氧化力减弱，这是导致玉米生长受抑制的直接原因。与钾低效率型玉米（沈单 16）

相比，钾高效率型玉米新品种（丹玉 39、沈农 1 号、辽单 127）在同等条件下受到低钾胁迫的影响要小得多。在中期，钾高效基因型可以维持较高的叶绿素含量和光合速率，提高植株体内渗透调节物质的含量，提高补偿生长能力，使植株叶片可以维持增长，提高叶面积，而且在生育后期能够减缓叶片的衰老速度，在较长的时间内保持较高的绿叶面积，基本不会出现缺钾叶片的标志性的黄化的症状，提高了干物质合成量为产量的提高打下了基础。低钾条件下，叶片中可溶性糖含量积累，光合速率降低。两种不同钾营养效率型之间差异显著，钾高效率型受到的影响小。

3.6.3 小麦

不同的基因型比较试验表明，偃师 4110（韩燕来等，2006）、太核 5025（邹春琴等，2002）是钾高效品种（表 3.10）。在低钾胁迫下，钾的生理利用效率基因型差异显著，施钾后，扬花前各品种差异不显著，扬花期后则存在差异。高效吸收钾的小麦品种根系长、半径小、吸收面积大、K_m小、I_{max}大（邹春琴等，2001）。赵学强（2003）的研究中，小麦 K^+ 钾素营养效率与根长、根冠比、根系总吸收面积和活跃吸收面积没有直接关系，与根体积、根鲜重、根数量、根比表面积关系密切。他们进一步比较了磷高效（温 6-986、周麦 13、新 9、百农 64）、磷中效（温 10、高优 503）与磷低效小麦（远丰 898、予农 015）的钾吸收动力学参数，结果表明，在低钾条件下，磷高效品种具有高的 I_{max} 和低的 K_m 值，磷低效小麦则相反，具有高的 K_m 值和低的 I_{max} 值。在较高钾处理水平下，由于地上部的反馈作用，动力学参数与钾效率的关系不一致。Damon 和 Rengel（2007）的研究则表明，收获指数是小麦钾高效的决定因素。

表 3.10　小麦钾效率的基因型差异（邹春琴等，2002）

品种（系）	籽粒产量/（g/盆）		相对产量/%	钾效率划分
	施钾	不施钾		
太核 5.25	23.7	22.1	93.2	高效低响应度
6154	23.1	17.5	75.8	低效高响应度
92117	22.8	19.5	85.5	高效高响应度
京选偃 6	21.5	19.1	88.8	高效低响应度
秦核 1 号	20.8	18.1	87.0	低效高响应度
京核 1 号	16.9	17.1	100.6	低效低响应度

根际钾动态与钾效率的关系比较复杂。邹春琴等（2000）进一步研究了 4 个不同钾效率小麦品种根际速效钾、缓效钾的动态变化（图 3.21 和图 3.22）。在不施钾条件下，低效低响应型品种京核 1 号根际速效钾和缓效钾的耗竭程度较大，这与其苗期吸钾量相一致，可能不利于其后期吸钾。相反，高效低响型品种太核 5025、低效高响型品种 6154 的根际速效钾和缓效钾的耗竭程度都较小，可能与其根际活化钾能力有关，需要深入研究。而中间类型品种京选偃 6 的根际钾耗竭程度更小。

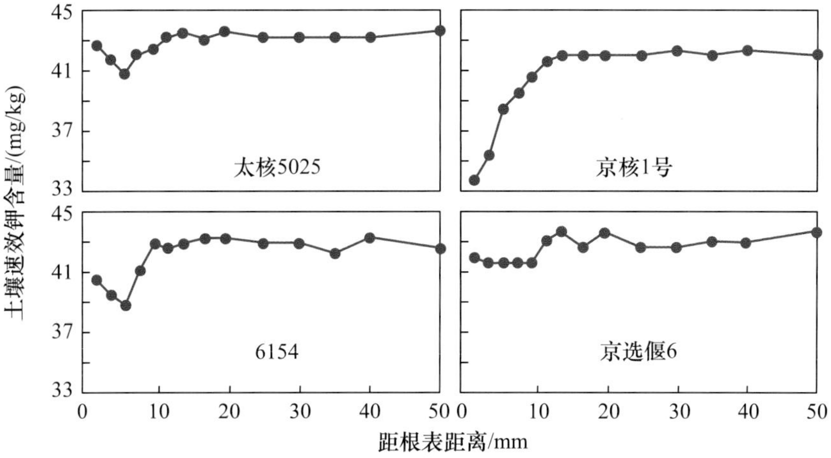

图 3.21 小麦根际土壤速效钾的耗竭（邹春琴等，2000）

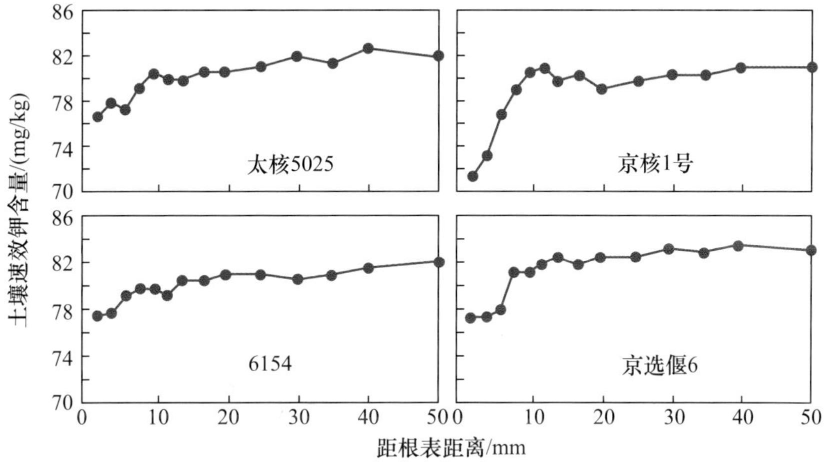

图 3.22 小麦根际壤缓效钾的耗竭（邹春琴等，2000）

3.6.4 其他作物

华中农业大学在棉花钾高效种质资源筛选及钾效率生理基础方面开展了多年的工作（姜存仓等，2003，2005，2006，2007，2008；夏颖，2010）。姜存仓等（2007）利用苗期钾效率系数（低钾生物量/高钾生物量）为指标，从 86 份棉花种质资源中筛选出 4 个不同类型品种，又经过全生育期土培试验验证，以产量的钾效率系数为指标，确定 103 是钾高效高潜力品种、122 是钾低效低潜力品种、163 和 165 是钾高效低潜力品种。发现 103 具有高效吸收速效钾、活化缓效钾的能力，并具有较高的钾利用效率，在叶片钾浓度较低条件下获得较高的产量。进一步研究表明，103 的根冠比大，在缺钾和施钾时其根系干重分别为 122 的 1.07 倍和 1.26 倍。说明 103 的根系发育较好，为其具有较强的吸收能力提供了物质基础。103

干物质和钾素的分配主要是供应棉桃，缺钾和施钾时 103 棉桃干重分别是 122 的 2.58 倍和 1.90 倍。缺钾时 103 棉桃钾素的积累量是 122 的 1.98 倍，施钾时 122 桃的钾积累量只有 103 的 50%。缺钾条件下，二者的落叶损失的钾差异不大，但落蕾造成的损失有很大差异。103 的坐棉桃能力较强，所以 103 的钾利用效率显著较高。夏颖（2010）深入研究了钾高效棉花 103 与钾低效品种 122 的生理基础，发现钾高效品种 103 有以下特点：①坐桃期早，较早进入生殖生长期。②全株干重高，但根冠比小，营养器官所占比例小。③籽棉产量高。而且嫁接实验条件下，砧木相同时 103 作为地上部时的籽棉产量均高于 122 作接穗的植株。接穗相同时，在缺钾条件下 103 做砧木时产量高。④收获指数高，钾利用指数高。⑤缺钾条件下，具有较高的总根长、根表面积、根体积、主根长、平均直径、根鲜重、根干重、根伤流量，具有较低的 I_{max}，K_m，C_{min}。⑥较高的钾积累量。通过嫁接发现，缺钾时以 103 为砧木或接穗的植株增色具有较高的吸钾量。说明钾积累量和砧木密切相关，但同时也受不同的接穗的影响。

张志勇等（2007）比较了转基因抗虫棉中棉所 41 与常规棉中棉所 36、中棉所 35 三个品种苗期钾吸收效率，发现在正常供钾条件下（0.5 mmol/L），中棉所 35 和中棉所 41 苗期生物量和体内钾吸收量显著高于中棉所 36。中棉所 35 吸钾量多主要与其根系活跃吸收表面积大有关；中棉所 41 的吸钾量多可能是相对较大的根系活跃吸收表面积和相对较高的 I_{max} 综合作用的结果。

Glass 和 Perley（1980）在大麦中的研究表明，K^+ 内流速率、K_m 值可以较好地反映品种间对钾吸收量的差异，尤其是在不同品种植株混合培养条件下。谢少平等（1989）的研究也与此有相同的结论。

甘薯是需钾较多的作物。陆国权和丁守仁（2001）评价了 70 份甘薯种质的钾效率，发现供试甘薯品种的钾效率比（块根产量/钾吸收量）的变幅为 16.3～166.6，每生产 100 kg 薯块所需的钾素为 0.60～6.14 kg。块根干重与钾效率比有极显著的正相关，但相关系数仅有 0.37。George 等（2002）在田间研究了 84 个甘薯品种的钾效率、钾效率比（产量/植株钾含量，相当于钾利用效率）与单株根重、根冠比、收获指数呈显著正相关，与根及全株的钾积累量和钾浓度呈负相关。

在大豆中，汪自强和董明远（1996）较早研究了钾效率的基因型差异，他们发现 9 个大豆品种的钾效率比（产量/吸钾量）在供钾条件下平均为 24.3 g/g，在缺钾下平均为 33.3 g/g。钾收获指数在供钾条件下为 48%，在缺钾条件下为 60%。8712、8624 和华春 14 属于高产高效品种。在沈阳农业大学曹敏建小组对 80 份大豆种质资源进行了钾效率评价（王伟等，2005）。结果表明，耐性不同的品种（系）在叶绿素含量和产量等方面的差异十分显著，认为大豆始花期是判断其对低钾耐性的关键时期。根据产量高低及耐性系数（低钾产量/高钾产量）将不同基因型大豆品种（系）分为高产敏感型、高产不敏感型、低产敏感型、低产不敏感型等四种钾营养效率型。以此为依据筛选出耐低钾能力较强和较弱的典型品种（表 3.11）。王晓光等（2008）比较了钾高效型大豆沈农 6 号和钾低效型大豆铁 95079-2 的差异，在盆栽条低钾条件下，钾高效型大豆沈农 6 号的干物重、钾素积累量、吸钾速率的下降幅度较小，植株地上部钾素积累量在结荚鼓粒期明显较高。他们比较了钾高效大豆品种九农 15 和低效品种 GD8521 钾素利用效率，发现低钾胁迫下九农 15 植株根系和叶片中的钾含量均较高，而低效品种 GD8521 吸收的钾却富集在茎秆中（王伟等，2007）。

表 3.11 东北大豆不同品种对低钾的反应（王伟等，2005）

类型	品种（系）名	低钾处理产量 /（kg/hm²）	施钾处理产量 /（kg/hm²）	耐性系数
高产敏感型	DG578	2 552.9	4 012.9	0.636 2
	95180A-5	2 884.2	4 573.3	0.630 6
	GD1980	2 532.9	3 741.3	0.677 0
	铁丰 31 号	3 436.3	5 736.7	0.599 0
高产不敏感型	GD2730	3 510.4	3 569.6	0.984 3
	九农 20 号	2 807.5	3 507.9	0.800 3
	九农 22 号	3 396.3	3 666.3	0.926 4
	95130A-10	3 325.4	3 507.1	0.948 2
	铁丰 27 号	3 210.8	3 827.9	0.838 8
	沈农 6 号	3 510.4	3 514.6	0.998 8
低产敏感型	GD8521	1 120.8	2 186.7	0.512 6
	95154-6	1 785.0	2 699.2	0.661 3
	95109 特-3	1 733.3	2 760.4	0.627 9
	GD2605	1 475.0	2 735.8	0.539 1
	92082-41	1 993.8	3 245.4	0.614 3
	铁 95086-5	1 168.3	2 637.1	0.443 0
	铁丰 29 号	1 395.0	3 487.5	0.400 0
低产不敏感型	GD2989	1 399.2	1 732.5	0.807 6
	GD2832	1 901.3	2 112.1	0.900 2
	GD2872	1 892.5	2 306.7	0.820 4
	GD584	1 130.4	1 303.8	0.867 1
	GD1617	1 903.3	2 000.4	0.951 5
	GD2331	1 942.1	2 056.7	0.944 3

3.7 作物钾高效遗传信息及遗传改良

钾效率的形成涉及吸收、利用、转运等诸多生理过程，钾又是调节植物体内酶促反应最多的元素之一，因此，钾效率的控制必然是多基因的，在不同作物上进行的大量早期的实验表明，钾吸收、利用效率均由加性多基因控制（表 3.12）。阎洪奎等，2003）以耐性指数为指标，进行钾效率的数量遗传学分析。结果表明：钾效率性状受多基因控制，存在加性、显性和互作现象，极耐与中等耐性基因型的遗传差异以负显性和加显互作为主；极耐与不耐基因型间所有效应均存在，而且有显性的正向互作现象；负显性效应和加性互作是钾低效的主要原因。

表 3.12 植物钾效率的遗传信息

作物	钾效率遗传信息	资料来源
玉米、番茄	钾素有效利用的不完全显性现象	Harvey，1939
玉米	叶片和籽粒中含钾量由多基因控制，主要为加性基因	Gorsline，*et al.*，1964
菜豆	低钾条件下，地上部干物质积累能力由单基因控制，keke 为钾高效利用基因型	Shea *et al.*，1967
苜蓿	加性基因互作对植物中含钾量起决定作用	Buss *et al.*，1975
番茄	钾素利用效率主要由加性基因控制	Amiris *et al.*，1978
番茄	钾素利用效率的显性现象，基因具有累加作用，$h^2=60$	Gabelman & Gerloff，1983
春小麦	Ae. squarrosa，Ae. speltoides，Ae. sharonensis，Ae. comoda，Ae. variabilis 的细胞质对黏粒含钾量有良好作用。Ae. squarrosa 和 Ae. comoda 的细胞质对钾素吸收有良好作用	Bochev *et al.*，1983
水稻	低钾条件下，产量的广义遗传力为 20%～50%，苗期干物质重的广义遗传力为 16%～46%，狭义遗传力为 18%～44%	李共福，1985
水稻	杂交 F1 代的吸收、转运效率高于中亲值	谢少平，倪晋山，1990

与氮、磷相比，钾效率及其相关性状的 QTL 定位工作还十分有限。Wu 等（1998）利用 123 个由 IR64 和 Azucena 建立的 DH 系，在水培条件下定位了水稻苗期钾效率相关性状（株高、干物重、钾浓度、钾吸收量），发现有 175 分子标记与这些性状有关。在其他研究中，鉴定出一些与地上部钾浓度有关的 QTL（Lin *et al.*，2004；Harada and Leigh，2006）。

缺钾症可以作为钾效率的间接筛选指标之一。孙海鹰等（2010）调查玉米拔节期叶片缺钾症状，将有缺钾症状的叶片数占叶片数的百分比作为指标，发现该指标与低钾下的产量和耐性系数（低钾产量/高钾产量）之间均存在中等程度的负相关，相关系数分别为－0.49 和－0.48。有些人用耐性系数作为钾效率的筛选指标，需要注意的是，有些耐性系数高的基因型是因为本身生物量小，对钾的需求低，其在育种中的价值不大。

多种作物上的研究结果均表明，根系形态、根系活化难溶性钾（如分泌质子及有机酸能力）、根系吸钾动力学参数可以作为钾高效品种的辅助筛选指标。但是，由于不同作物对钾的吸收机制不同，其相应的改良指标可能要区别对待。比如在 Steingrobe 和 Claassen（2000）的研究中，与马铃薯相比，小麦和甜菜的钾效率较高（达到最大生长量所需的钾供应强度较低）（图 3.23），但小麦主要依靠较强大的根系吸收钾，其最大吸收速率并不高。而甜菜则主要依靠吸钾（进而促进非交换性钾释放）的能力，其最大吸钾速率 I_{max} 高，K_m 值低，对根际钾的耗竭能力显著高于小麦（图 3.24 和图 3.25）。

刘国栋和刘更另（1996）提出用液培法对不同水稻基因型进行苗期耗钾速率的直接筛选，是高效选择钾吸收速率高的水稻基因型的方法之一。合适的筛选浓度应当是既能使高效吸钾的基因的优势得到发挥，又能使低效吸钾基因型有足够的吸钾压力。他们发现，在五叶期进行筛选较好，筛选籼稻和粳稻不同基因型的合适 K^+ 浓度为 0.2 mmol/L；而筛选籼型杂交稻基因型的 K^+ 浓度则为 0. 4 mmol/L。他们还认为，钾吸收速率计算应该用株为单位计算，而不是以根重或根长为单位。因为钾吸收速率高可能是由于较大的根系，或者较高的单位根吸收

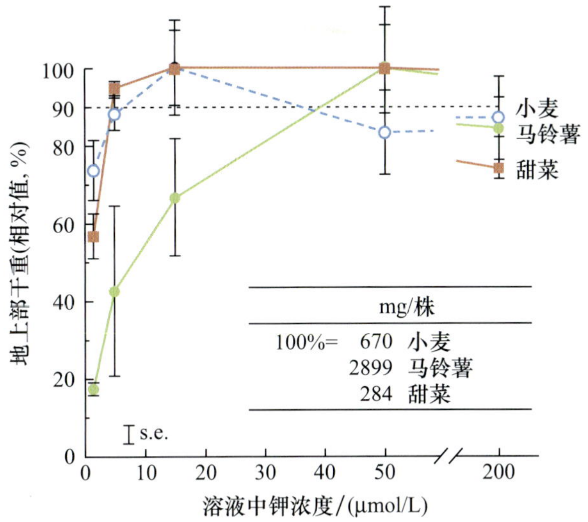

图 3.23 供钾强度对小麦、甜菜和马铃薯地上部生长和吸钾量的影响
(Steingrobe and Claassen, 2000)(溶液流动培养体系)

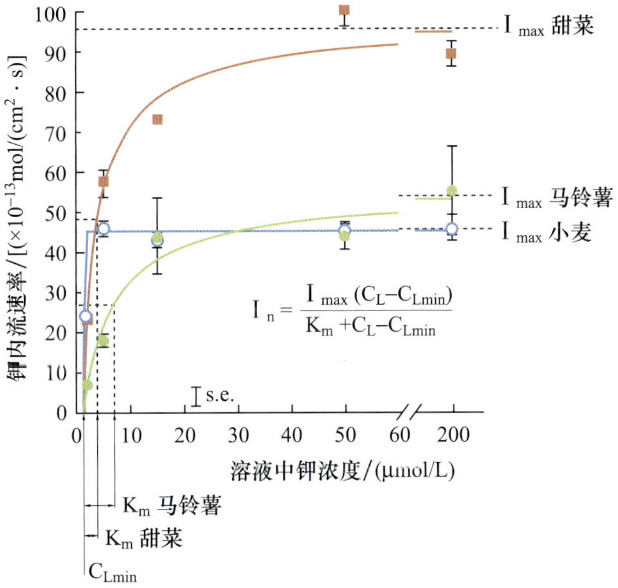

图 3.24 小麦、甜菜和马铃薯的吸钾动力学参数比较
(Steingrobe and Claassen, 2000)(溶液流动培养体系)

速率。对于有较大根系的钾高效品种而言，如果用单位根重计算吸钾速率，则钾吸收效率高的基因型反而吸钾速率低，无法得到筛选。但是这种方法也有缺点，吸钾速率实际上相当于吸钾量，由于生物量决定了钾的库的大小，在足够缺钾条件下，生物量大的基因型对钾需求高，因此这种方法受到植株生物量的影响很大。他们利用上述方法，对 86 种籼稻基因型进行了筛选比较。结果表明，无论是吸钾速率、钾素利用效率还是生物量，籼稻的基因型差异十分显

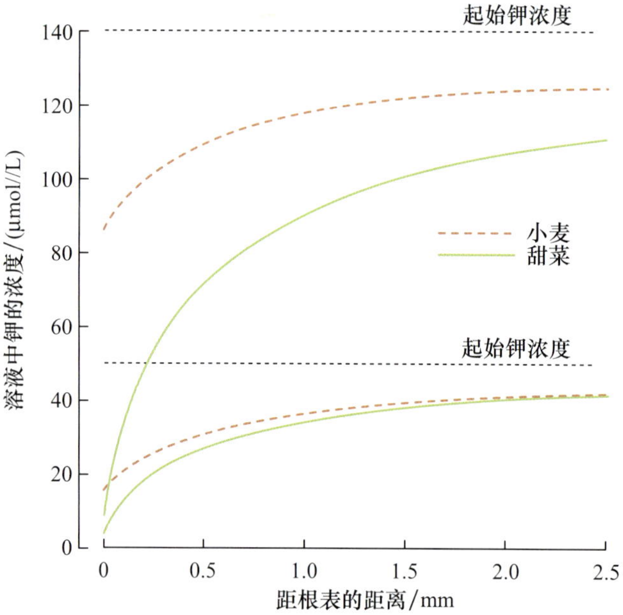

图 3.25　两个起始供钾浓度条件下小麦（wheat）和甜菜（sugar beet）根际钾的耗竭能力（Steingrobe and Claassen，2000）

著：最大吸钾速率为 I R-15138-115-1-1-2-2，达到 664 nmol K^+/（株・h）。而最小吸钾速率为 IR47761-27-1-3-6，只有 232 nmol K^+/（株・h），相差近 3 倍（刘国栋和刘更另，2002）。

不同穗型水稻品种对低钾的耐性可能不同，对比直立穗品种沈农 265，半直立穗型品种辽粳 294 的生物量及产量对低钾更敏感（宋桂云等，2006）。分蘖至抽穗期是两品种钾素积累高峰期，积累钾量达到全生育期积累量的 2/3 左右，抽穗前半直立穗型品种辽粳 294 积累得多，抽穗后直立穗型品种沈农 265 吸收钾较多。沈农 265 对低钾胁迫的敏感性较低，但其产谷效率（钾生理利用效率）显著低于半直立穗型品种辽粳 294。

理论分析，由于钾在植物体的流动性很强，在籽粒中钾的浓度又很低，因此，无论是营养生长期还是生殖生长期，植株体内钾的总量可能是决定小麦、玉米、水稻等作物生物量及籽粒产量的最主要因素，而植物体内钾的利用效率则相对作用较小。比如在小麦中的研究表明，低钾土壤上各基因型的吸钾量与经济产量间存在极显著的正相关（r=0.95），说明作物吸钾量可作为田间直接筛选的评价指标，而钾利用效率不宜作为筛选指标（杨振明等，1998）。但赵学强（2006）的研究表明，籽粒钾累积量、籽粒钾利用效率（产量/植株钾累积量）与产量的相关性都呈显著正相关（表 3.13）。韩燕来（2006）的盆栽试验表明低钾供应下 27 个小麦品种的钾利用效率（产量/总吸钾量）变异范围为 32～122 g/g，平均 74 g/g；高钾供应时变异范围为 23～81 g/g，平均 28 g/g。在同一施钾水平分析不同小麦品种产量与钾素利用效率的相关系数，在低钾和高钾供应条件下分别达到 0.807 5^{**} 和 0.674 1^{**}。这说明小麦对钾的利用效率高低与钾效率密切相关。

表 3.13 小麦筛选指标与经济产量之间的相关（赵学强等，2006）

筛选指标	K_0			K_1		
	大田	土培	砂培	大田	土壤	砂培
植物钾浓度	−0.080	−0.75	−0.646	−0.282	−0.467	−0.408
籽粒钾浓度	0.393	0.560	0.093	0.287	0.250	−0.153
植物吸钾量	0.567	−0.039	0.673*	0.500	0.768**	0.286
籽粒含钾量	0.924**	0.983**	0.844**	0.883**	0.931**	0.260
生物钾利用效率	0.080	0.762**	0.594	0.299	0.440	0.431
籽粒钾利用效率	0.642*	0.934**	0.849**	0.629*	0.812**	0.744**

作物体内钾利用效率基因型差异的生理原因值得深入研究。收获指数差异可能是造成钾利用效率差异的主要原因之一。在生理学研究中，钾效率主要是以地上部生物量的高低来决定的。这些研究有利于阐明钾效率的生理学机制。但在田间植株水平上，作物的钾效率以产量为终极目标，苗期以生物量为指标的钾效率与田间以产量为目标的钾效率之间是否相关，往往取决于作物的收获指数。当收获指数相同时，以生物量计算的钾效率应该与以产量计算的钾效率相一致。相反，如果一组相比较的基因型之前，如果收获指数相差很大，则以生物量与产量计算的钾效率之间相关低（Woodend and Glass，1993）。研究表明，作物钾的利用效率与收获指数常具有正相关，这在甘薯（Geroge *et al.*，2002）、水稻（Yang *et al.*，2007）、小麦（张国平和张国恒，1996；Zhang *et al.*，1999）中都有类似报道。在以块根为收获器官的甘薯中，钾利用效率还与根重与根冠比显著正相关，但是，与钾积累量呈显著负相关（Geroge *et al.*，2002）。与氮素不同，钾在收获器官中的含量并不是小麦、玉米、水稻等主要作物籽粒品质的主要指标，因此，通过选择籽粒中钾浓度低的基因型，可能是提高钾利用效率的重要途径。

虽然已经克隆了大量的与钾吸收有关的基因，但在作物中的超表达研究还较少。将 *AtAKT1* 在拟南芥中过表达后，过表达材料并不表现明显的钾营养吸收优势，但过量表达 *CIPK23*、*CBL1* 或 *CBL9* 等拟南芥 *AKT1* 的上游激活因子却能显著增强转基因植株在低钾条件下的钾吸收能力（Xu *et al.*，2006）。这可能是因为调控植株钾营养效率的主要方式是 AtAKT1 通道活性的调控。施卫明等（2002）、严蔚东等（2002）将拟南芥钾离子通道基因 *AKT1* 和 *KAT1* 转入水稻后，转基因植株的钾吸收速率和对钾的累积能力都有明显的增强。随着农作物转基因技术水平的提高，相信在不久的将来，转基因技术将在钾效率遗传改良中发挥重要作用。

根系性状的遗传改良可能对提高钾获取效率起重要作用，可这方面的研究进展尚比较缓慢。近十余年来，在玉米、水稻等作物中发现了很多控制根系性状的突变体，比如，我国浙江大学吴平小组在水稻中鉴定出多个控制水稻节根及根毛发育的突变体及相应的功能基因（*OsARL1*、*OsCAND1*、*OsEXP1* 等）。德国 Hochholdinger 小组在玉米中鉴定出了多个影响侧根发育的突变体（*rtcs*、*rt1*、*rum1*、*lrt1*、*slr1* 和 *slr2* 等）及根毛发育的突变体（如 *rth1*、*rth2* 和 *rth3*），克隆了其中的部分基因（Hochholdinger and Tuberosa，2009；安霞等，2010）。发掘这些基因的优良等位基因，用于钾养分高效根系育种，也可能提高钾的吸收效率。

参考文献

安霞，库来宝，米国华，陈范骏，顾日良，袁力行 . 2010. 玉米根系发育突变体及相关基因研究进展 . 植物营养与肥料学报，16：1006-1012.

曹敏建，王淑琴，松本英明 . 1999. 玉米自交系对低钾胁迫耐性的差异 . 作物学报，25：254-259.

常建智 . 2010. 黄淮海超高产夏玉米生长发育及养分吸收积累规律研究 . 河南农业大学农业推广硕士学位论文（导师：李潮海，程相文），郑州.

陈际型 . 1997. 钾素营养对水稻根系生长和养分吸收的影响 . 土壤学报，34：182-188.

党红凯 . 2007. 超高产冬小麦营养元素吸收、积累与分配规律的研究 . 河北农业大学硕士学位论文（导师：李雁鸣）.

高伟 . 2008. 我国北方不同地区玉米（*Zea mays L.*）养分吸收与利用研究 . 中国农业科学院博士学位论文（导师：金继运）.

郭焕茹，于海秋，蒋春姬，夏乐，刘宇，曹敏建 . 2009. 低钾下不同耐性玉米苗期根形态及钾效率的差异水平 . 作物杂志，62-65.

韩燕来，刘新红，王宜伦，谭金芳 . 2006. 不同小麦品种钾素营养特性的差异 . 麦类作物学报，26：99-103.

侯飞 . 2009. 超高产小麦生长生理及主要养分积累分配规律的研究 . 河南师范大学硕士学位论文（导师：姜丽娜）.

胡泓，王光火，张奇春 . 2004. 田间低钾胁迫条件下水稻对钾的吸收和利用效率 . 中国水稻科学，18：527-532.

贾彦博 . 2008. 水稻（*Oryza sativa L.*）钾高效营养的生理机制研究 . 浙江大学博士学位论文（导师：杨肖娥）.

姜存仓，陈防，鲁剑巍，高祥照，万开元，年夫照，王运华 . 2007. 钾高效基因型棉花的筛选及其生理机制的研究 . 土壤，39：932-937.

黄绍文，金继运，王泽良，程明芳 . 1998. 北方主要土壤钾形态及其植物有效性研究 . 植物营养与肥料学报，4：156-162.

姜存仓，陈防，鲁剑巍，高祥照，万开元，年夫照，王运华 . 2008. 低钾胁迫下两个不同钾效率棉花基因型的生长及营养特性研究 . 中国农业科学，41：488-493.

姜存仓，高祥照，王运华，鲁剑巍，徐芳森，石磊 . 2005. 不同基因型棉花苗期钾效率差异及其机制的研究 . 植物营养与肥料学报，11：781-786.

姜存仓，袁利升，王运华，鲁剑巍，徐芳森 . 2003. 不同基因型棉花苗期钾效率差异的初步研究 . 华中农业大学学报，22：564-568.

金继运，何萍，1999. 氮钾营养对春玉米后期碳氮代谢与粒重形成的影响 . 中国农业科学，32：55-62.

李廷轩，马国瑞 . 2004. 籽粒苋不同富钾基因型根际钾营养与根系特性研究 . 水土保持学报，18：90-93.

林春华，黄亮华，张舞，陈永泉，郭振飞．1998. 缺氮、磷、钾、钙、镁对芥蓝硝酸盐积累、硝酸还原酶和过氧化物酶活性的影响．华南农业大学学报 19：55-58.
林咸水，孙羲．1995. 不同水稻品种对钾的吸收及其对钾肥的反应．土壤学报，32：77-83.
刘国栋，刘更另．1996. 水稻耐低钾基因型筛选方法的研究．土壤学报，33：113-120.
刘国栋，刘更另．2002. 籼稻耐低钾基因型的筛选．作物学报，28：161-166.
刘宁．2008. 高产施肥模式下春玉米氮磷钾营养规律研究．吉林农业大学硕士学位论文（导师：曹国军），长春.
刘艳丽，胡锋，张斌．2008. 长期施钾肥水稻土对铵离子吸附特征及影响因素的研究．土壤，40：575-579.
陆国权，丁守仁．2001. 甘薯钾素利用效率的基因型差异研究．植物营养与肥料学报，7：357-360.
吕福堂，张秀省，2010. 不同基因型玉米吸钾特性和耐低钾机理研究．玉米科学，18：61-65.
马丽琼．2006. 钾营养效率型玉米的生长及生理特性的研究．沈阳农业大学硕士论文（导师：曹敏建）. 沈阳．
沈钦华，王火焰，周健民，杜昌文，陈小琴．有 2009. 含钾矿物中钾的释放及其与溶液环境中离子种类的关系．土壤，41：862-868.
施卫明，王校常，严蔚东，汤利，安志装，何锶洁，田文忠，曹志洪．2002. 外源钾通道基因在水稻中的表达及其钾吸收特征研究．作物学报，28：375-378.
宋桂云，徐正进，陈温福，张文忠，贺梅，张喜娟．2006. 田间低钾对不同穗型水稻钾的吸收和利用效率的影响．华北农学报，21：89-94.
孙海鹰，李春红，孙晶，曹敏建．2010. 低钾耐性玉米自交系的筛选与评价．杂粮作物．30：167-170.
谭德水，金继运，黄绍文．2007. 长期施钾对东北春玉米产量和土壤钾素状况的影响．中国农业科学，40：2234-2240.
王宏庭，金继运，刘荣乐．2002. 山西省几种典型土壤供钾能力评价．植物营养与肥料学报，8：144-151.
王强盛，甄若宏，丁艳锋，朱艳，王绍华，曹卫星．2009. 钾对不同类型水稻氮素吸收利用的影响．作物学报，35：704-710.
王伟，曹敏建，綦左莹，何萍，许海涛．2007. 不同大豆品种对钾素吸收和利用效率差异的比较研究．大豆科学，26：561-564.
王伟，曹敏建，周春喜，李植，张辉．2005. 大豆耐低钾胁迫品种（系）的筛选．大豆通报，4：7-8.
王为木，杨肖娥，魏幼璋，叶正钱，刁维萍．2005. 水稻不同基因型吸收利用土壤钾素的差异．浙江大学学报（农业与生命科学版），31：52-58，200.
王晓光，曹敏建，于海秋，蒋文春，李兴涛．2008. 不同基因型大豆吸收利用钾素的差异分析．沈阳农业大学学报，39：520-524.
王毅，武维华．2009. 植物钾营养高效分子遗传机制．植物学报，44（1）：27-36.
汪自强，董明远．1996. 不同钾水平下春大豆品种的钾利用效率研究．大豆科学，15：

202-207.
汪自强，陶秀明，董明远．1997. 不同供钾水平下春大豆的氮积累和利用．中国农业科学，30：20-25.
夏颖．2010. 不同棉花基因型钾吸收和利用效率差异的机理研究．华中农业大学硕士学位论文（导师：姜存仓，鲁剑巍）．
项虹艳，丁洪，郑金贵，李卫华，林勇．2004. 耐低钾水稻品种的筛选．江西农业大学学报，24：338-344.
谢建昌．2000. 钾与中国农业．南京：河海大学出版社，56-69.
谢建昌．1981. 土壤钾素研究的现状和展望．土壤学进展，1：1-16.
许曼丽，刘芷宇．1983. 土壤一根系微区养分状况的研究，II. 钾离子的富集与亏缺．土壤学报，20：295-302.
阎洪奎，曹敏建，胡兴波．2003. 钾高效玉米遗传规律的研究．玉米科学，11：83-85.
严蔚东，王校常，何锶洁，汤利，安志装，田文忠，施卫明，曹志洪．2002. 利用外源钾通道基因改良水稻钾素营养．中国水稻科学，16：77-79.
杨铁钊，杨志晓，林娟，翟争光，王霞，朱云集．2009. 不同烤烟基因型根际钾营养和根系特性研究．土壤学报，46：646-651.
杨振明，李秋梅，王波，鲍士旦，史瑞和．1998. 耐低钾冬小麦基因型筛选方法的研究．土壤学报．35：376-383.
杨振明，王波，鲍士旦，史瑞和．1998. 耗竭条件下冬小麦的吸钾特点及其对土壤不同形态钾的利用．植物营养与肥料学报，1998，4：43-49.
于海秋，夏乐，郭焕茹，徐萍，曹敏建．2007. 玉米耐低钾的根系吸收机制初探．安徽农业科学，35：10603-10604，10637.
张国平，张国恒．1996. 小麦钾素利用效率的基因型变异和相关分析．浙江农业大学学报，22：279-283.
张会民，徐明岗，吕家珑，刘骅，石孝均，黄绍敏．2007. 长期施钾下中国 3 种典型农田土壤钾素固定及其影响因素研究．中国农业科学，40：749-756.
张浙玲，王敬国，曹一平．1994. 不同植物对矿物结构钾利用能力的比较．中国农业大学学报，4：67-71.
张志勇，田晓莉．2007. 棉花品种间苗期钾吸收效率的差异研究．棉花学报，19：47-51.
赵学强．2003. 不同基因型小麦品种钾效率差异性研究．河南农业大学硕士学位论文（导师：介晓磊）．
赵学强，介晓磊，谭金芳，许仙菊，李有田．2006. 钾高效小麦基因型的筛选指标和筛选环境研究．植物营养与肥料学报，12：277-281.
赵学强，介晓磊，李有田，许仙菊，谭金芳，化党领．2006. 不同基因型小麦钾离子吸收动力学分析．植物营养与肥料学报，12：307-312.
邹春琴，李振声，李继云．2001. 麦对钾高效吸收的根系形态学和生理学特征．植物营养与肥料学报，7：36-43.
邹春琴，李振声，李继云．2002. 钾利用效率不同的小麦品种各生育期钾营养特点．中国农业科学，35：340-344.

邹春琴，李振声，李继云．2000. 钾营养效率不同的小麦品种间根际钾营养动态的比较．中国农业大学学报，5:87-91.

邹铁祥，戴廷波，姜东，荆奇，曹卫星．2006. 钾素水平对小麦氮素积累和运转及籽粒蛋白质形成的影响．中国农业科学，39：686-692.

邹铁祥，戴廷波，姜东，荆奇，曹卫星．2007. 氮、钾水平对小麦花后旗叶光合特性的影响．作物学报，33：1667-1673.

Ashley M K, Grant M, Grabov A. 2006. Plant responses to potassium deficiencies: a role for potassium transport proteins. J. Exp. Bot., 7: 425-436.

Britto D T, Kronzucker H J. 2002. NH_4^+ toxicity in higher plants: a critical review. Journal of Plant Physiology 159: 567-584.

Britto D T, Kronzucker H J. 2008. Cellular mechanisms of potassium transport in plants. Physiol. Plant, 133: 637-650.

Cakmak I. 1994. Activity of ascorbate-dependent H_2O_2-scavenging enzymes and leaf chlorosis are enhanced in magnesium and potassium deficient leaves, but not in phosphorus deficient leaves. J. Exp. Bot., 45, 1259-1266.

Cakmak I. 2005. The role of potassium in alleviating detrimental effects of abiotic stresses in plants. Journal of Plant Nutrition and Soil Science, 168: 521-530.

CAO Y, Glass A D M, Crawford N M. 1993. Ammonium inhibition of Arabidopsis thaliana root growth can be reversed by potassium and by auxin resistance mutations auxl, axrl, and axr. Plant Physiol, 102: 983-989.

Fuchs I, Philippar K, Hedrich R. 2006. Ion channels meet auxin action. Plant Biology, 8: 353-359.

Epstein E, Rains D, Elzam O. 1963. Resolution of dual mechanisms of potassium absorption by barley roots. Proc. Natl Acad. Sci. U S A, 49: 684-692.

Evans S D, Barber S A. 1964. The effect of Rubidium-86 diffusion on the uptake of Rubidium-86 by corn. Soil Sci Soc Am Proc, 28: 56-57.

Glass A D M. 1976. Regulation of potassium absorption in barley roots-allosteric model. Plant Physiol, 58: 33-37.

Golldack D, Su H, Quigley F, Kamasani U R, Muñoz-Garay C, Balderas E, Popova O V, Bennett J, Bohnert H J, Pantoja O. 2002. Characterization of a HKT-type transporter in rice as a general alkali cation transporter. Plant J., 31: 529-542.

George M S, Lu G, Zhou W. 2002. Genotypic variation for potassium uptake and utilization efficiency in sweet potato (Ipomoea batatas L.). Field Crops Research, 77, 7-15.

Gierth M, Mäser P. 2007. Potassium transporters in plants-Involvement in K^+ acquisition, redistribution and homeostasis. FEBS Letters, 581: 2348-2356.

Hochholdinger F, Tuberosa R. 2009. Genetic and genomic dissection of maize root development and architecture. Current Opinion in Plant Biology, 12: 172-177.

Horie T, Brodsky D E, Costa A, Kaneko T, Lo Schiavo F, Katsuhara M, Schroeder J I.

2011. K^+ Transport by the OsHKT2; 4 Transporter from Rice with Atypical Na^+ Transport Properties and Competition in Permeation of K^+ over Mg^{2+} and Ca^{2+} Ions. Plant Physiol, 156: 1493-1507.

Horie T, Costa A, Kim T H, Han M J, Horie R, Leung H Y, Miyao A, Hirochika H, An G, Schroeder J I. 2007. Rice OsHKT2; 1 transporter mediates large Na^+ influx component into K^+-starved roots for growth. The EMBO Journal, 26 (12): 3003-3014.

Jabnoune M, Espeout S, Mieulet D, Fizames C, Verdeil J L, Conéjéro G, Rodríguez-Navarro A, Sentenac H, Guiderdoni E, Abdelly C, Véry A A. 2009. Diversity in expression patterns and functional properties in the rice HKT transporter family. Plant Physiology, 150: 4, 1955-1971.

James R A, Blake C, Byrt C S, Munns R. 2011. Major genes for Na^+ exclusion, Nax1 and Nax2 (wheat HKT1; 4 and HKT1; 5), decrease Na^+ accumulation in bread wheat leaves under saline and waterlogged conditions. J Exp Bot. , 62: 2939-2947.

Kronzucker H J, Szczerba M W, Britto D T. 2003. Cytosolic potassium homeostasis revisited: 42K-tracer analysis in Hordeum vulgare L. reveals set-point variations in [K^+] . Planta 217: 540-546.

Lan W Z, Wang W, Wang S M, Li L G, Buchanan BB, Lin H X, Gao J P, Luan S. 2010. A rice high-affinity potassium transporter (HKT) conceals a calcium-permeable cation channel. Proc Natl Acad Sci. U S A, 107 (15): 7089-7094.

Lebaudy A, Véry A A, Sentenac H. 2007. K^+ channel activity in plants: Genes, regulations and functions. FEBS Letters, 581: 2357-2366.

Lin H X, Zhu M Z, Yano M, Gao J P, Liang Z W, Su W A, Hu X H, Ren Z H, Chao D Y. 2004. QTLs for Na^+ and K^+ uptake of the shoots and roots controlling rice salt tolerance. Theor Appl Genet, 108: 253-260.

Marschner H, Kirkby E A, Cakmak I. 1996. Effect of mineral nutritional status on shoot-root partitioning of photo assimilates and cycling of mineral nutrients. J. Exp. Bot. , 47, 1255-1263.

Mengel K, Kirkby E A. 2001. Principles of plant nutrition, 5th edn. Kluwer Acad. Publishers, Dordrecht, p849.

McLean E O, Watson M E. 1985. Soil measurements of plant available potassium. In: Munson RD (ed) Potassium in agriculture. CSSA SSSA, Madison, pp. 277-308.

Pettersson S, Jensén P. 1983. Variation among species and varieties in uptake and utilization of potassium. Plant and Soil, 72, 231-237.

Postma J A, Lynch J P. 2011. Root cortical aerenchyma enhances the growth of maize on soils with suboptimal availability of nitrogen, phosphorus, and potassium. Plant Physiology, 156: 1190-1201.

Rengel Z, Damon P M. 2008. Crops and genotypes differ in efficiency of potassium uptake and use. Physiologia Plantarum, 133: 624-636.

Rodríguez-Navarro A, Rubio F. 2006. High-affinity potassium and sodium transport systems in plants. J Exp Bot, 57: 1149-1160.

Römheld V, Kirkby E A. 2010. Research on potassium in agriculture: needs and prospects. Plant Soil, 335: 155-180.

Rubio F, Gassmann W, Schroeder J I. 1995. Sodium-driven potassium uptake by the plant potassium transporter HKT1 and mutations conferring salt tolerance. Science, 270: 1660-1663.

Santa-María G E, Danna C H, Czibener C. 2000. High-affinity potassium transport in barley roots. Ammonium-sensitive and-insensitive pathways. Plant Physiology 123: 297-306.

Schachtman D P, Schroeder J I. 1994. Structure and transport mechanism of a high-affinity potassium uptake transporter from higher plants. Nature, 370: 655-658.

Sharpley A N. 1990. Reaction of fertilizer potassium in soils of different mineralogy. Soil Sci 149: 44-51.

Szczerba M W, Britto D T, Ali S A, Balkos K D, Kronzucker H J. 2008. NH_4^+-stimulated and-inhibited components of K^+ transport in rice (*Oryza sativa* L.). Journal of Experimental Botany, 59: 3415-3423.

Szczerba M W, Britto D T, Kronzucker H J. 2009. K^+ transport in plants: Physiology and molecular biology. Journal of Plant Physiology, 166: 447-466.

Shin R, Schachtman D P. 2004. Hydrogen peroxide mediates plant root cell response to nutrient deprivation. Proc Natl Acad Sci USA, 101: 8827-8832.

Spalding E P, Hirsch R E, Lewis D R, Qi Z, Sussman M R, Lewis B D. 1999. Potassium uptake supporting plant growth in the absence of AKT1 channel activity-inhibition by ammonium and stimulation by sodium. The Journal of General Physiology 113: 909-918.

Springob G, Richter J. 1998. Measuring interlayer potassium release rate from soil materials. II. A perculation procedure to study the influence of the variable "solute K" in the $<1\cdots10\ \mu M$ range. Z. Pflanzenernähr Bodernkd, 161: 323-329.

Steingrobe B. 2005. A sensitivity analysis for assessing the relevance of fine-root turnover for P and K uptake. Journal of Plant Nutrition and Soil Science, 168: 496-502.

Steingrobe B, Claassen N. 2000. Potassium dynamics in the rhizosphere and K efficiency of crops. J Plant Nutr Soil Sci., 163: 101-106.

Syers J K. 2003. Potassium in soils: current concepts. In: Johnston AE (ed) Proceedings of the IPI Golden Jubilee Congress 1952-2002 held at Basel Switzerland 8-10 Oct 2002. Feed the soil to feed the people. The role of potash in sustainable agriculture. International Potash Institute, Basel, pp. 301-310.

Wang J G, Zhang F S, Zhang X L, Cao Y P. 2000. Release of potassium from K-bearing minerals: effect of plant roots under P deficiency. Nutr Cycl Agroelogys, 56: 45-52.

Wang Y, Wu W H. 2010. Plant Sensing and Signaling in Response to K^+-Deficiency. Molecular Plant, 3: 280-287.

Woodend J J, Glass A D M. 1993. Genotype-environment interaction and correlation between vegetative and grain production measures of potassium use-efficiency in wheat (T. aestivum L.) grown under potassium stress. Plant Soil, 151: 39-44.

Wu P, Ni J J, Luo A C. 1998. QTLs underlying rice tolerance to low-potassium stress in rice seedlings. Crop Sci., 38: 1458-1462.

Wulff F, Schulz V, Jungk A, Claassen N. 1998. Potassium fertilization on sandy soils in relation to soil test, crop yield and K-leaching. Z Pflanzenernaehr Bodenkd, 161: 591-599.

Yao X, Horie T, Xue S, Leung H Y, Katsuhara M, Brodsky D E, Wu Y, Schroeder J I. 2010. Differential sodium and potassium transport selectivities of the rice OsHKT2; 1 and OsHKT2; 2 transporters in plant cells. Plant Physiol, 152: 341-355.

Zhang F S, Niu J F, Zhang W F, Xinping Chen X P, Li C J, Yuan L X, Xie J C. 2010. Potassium nutrition of crops under varied regimes of nitrogen supply. Plant Soil, 335: 21-34.

Zhao D L, Oosterhuis D M, Bednarz C W. 2001. Influences of potassium deficiency on photosynthesis, chlorophyll content, and chloroplast ultrastructure of cotton plants. Photosyntetica, 39: 103-199.